# TRAITÉ PRATIQUE

# DU CHIEN

HISTOIRE, RACES,

EMPLOI, HYGIÈNE ET MALADIES,

PAR

**A. GOBIN**

Professeur de zootechnie, membre correspondant de la Société d'agriculture d'Orléans, etc

PARIS

IMPRIMERIE ET LIBRAIRIE D'AGRICULTURE ET D'HORTICULTURE

DE Mme Ve BOUCHARD-HUZARD,

rue de l'Éperon, 5.

# TRAITE PRATIQUE DU CHIEN.

# TRAITÉ PRATIQUE

# DU CHIEN

HISTOIRE, RACES,

EMPLOI, HYGIÈNE ET MALADIES,



PAR

**A. GOBIN**

Professeur de zootechnie, membre correspondant de la Société d'agriculture d'Orléans, etc.

PARIS

IMPRIMERIE ET LIBRAIRIE D'AGRICULTURE ET D'HORTICULTURE

DE Mme Ve BOUCHARD-HUZARD,

rue de l'Éperon, 5.

# PRÉFACE.

---

On a déjà publié plusieurs livres sur les chiens, la plus grande partie sur les animaux servant à la chasse, quelques-uns sur les maladies spéciales à l'espèce canine ; les uns sont des traités de vénerie, les autres d'art vétérinaire. Or les chiens servent non-seulement à la chasse, mais ils ont, en outre, reçu d'autres attributions dans notre état civilisé. Aujourd'hui on compte encore quelques grands chenils, quelques meutes nombreuses, mais le plaisir de la chasse a gagné toutes les classes. Le garde et le braconnier, le propriétaire et son fermier, l'avocat et le banquier, le négociant, le notaire ont leur chien de chasse ; chacun le choisit d'après son tempérament, braque ou épagneul, vif ou lent, pointer ou basset ; souvent, à l'honneur de précéder son maître dans ses promenades cynégétiques du dimanche, le bon animal joint celui de veiller, pendant toute la semaine, sur sa maison et son coffre-fort. D'autres ont un chien par amour pour l'espèce canine ; quelques-uns se font l'esclave d'un animal pour avoir quelque chose à aimer. L'aveugle a son caniche, le conducteur de voiture a son chien-loup ; le cocher a son terrier ; le fermier a son gardien ; le berger et le bouvier ont leur conducteur de troupeaux ; les vieilles demoiselles ont leur king-charles, et les jeunes leur levrette.

Le chiffre des existences canines, révélé par la statistique de l'impôt spécial, est considérable, malgré la Saint-Barthélemy qui suivit l'adoption de la loi somptuaire ; nous supposons que les survivants y ont gagné un sort plus doux et que l'affection que leur portent leurs maîtres a dû s'élever en raison directe du tarif. Et, ce qu'il y a de bon, dans le chien, c'est que l'homme se fait volontiers son serviteur, à condition d'être cru son maître.

De nos jours, le chien vit dans nos demeures, au milieu de la famille, plutôt qu'au chenil de la maison de campagne; isolé plus souvent qu'en meutes; on est toujours à portée de découvrir les premiers signes de maladie, la tristesse, le manque d'appétit, etc. Or prévenir vaut mieux que guérir, pour l'animal aussi bien que pour l'homme. Et il nous a semblé qu'un chasseur, qu'un homme qui aime son chien devait être en état, non-seulement de l'acheter, mais aussi de l'élever, de le dresser, et aussi de soigner les maladies et les accidents qui le peuvent atteindre. C'est dans ce but que nous avons écrit ce livre, bien plus avec l'expérience des autres qu'avec la nôtre propre; aussi avons-nous, le plus souvent, choisi des autorités indiscutables : le roi Charles IX, du Fouilloux, Le Verrier de la Conterie, d'Yauville,

MM. Lecouteulx de Canteleu, Le Masson, de Noirmont, pour ce qui concerne les races, la multiplication, le dressage, la chasse ; MM. Stonehenge, Hertwig, Prud'homme, Clater, Mayhew, pour ce qui concerne la médecine vétérinaire.

Nous aurons rempli notre but si nous avons ramené le chasseur à l'amour de nos anciennes races françaises presque disparues, si nous lui avons inculqué la patience rationnelle et la sévérité raisonnée dans l'entreprise ardue du dressage, si nous l'avons enfin mis en état de diriger l'hygiène des animaux compagnons de ses plaisirs, et de remédier à leurs maux et à leurs maladies.

# TRAITÉ PRATIQUE DU CHIEN.

## PREMIÈRE PARTIE.

## DES RACES ET DES SERVICES.

### CHAPITRE I.

### Histoire naturelle du chien.

L'éloge du chien a été fait de mille et mille façons, en prose et en vers, par les poëtes et les naturalistes, par les voyageurs et surtout par les chasseurs ; nous pouvons ajouter qu'il justifie tout ce qu'on a dit en sa faveur et qu'il est souvent resté au-dessus de ses éloges ; nous en attestons tous ceux qui l'ont connu, pratiqué et aimé, c'est-à-dire tous ceux qui ont un œil à l'intelligence et un autre au cœur.

Pour ceux-là, le brillant portrait même tracé par M. de Buffon est bien pâle ; il est plus facile de peindre le cheval, le lion, le papillon même, que le chien, premier instrument de toute civilisation, auxiliaire toujours dévoué de l'homme, son compagnon toujours prêt à la guerre, à la chasse, à la défense, au sacrifice de sa vie, sans autre récompense que la satisfaction du devoir accompli. Combien d'hommes seraient dignes d'être chiens ? Écoutez plutôt :

« Indépendamment de la beauté de la forme, « de la vivacité, de la force, de la légèreté, le « chien a par excellence toutes les qualités inté- « rieures qui peuvent lui attirer les regards de « l'homme. Un naturel ardent, colère, même « féroce et sanguinaire, rend le chien sauvage « redoutable à tous les animaux, et cède, dans « le chien domestique, aux sentiments les plus « doux, au plaisir de s'attacher et au désir de « plaire ; il vient en rampant mettre aux pieds « de son maître son courage, sa force, ses « talents ; il attend ses ordres pour en faire « usage, il le consulte, il l'interroge, il le

« supplie, un coup d'œil suffit, il entend les « signes de sa volonté ; sans avoir, comme « l'homme, la lumière de la pensée, il a toute la « chaleur du sentiment ; il a de plus que lui la « fidélité, la constance dans ses affections : nulle « ambition, nul intérêt, nul désir de vengeance, « nulle crainte que celle de déplaire ; il est tout « zèle, tout ardeur et tout obéissance ; plus sen- « sible au souvenir des bienfaits qu'à celui des « outrages, il ne se rebute pas par les mauvais « traitements, il les subit, les oublie, ou ne s'en « souvient que pour s'attacher davantage ; loin « de s'irriter ou de fuir, il s'expose de lui-même « à de nouvelles épreuves, il lèche cette main, « instrument de douleur qui vient de le frapper, « il ne lui oppose que la plainte et la désarme « enfin par la patience et la soumission.

« Plus docile que l'homme, plus souple qu'au- « cun des animaux, non-seulement le chien « s'instruit en peu de temps, mais même il se « conforme aux mouvements, aux manières, à « toutes les habitudes de ceux qui lui com- « mandent ; il prend le ton de la maison qu'il « habite ; comme les autres domestiques, il est « dédaigneux chez les grands et rustre à la cam- « pagne : toujours empressé pour son maître et

« prévenant pour ses seuls amis, il ne fait aucune « attention aux gens indifférents, et se déclare « contre ceux qui par état ne sont faits que pour « l'importuner ; il les connaît aux vêtements, à « la voix, à leurs gestes, et les empêche d'appro- « cher. Lorsqu'on lui a confié, pendant la nuit, « la garde de la maison, il devient plus fier, et « quelquefois féroce ; il veille, il fait la ronde ; il « sent de loin les étrangers, et, pour peu qu'ils « s'arrêtent ou tentent de franchir les barrières, « il s'élance, s'oppose, et, par des aboiements « réitérés, des efforts et des cris de colère, il « donne l'alarme, avertit et combat : aussi furieux « contre les hommes de proie que contre les ani- « maux carnassiers, il se précipite sur eux, les « blesse, les déchire, leur ôte ce qu'ils s'effor- « çaient d'enlever, mais, non content d'avoir « vaincu, il se repose sur les dépouilles, n'y « touche pas même pour satisfaire son appétit, « et donne en même temps des exemples de « courage, de tempérance et de fidélité.

« On sentira de quelle importance cette espèce « est dans l'ordre de la nature en supposant un « instant qu'elle n'ait jamais existé. Comment « l'homme aurait-il pu, sans le secours du chien, « conquérir, dompter, réduire en esclavage les

« autres animaux? Comment pourrait-il encore « aujourd'hui découvrir, chasser, réduire les « bêtes sauvages et nuisibles? Pour se mettre en « sûreté et pour se rendre maître de l'univers « vivant, il a fallu commencer par se faire un « parti parmi les animaux, se concilier avec « douceur et par caresses ceux qui se sont trou- « vés capables de s'attacher et d'obéir, afin de les « opposer aux autres : le premier art de l'homme « a donc été l'éducation du chien, et le fruit de « cet art, la conquête et la possession paisible de « la terre. » (Buffon, *OEuvres complètes*, éd. Flourens, t. II, p. 474.)

Ainsi, admirablement doué déjà par la nature, le chien, en se rapprochant de l'homme, en se pliant à ses ordres et à ses désirs, lui a emprunté quelques-uns de ses défauts. Ce qu'il y a de mieux dans l'homme, c'est le chien, dit Charlet dans un jour d'humeur misanthropique; et le chien n'en est pas devenu plus orgueilleux pour cela. « Au « commencement, dit un spirituel chasseur, un « enthousiaste ami des bêtes en général, et du « chien en particulier, au commencement, Dieu « créa l'homme, et, le voyant si faible, il lui « donna le chien. Il chargea le chien de voir, « d'entendre, de sentir et de courir pour

« l'homme. Le chien, qui est le plus docile, « partant le plus intelligent des animaux, n'eut « garde de désobéir à la volonté de Dieu. Il se fit « le serviteur dévoué, le sergent de ville de « l'homme. Sans le chien, l'homme était con- « damné à végéter éternellement dans les limbes « de la sauvagerie. C'est le chien qui fait passer « la société de l'état sauvage à l'état patriarcal, « en lui donnant le troupeau. Sans le chien, pas « de troupeau ; sans le troupeau, pas de subsis- « tance assurée ; pas de gigot ni de roastbeef à « volonté, pas de laine, pas de burnous, pas de « temps à perdre, pas d'observations astrono- « miques, pas de science, pas d'industrie. C'est « le chien qui a fait à l'homme ces loisirs. » (A. Toussenel, l'*Esprit des bêtes*, 1re éd., t. I, p. 144-145.)

Il faudrait une longue feuille pour enregistrer les états de services du chien, qui partage, j'ignore pourquoi, avec le serin de Canarie et le lézard, le titre d'ami de l'homme. Il nous aide à la chasse, à la guerre, à la garde de nos troupeaux et de nos maisons ; il a servi de dieu à plusieurs peuples ; il remplace le cheval dans certaines contrées ; parfois il fait profession de sauver l'homme des précipices et des glaciers, de l'incendie ou des flots ; M. Elzéar Blaze vous en apprendrait long sur ce sujet (1). Le chien a suivi l'homme par toute la terre, sous tous les climats, prenant toutes les aptitudes, employant toutes ses facultés : on l'a dressé à arrêter le gibier, à se coucher sur le ventre pour se laisser emprisonner sous le filet ; à chasser le loup et le renard, qui appartiennent à la même tribu que lui, l'ours, le tigre, le lion même, le sanglier, le cerf et le lièvre, les oiseaux, les poissons et les rats ; on l'a attelé à des voitures ou à des traîneaux ; on l'a dressé à la chasse du nègre ; on l'a instruit, comble d'ignominie, à danser devant le public des carrefours ; jamais il n'a fait entendre refus ni protestation. Si le cheval, suivant l'expression de Buffon, est la plus noble conquête que l'homme ait faite sur les animaux, il faut bien avouer que le chien est de beaucoup la plus utile.

Le chien (*canis familiaris*) appartient, zoologiquement, à la tribu des carnivores digitigrades diurnes, dans la famille des carnivores, ordre des carnassiers, classe des mammifères, division des vertébrés.

Le *genre chien*, qui comprend le chien domes-

(1) *Histoire du chien chez tous les peuples du monde.* Paris, 1843.

tique, le loup, le chacal, le renard, est caractérisé par l'existence de trois fausses molaires en

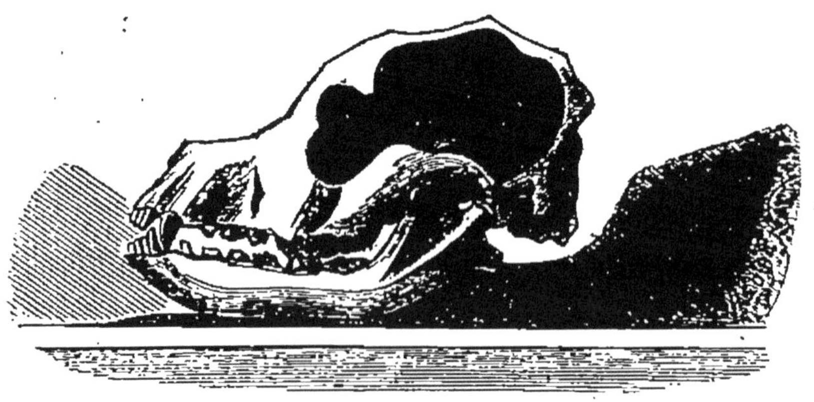

Fig. 1, mâchoire du chien-épagneul.

haut (*e. f. g.*), quatre fausses molaires en bas et deux tuberculeuses (*i. j.*), derrière l'une et l'autre carnassière (*h.*); la première supérieure de ces tuberculeuses est fort grande; la carnassière supé-

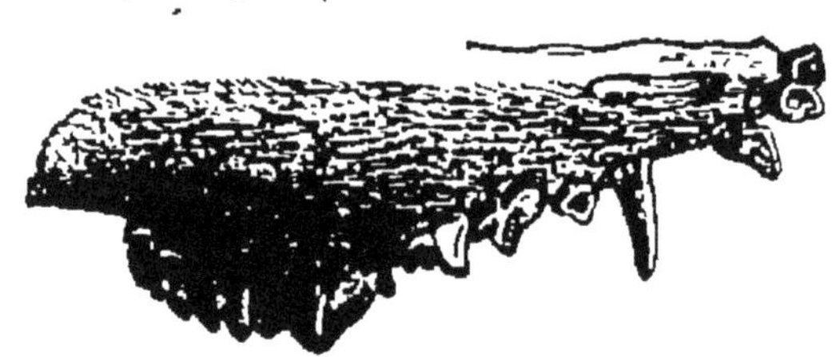

Fig. 2, demi-mâchoire supérieure.

rieure n'a qu'un petit tubercule en dedans, mais l'inférieure a sa pointe postérieure tout à fait tuberculeuse; la langue est douce et il boit toujours en lappant; les pieds de devant ont cinq doigts, dont les deux du milieu, égaux entre eux, sont les plus longs, et dont l'interne, qui est le plus petit, ne descend pas jusqu'à terre ; les pieds de derrière n'ont ordinairement que quatre doigts avec un rudiment d'un cinquième et du métacarpe ; parfois pourtant, ce doigt rudimentaire se développe d'une manière plus ou moins complète ; les ongles sont propres à fouir et ne se redressent pas pendant la marche, de sorte que la pointe s'en émousse promptement ; la vue est excellente, l'ouïe fine, l'odorat d'une prodigieuse subtilité ; les chiens sont principalement carnivores et recherchent la chair corrompue, mais mêlent cependant des végétaux à leur nourriture animale, et le chien domestique est devenu à peu près omnivore ; ils habitent, en général, les bois, et peuvent, à cause de la finesse de leur odorat, suivre leur proie à la piste ; le chien aboie, tandis que le loup hurle, que le renard et le chacal glapissent ; les petits naissent, au nombre de trois à six par portée, les yeux fermés ; dans l'animal adulte, la prunelle est ronde et conformée pour la vue diurne plutôt que nocturne ; le développement complet n'est atteint qu'à la seconde année, et la durée moyenne de la vie est de quinze à vingt ans.

L'*espèce du chien domestique* est caractérisée par sa queue recourbée; cependant, ce signalement indiqué par Linné n'est pas toujours exact, un grand nombre de races portant la queue sur le côté et non relevée à l'extrémité; ce caractère de *canis familiaris caudâ (sinistrorsum) recurvatâ,* proposé par le naturaliste suédois (1), ne saurait donc servir à distinguer l'espèce du chien de celles du loup ou du renard. D'ailleurs, la domesticité a tellement fait varier la taille, les formes, le pelage et le poil, la position de la queue et des oreilles, etc., qu'il serait difficile de trouver un seul caractère extérieur qui fût commun aux diverses races, en l'absence du type sauvage. L'espèce tout entière, en effet, a passé sous l'empire de l'homme, et on ne la rencontre sur aucun point du globe à l'état de pure nature. Les chiens dits sauvages que l'on rencontre dans quelques contrées ne sont que des animaux domestiques qui, depuis plusieurs générations, ont retrouvé leur liberté et repris, dès lors, quelques-uns seulement des traits de l'espèce primitive. Un fait assez curieux et reconnu par les naturalistes

(1) Linné caractérise le loup par *canis caudâ incurvatâ,* et le renard par *canis caudâ erectâ.*

et les voyageurs, c'est que les chiens sauvages n'aboient pas, mais glapissent presque comme le renard.

Par cela seul peut-être qu'on ignorait l'origine du chien domestique, on a construit à ce sujet plusieurs hypothèses. Pallas le regardait comme le produit de l'union du loup, du renard ou du chacal ; les Grecs et les Romains croyaient que les grandes races provenaient de l'accouplement du chien avec la louve, la lionne ou la tigresse ; l'ours lui-même était regardé comme le père de certains gros chiens. Parmi les modernes, Pennant et Guldenstaedt font descendre en droite ligne le chien du chacal des formes extérieures duquel se rapprochent assez, en effet, les chiens à moitié sauvages de l'Asie, croisés avec le loup ou le renard. D'après Buffon et Daniel, le chien de berger serait le type de l'espèce. Enfin le professeur Bell regarde le loup comme la souche du chien. « Afin d'arriver, dit-il, à une conclusion à cet « égard, il est nécessaire de constater de quel « type se rapproche le plus le chien qui a vécu « pendant plusieurs générations successives à « l'état sauvage, en dehors des influences de la « domestication et de société avec l'homme. Nous « connaissons plusieurs exemples de chiens vi-

« vant dans cet état de sauvagerie, ayant même « perdu les caractères ordinaires de la domesti- « cation, la variété du pelage et des formes. De « ce genre, sont deux faits remarquables, four- « nis l'un par le dhole de l'Inde, le second par le « dingo de l'Australie. Il existe, en outre, une « race à demi sauvage parmi les Indiens de l'A- « mérique du Nord, et une autre aussi à demi « sauvage dans l'Amérique du Sud, et qui méritent « notre attention. Il est reconnu que ces races, à « différents degrés, et à un degré d'autant plus « élevé qu'elles sont plus sauvages, présentent « des formes maigres et décharnées, des membres « allongés, un museau long et effilé, et la grande « vigueur qui caractérise comparativement le « loup, que la queue du chien d'Australie (*dingo*) « peut être considérée comme la plus éloignée de « l'état de domesticité par sa forme légèrement « touffue dans cet animal.

« Nous avons là le remarquable exemple d'un « animal sauvage bien connu, du même genre, « descendu sans aucun doute d'ancêtres domes- « tiques et ayant repris graduellement l'état sau- « vage; et c'est une remarque particulièrement « curieuse que l'anatomie du loup et surtout son « ostéologie ne diffèrent point de celles du chien,

« en général, plus que les différentes races de « chiens entre elles. Le crâne est absolument « semblable, ainsi que toutes ou presque toutes « les autres parties essentielles ; et pour confirmer « encore mieux la probabilité de cette identité, le « chien et le loup peuvent produire ensemble et « leurs produits sont féconds à leur tour. La po- « sition oblique des yeux du loup est un des « caractères qui le font différer du chien ; et, « quoique l'on ne doive pas ajouter trop d'impor- « tance aux effets de l'habitude sur la conforma- « tion, ce n'est cependant peut-être pas aller trop « loin que d'attribuer la direction en avant des « yeux du chien à son habitude constante, de- « puis un grand nombre de générations, de re- « garder son maître et d'obéir à sa voix. » (Bell, *Quadrupèdes anglais*, p. 196-197.)

Quoi qu'en dise le savant professeur, la conformation du loup et du chien est bien différente ; leur anatomie présente plusieurs particularités distinctes, la durée de leur gestation ne concorde pas, leur pelage est fort dissemblable ; tous deux offrent enfin, à l'intérieur comme à l'extérieur, des différences fort sensibles, y compris le langage ou le cri.

Ceux qui ont fait remonter l'origine du chien

au chacal, habitant des climats les plus chauds, invoquent ce fait que dans ces contrées, où le chacal est exclusivement confiné, les races de chiens perdent beaucoup de leur taille. Mais tout cela nous semble être une œuvre de fantaisie et les observations que nous avons faites à l'égard du loup s'appliquent avec beaucoup plus de force encore au chacal. Outre cette différence d'habitat, on sait que tous les animaux domestiques ont de la tendance à revenir au type originel ; mais qui a jamais entendu parler de chien longtemps abandonné ou devenu sauvage, qui se soit transformé en un loup ou un renard ?

Buffon nous semble avoir, avec beaucoup plus de raison, recherché l'origine du chien domestique dans le chien de berger, qui, transporté sous différents climats, soumis à différents régimes, dressé à divers services, aurait été ainsi modifié dans sa taille, ses formes, son pelage, puis croisé avec les variétés déjà obtenues par son concours et fourni par un second métissage d'autres sous-races. Cette question de type d'origine importe plus aux naturalistes afin d'établir la classification des races, qu'aux praticiens qui se bornent à tirer parti des races telles qu'elles sont ; malheureusement, nous la regardons comme d'une solution à peu près impossible, ce qui laissera un champ éternel aux conjectures. Il en est de même pour beaucoup d'autres de nos animaux domestiques, comme le bœuf, le mouton et la chèvre.

Ce n'est point une raison pour ne pas reproduire la classification zoologique de Buffon, classification qui, bien que tout hypothétique, a du moins le mérite de jeter une lumière plus ou moins incontestable sur l'origine de quelques races.

Le type principal ou primordial, le chien de berger, qu'on retrouve à peu près pur dans les races de chiens de Laponie, de Sibérie, d'Islande et chien-loup, a fourni trois types secondaires : le mâtin, le chien courant et le dogue.

Le mâtin aurait produit : le grand lévrier, le levron d'Angleterre, le lévrier d'Italie et le lévrier métis, le grand danois et le chien d'Irlande ou d'Albanie. Le chien courant aurait fourni : le grand épagneul, le petit épagneul, le braque, le basset, le barbet.

Le dogue aurait donné : le doguin, le petit danois, le chien turc et le chien turc métis, l'artois et le roquet.

Puis viennent les premiers métissages : du grand danois et du grand épagneul pour produire le chien de Calabre; de l'épagneul et du basset pour produire le burgos; du grand épagneul et du petit danois pour obtenir le chien-lion; du grand épagneul et du barbet pour produire le chien bouffe; du mâtin et du dogue pour obtenir le dogue de forte race; du dogue et du petit danois pour obtenir le doguin ou carlin.

Enfin nous rencontrons les seconds métissages: le doguin et le petit danois ont donné naissance au roquet; le doguin et le petit épagneul au chien d'Alicante; le petit barbet au chien de Malte ou bichon; puis toutes ces sous-races encore mélangées de nouveau entre elles ont formé de triples métis dont l'origine est impossible à retrouver et que Buffon qualifie de chiens de rues.

F. Cuvier a proposé une classification à peu près établie sur la précédente, mais basée aussi sur l'anatomie de la boîte crânienne; nous allons la rapporter succinctement :

A. *Mâtins.* — Ils se distinguent par la forme de la tête, dont les os pariétaux, en s'élevant au-dessus des temporaux, tendent à se rapprocher d'une manière presque insensible, et dont les condyles de la mâchoire inférieure sont placés sur la même ligne que les dents molaires. Cette classe comprend :

1° Les chiens à demi sauvages, chassant en troupes, comme le dingo (de l'Australie), le dhole et le pariah (de l'Inde), l'ekia ou chien sauvage d'Afrique, les chiens à demi sauvages de l'Amérique septentrionale et méridionale.

2° Les chiens domestiques chassant en troupes ou isolément, se servant plutôt de leurs yeux que de leur nez et chassant surtout à vue, comme le chien d'Albanie ou d'Irlande, le danois, etc.

3° Les chiens domestiques chassant isolément et exclusivement à vue, comme les lévriers.

B. *Epagneuls.* — Ce groupe se reconnaît au plus grand développement de la boîte cérébrale, à la plus grande extension des sinus frontaux ; les os pariétaux, au lieu de se rapprocher, tendent à s'écarter en se renflant vers le sommet du crâne ; les sinus frontaux devenus plus vastes donnent plus d'acuité à l'odorat ; le cerveau, plus volumineux, dénote plus d'intelligence ; ce groupe comprend :

1° Le chien de berger ou plutôt le chien de troupeaux ;

2° Les chiens d'eau, qui aiment à nager, comme le chien de Terre-Neuve, l'épagneul d'eau (à pieds palmés), etc.

3° Les chiens de chasse à l'oiseau, qui ont de

la disposition à chasser ou arrêter les oiseaux, à la piste seulement et non pour les tuer, comme le chien couchant (setter), le chien d'arrêt (pointer), l'épagneul, etc.

4° Les chiens courants qui chassent en troupes, à la piste et dévorent leur proie, comme le grand et le petit chien courant pour le renard (foxhound), le lièvre (harrier), braques, bassets, barbets, etc.

5° Les races croisées pour diverses chasses, comme le retriever, etc.

C. *Chiens de garde.* — Ce groupe est caractérisé à première vue par le volume de sa tête, la corpulence de son corps, la petitesse relative de ses oreilles à demi pendantes, ses lèvres épaisses qui retombent de chaque côté de la gueule; le museau plus ou moins court, les mâchoires fortes, les sinus frontaux très-développés, le condyle de la mâchoire inférieure s'étendant plus loin que la ligne des molaires supérieures. Ce groupe comprend :

Les chiens de garde qui n'ont aucune disposition à la chasse, et sont seulement employés pour la défense de l'homme, ou de ses propriétés, comme le mâtin, le bull-dog, le roquet, etc.

Cette classification, que son auteur a établie en cherchant à concilier les lois naturelles avec les lois artificielles établies par l'homme, nous semble tantôt forcée, tantôt incomplète, et en tous cas trop compliquée pour les praticiens. Aussi, nous bornerons-nous à diviser les chiens, d'après la nature de leurs services, en :

A. *Chiens de chasse :*

I. Chien de chasse à courre.

1° Chiens courants;

2° Lévriers;

3° Chiens de force.

II. Chiens d'arrêt.

B. *Chiens de garde.*

C. *Chiens de troupeaux.*

D. *Chiens de sauvetage.*

E. *Chiens d'agrément.*

Nous nous rapprocherons davantage ainsi du but pratique, et ce que nous avons dit précédemment permettra toujours de remonter aux origines zoologiques.

## CHAPITRE II.

### Des races de chiens de chasse.

---

« Tous les chiens, dit Toussenel, sont plus ou moins chiens de chasse. » Tous, c'est beaucoup dire, et, s'il est vrai que les chiens de moutons et de vaches, dans nos campagnes, chassent souvent pour leur propre compte, il est fort à douter que le dogue ou le terrier s'élancent de plein gré à la poursuite d'un lièvre ou d'un lapin. Tous les chiens ne chassent pas de la même façon ni d'après le même procédé; naturellement, le chien poursuit sa proie à vue et à cris, parfois en établissant des relais, comme le loup et le renard. C'est l'éducation qui lui a appris à se servir de l'odorat pour lever le gibier et qui, par les soins de la reproduction et de la sélection, a encore développé ce sens.

C'est l'homme qui a dressé le chien à quêter le gibier, à le suivre à la piste, à l'arrêter, c'est-à-dire à se tenir devant lui, sans mouvements pour le fasciner et donner à son maître, ainsi averti, le temps de s'approcher pour le tirer, dès que, sur un signe de lui, il aura fait lever le quadrupède ou l'oiseau. Il lui a appris bien d'autres choses encore vraiment; à danser devant des canards afin de les rassembler, d'attirer leur attention, pendant que lui, l'homme, se dispose à les assassiner de sang-froid à l'aide d'une canardière; il lui a appris à poursuivre les rats dans les égouts, et les poissons même dans l'eau, deux gibiers dont le chien fait peu de cas; à chasser le loup et le renard, deux animaux avec lesquels il peut s'allier, qui sont en quelque sorte de sa famille; le sanglier dont il connaît les fureurs, l'ours dont il a éprouvé la force, la loutre qu'il faut suivre dans l'eau, la fouine et le putois qui exhalent une odeur infecte.

Toujours et partout, triomphant de ses répugnances instinctives, le chien a répondu aux désirs de l'homme; il chasse au profit de son maître, sans réclamer aucune part dans ce profit :

*Sic vos non vobis.....* Le gibier que souvent il déchirerait volontiers à si belles dents, il le rapporte fidèlement au chasseur ; d'autres fois même, ses instincts ont si bien été oblitérés par la domestication, qu'il dédaigne les reliefs que lui octroie son maître : *Quantum mutatus ab illo...*

La chasse date de l'origine des sociétés ; l'homme fut chasseur avant d'être pasteur, puis laboureur ; le chien de chasse est antérieur au chien de troupeaux ; mais la chasse était, à cette époque, une industrie bien simple sans doute, vu l'abondance du gibier, l'espace libre et immense, la confiance des animaux dans l'homme, et la simplicité des moyens de destruction. Le chien de chasse, ce fut le premier chien qui voulut bien se rallier à l'homme pour opérer de compte à demi ; les bases de l'association ont reçu bien des coups de canif depuis ce temps-là. « Toutes les nations, « du reste, je parle, dit Toussenel, des nations « de l'ancien continent, ont revendiqué tour à « tour l'honneur d'avoir produit le premier chien « de chasse. La mythologie grecque, à elle seule, « a dix versions sur ce chapitre. Les uns « prétendent que la race provient, dans l'origine, « d'un chien d'airain, forgé et animé par Vulcain, « qui en fit don à Jupiter, lequel le céda, pour

« un baiser, à la belle Europe, qui le repassa à « Minos, roi de Crète, et ainsi de suite. Ce chien « d'airain aurait été surtout le type du molosse, « notre mâtin d'aujourd'hui, chien de grand « cœur et de forte mâchoire, et l'un des ancêtres « de Cerbère, si connu dans l'histoire, qui avait « plusieurs têtes, et qui mangea Pirithoüs, « l'infortuné compagnon de Thésée. Au dire de « Xénophon et d'Oppien, la découverte de l'art « d'élever les chiens reviendrait naturellement « aux deux enfants de Latone, Diane et Apollon, « lesquels auraient transmis leur science au « centaure Chiron et à ses camarades, que « l'antiquité considère, en effet, comme ses plus « anciens veneurs. D'autres attribuent l'invention « du chien de chasse aux deux jumeaux fils de « Léda, à Castor et à Pollux. A Castor l'honneur « d'avoir inventé la méthode du courre, c'est-à-« dire l'art de chasser les bêtes à cheval; à « Pollux, inventeur du ceste, l'art de mettre bas « la bête avec l'épieu. Beaucoup d'historiens « grecs ne reconnaissaient que deux races de « chiens courants, l'une créée par Castor, la « race des *castorides*; l'autre provenant du croi-« sement du chien et de la renarde, et appelée « *alopécide*, du nom grec du renard... Le poëte

« Nonnus veut à toute force attribuer au pasteur « Aristée l'invention de la chasse à courre et de « tous les engins de la chasse. Hippolyte lui dis- « pute néanmoins le brevet d'invention des toiles « et des rets, Atalante celui de la flèche ailée; « Orion enfin celui des embûches nocturnes, des « chausse-trapes, et généralement de tous les « procédés concernant la chasse de nuit. Bien « entendu que Sanchoniathon reporte l'honneur « de la découverte aux Phéniciens, Diodore de « Sicile aux Crétois, sinon aux Siciliens, et les « Scandinaves à Odin...

« Arrien donne de nombreux témoignages « d'estime aux chiens courants de la Gaule; il « appuie surtout sur le mérite des chiens de la « Bretagne et de la Bresse. Les chiens des Ségu- « siens ne sont pas moins estimés par les veneurs « de la Grèce et de Rome. Les agasses (bassets) « d'Angleterre paraissent jouir également d'une « réputation méritée. Les autres chiens célèbres « de l'antiquité sont ceux de Péonie ou de Panno- « nie (Hongrie), qu'on dressait à la guerre, à « l'instar des chiens gaulois. Il y a tout lieu de « croire que le chien de Péonie n'est autre que « le molosse. Némésianus chante aussi les bril- « lantes qualités des chiens de chasse de l'Étrurie.

« Viennent ensuite le chien de Laconie (encore « le molosse), le chien de Crète ; enfin ces fameux « chiens de combat de l'Inde qui eurent l'hon- « neur de déployer leurs talents devant Alexandre « le Grand à son entrée à Babylone, et dont un « couple suffirait à porter bas un lion. » (Zoologie passionnelle, l'*Esprit des bêtes*, première édition, tome Ier, p. 172-174.)

Les chasses des anciens s'accomplissaient au milieu d'un grand appareil d'hommes, de chevaux ou d'éléphants, de chars et de chiens. Un passage du Mahabharata nous montre le roi indien, Douchmanta (1500 environ av. J. C.), partant pour la chasse, accompagné d'une armée immense, composée de chevaux, de fantassins, d'éléphants et de chars; il se rendait au milieu d'une immense forêt pour s'y livrer au plaisir de la chasse sur les éléphants sauvages, le lion, le tigre et les autres bêtes féroces.

En Perse la chasse n'avait pas une moindre importance : Hérodote rapporte que Cyrus possédait des meutes si nombreuses que quatre villes, en guise d'impôts, étaient tenues de les nourrir. Sous les Sassanides, on employait encore dix à douze mille soldats à la chasse de l'onagre.

Les Grecs et les Romains furent d'intrépides

chasseurs aussi et partaient souvent pour de longues et lointaines expéditions. Le traité de Xénophon, sur la chasse, nous peut renseigner sur tous les détails et sur toutes les pratiques de ces chasses au lion, au sanglier et au cerf. Oppien, d'Anazarbe (IIIe siècle ap. J. C.), dans son poëme latin sur la chasse décrit les piéges employés contre les différents animaux (1). Dès cette époque, on possédait des chiens de diverses races dressés à des chasses distinctes; il y avait le canis ductor, acceptoritius, argutarius, bibarhunt (2), petrunculeius, triphunt, segutius, veltreus, ursatitius. Les maîtres chassaient à cheval, armés de lances ou d'épieux (venabulum), ou à pied et suivis d'esclaves ou de serviteurs; les chiens, molosses (mâtins) ou lévriers de grande taille portaient un collier (millus, melium) armé de pointes de fer pour protéger le cou et auquel se rattachaient, au besoin, des laisses (copula, lorum) pour les accoupler et les retenir en qualité de limiers. On tirait souvent aussi les bêtes féroces à l'arc.

(1) Arrien de Nicomédie (qui fut élevé à Rome dans les dernières années du Ier siècle) nous a laissé un traité de la chasse (*de venatione*).

(2) Le bibarhunt était le chien à Castor.

César et Tacite nous apprennent que les Gaulois et les Germains occupaient à la chasse tout le temps qu'ils n'employaient pas à la guerre; les Germains poursuivaient dans la forêt Hercynienne le bos cervus (le renne, d'après Cuvier), l'alces (l'élan) et l'urus (aurochs, bœuf sauvage); il faut y joindre, sans doute, en Gaule, le sanglier (sus aper), le cerf (cervus elaphus), le loup (canis lupus), le renard (vulpes), etc. Ils apprivoisaient des cerfs et les employaient à la chasse pour en attirer d'autres à la portée des coups du chasseur; ceci ressort de la loi salique même. On sait que les chiens de la Gaule jouissaient d'une grande réputation en Italie et faisaient l'objet d'un commerce assez étendu.

Durant le moyen âge, la chasse perdit un peu de son importance; sous la première race, le gibier était la propriété de tous; après que l'anarchie féodale se fut substituée au pouvoir unique fondé par Charlemagne, le gibier devint une propriété régalienne, puis bientôt une propriété féodale; défense fut faite (XIVe siècle) aux manants de conserver en leur possession des instruments de chasse et d'entretenir des chiens, à l'exception de ceux nécessaires à la garde des troupeaux, le tout sous peine de bannissement et mort. Le roi, les princes et les nobles seuls avaient le droit de chasser; les manants, les rustres étaient corvéables des battues. On rassemblait dans une vaste enceinte entourée de filets tout le gibier qu'on avait pu traquer, et là, les principaux chasseurs, les chasseresses mêmes, montés sur des chevaux dressés dans ce but, s'exerçaient au javelot et faisaient un grand carnage. Les historiens rapportent qu'en 1183 Philippe-Auguste fit entourer de murs la forêt de Vincennes, pour y enfermer du gibier et des bêtes fauves, et que le roi Henri II d'Angleterre lui envoya, pour peupler ce parc, des cerfs, des daims et des chevreuils qu'il avait fait prendre dans ses forêts de Normandie et d'Aquitaine. La plupart des rois de France furent passionnés pour la chasse; Charlemagne donnait souvent à sa cour le spectacle de chasses somptueuses dans lesquelles il se distinguait par son courage et son ardeur; saint Louis partant pour la croisade emmena des meutes nombreuses; François I^er^ porta la peine de mort contre ceux qui contreviendraient à ses ordonnances sur la chasse.

Henri IV, dont la mémoire est si populaire, semble avoir le premier cherché, dans sa sollicitude, à garantir les vassaux contre les abus seigneuriaux; cependant la peine de mort pour les délits de chasse subsista jusqu'en 1669 et fut abolie par Louis XIV.

En 1789, le droit exclusif de chasse disparut avec le régime féodal, mais il fallut le réglementer dès l'année suivante (30 avril) et revenir à des mesures restrictives (4 mai 1812, 3 mai 1844.)

Dans tout ce qui précède, nous n'avons parlé que de la chasse à courre et du chien courant. Un très-remarquable et très-intéressant travail de M. le baron de Noirmont (1) va nous fournir un abrégé historique de la chasse au chien d'arrêt :

« Longtemps avant l'invention des armes à feu, on « se servait de chiens d'arrêt pour trouver et faire « partir le gibier qu'on voulait chasser au faucon. « Au moyen âge, on donnait à ces chiens le nom « de chiens d'oisels (oiseaux). Ils étaient, de plus, « dressés à arrêter les cailles et les perdrix qu'on « voulait prendre au filet, et à rapporter les « oiseaux aquatiques blessés par le faucon, lors- « qu'ils cherchaient à s'échapper en plongeant.

« Plus tard, on employa les chiens d'arrêt pour

(1) *Bulletin de la Société zoologique d'acclimatation*, 1863; *Annales de l'agriculture française*, 5e série, t. XXII, p. 189 à 381. — Voyez : *Histoire de la chasse en France depuis les temps les plus reculés jusqu'à la révolution*, par le baron Dunoyer de Noirmont. 3 volumes in-8°.

« chasser avec l'arquebuse; comme la grossièreté « de cette arme à feu empêchait de tirer le gi- « bier autrement que posé, les chiens devaient « arrêter très-ferme, ce qu'ils faisaient presque « toujours en se couchant sur le ventre. De là, « le terme de *chiens couchants.*

« Quand le perfectionnement des armes à feu « et l'invention du petit plomb permirent de ti- « rer les oiseaux au vol, il ne fut plus besoin de « tant de fermeté dans l'arrêt, et la plupart des « chasseurs se contentèrent de *choupilles* qui « quêtaient bien à commandement et marquaient « seulement le gibier ; cependant on ne renonça « jamais à l'usage des chiens fermes.

« La chasse aux chiens couchants, devenue très- « meurtrière, avait fait prendre cette sorte de « chiens en haine à nos rois, qui firent tous « leurs efforts pour en détruire la race partout « ailleurs que chez eux-mêmes et chez quelques « chasseurs privilégiés.

« L'ordonnance de 1578, celles de 1600, 1601 « et 1607 condamnent absolument cette chasse, « ordonnent de mettre à mort en tous lieux les « chiens couchants, et prononcent, en cas de « contravention, des peines pécuniaires qui vont « se doublant et se triplant s'il y a récidive, et

« auxquelles s'ajoutent, pour les délinquants ro-
« turiers, les verges et le bannissement. L'or-
« donnance des eaux et forêts de 1669, qui fit loi
« sur le fait des chasses jusqu'à la révolution, ne
« punit plus la chasse aux chiens couchants que
« de l'amende et du bannissement, ce qui était en-
« core plus que rigoureux.

« A la fin du XVIIIe siècle, cette chasse était
« tolérée, sans avoir jamais été permise réguliè-
« rement. En ce qui les concernait personnelle-
« ment, les rois de France avaient, au contraire,
« pour les chiens d'arrêt, une affection toute
« particulière. »

Cette courte revue historique de l'art de la chasse nous a paru indispensable pour expliquer les différentes transformations qu'ont subies les races canines, et pour pouvoir appuyer leurs origines sur quelques fondements. Nous revenons donc à notre sujet principal, la description de ces races.

§ 1er. *Chiens pour la chasse à courre.* — Nous les diviserons en trois catégories, savoir : A, chiens de force, qui coiffent et portent bas la bête, sanglier, ours et loup ; B, les lévriers, qui chassent à vue et prennent la bête de vitesse, loup, cerf, sanglier, lièvre, etc.; C, les chiens courants, qui suivent la piste en donnant de la voix sur le loup, le renard, le cerf, le chevreuil, le lièvre, le lapin, etc.

A. *Chiens de force.* — Nous avons vu plus haut de quelle manière nos ancêtres conduisaient leurs chasses qui, le plus souvent, avaient pour objet le gros gibier ou les bêtes fauves. Le cerf aux abois n'est guère moins dangereux pour l'homme et les chiens que le loup, le sanglier ou l'ours ; il fallait donc, pour coiffer la grosse bête, c'est-à-dire lui sauter sur le cou ou sur le corps et le jeter à bas, des chiens solides, ardents, plus forts que vites, de haute taille et de bon cœur. On les appela alans (sans doute du nom des Alains, peuple qui au IVe siècle, descendit du Caucase pour envahir l'empire romain), ou vautres (du mot gaulois veltrahus ou vertragus, sanglier) ; et on les choisit parmi les dogues et les mâtins. On armait leur cou de larges colliers de cuir armés de longues pointes de fer ; parfois même on revêtait tout leur corps de cottes d'armes piquées. La race des alans et des vautres ne se retrouve plus guère qu'en Allemagne où on l'emploie, dans quelques contrées, à la chasse du sanglier. Le grand danois, souvent employé au même service, leur ressemble en beaucoup de points et pourrait bien tenir d'eux son origine. On employa successivement, en France, le dogue de forte race ou grand dogue anglais, sous les règnes de François Ier, Charles IX et Henri III ; puis les mâtins proprement dits, race métisse et sans caractères fixes, jusqu'au règne de Louis XIV. Enfin, sous Louis XV, la vénerie royale fut, en grande partie, composée de chiens-loups des Abruzzes, ou mâtins de Sicile.

Aujourd'hui on emploie parfois encore, dans quelques meutes, les chiens de force pour la bête fauve réduite aux abois, afin de ménager les chiens de meute, difficiles et coûteux à remplacer. Les chiens de force suivent la chasse, tenus en laisse, et ne sont découplés qu'au moment où le sanglier, le cerf ou le loup s'acculent pour tenir tête ; on rappelle alors les chiens d'équipage et les chasseurs appuient les dogues ou les mâtins.

1° Les *mâtins* (canis felis lanarius) sont des chiens remarquables par leur haute taille et leur force ; ils sont à la fois vigoureux et légers ; leur crâne est médiocrement développé, leur tête allongée, leur front aplati et, conséquemment les sinus frontaux manquent d'étendue ; le museau est allongé comme la tête, les oreilles petites, à demi redressées et demi-tombantes, pointues du bout ; les jambes sont longues et un peu grossières ;

la queue est recourbée en haut et en avant ; le poil, assez court, varie en couleur du blanc au gris, au fauve et au brun ; mais il est le plus souvent, d'après Rousselon (1), d'un fauve roussâtre et rarement tout noir ou tout blanc.

A proprement parler, notre mâtin français n'est pas une race distincte, il offre des caractères très-variables et répond à ce que les Anglais appellent le lurcher, le chien du braconnier ou le chien de troupeaux. F. Cuvier le regarde comme le père du lévrier à poil rude, et de celui à poil lisse ; Pennant, au contraire, le regarde comme descendant du chien-loup d'Irlande

Tantôt employé à la garde du bétail contre les loups, dans les pays de montagnes ou de forêts, tantôt chargé de veiller à la sûreté de nos maisons, à la ville comme à la campagne, le mâtin peut encore être dressé à la chasse des bêtes fauves. Si son odorat n'a pas une extrême finesse, il est très-courageux et attaque sans hésitation le loup qu'il semble tenir en sincère antipathie ; à ces qualités il joint encore une intelligence assez développée et beaucoup d'attachement pour son maître.

(1) *Traité des chiens de chasse*. Paris, 1827, p. 151.

2° Le *dogue* (canis felis molossus), est aussi gros, mais moins élevé sur jambes que le mâtin; sa tête est presque cylindrique, son front aplati, son nez large et court, son museau noir, ses yeux grands et ronds, ses lèvres pendantes; ses oreilles assez larges s'attachent horizontalement sur le crâne, mais elles sont tombantes vers la pointe, dans la moitié environ de leur longueur; son poil, presque ras, est le plus ordinairement fauve, tigré de noir et de gris.

Très-fort et très-courageux, le dogue manque un peu d'intelligence et son odorat est presque nul. « Quand il a été dressé au combat, dit Rousselon, il devient d'une férocité extrême ; ce qui le rend dangereux et d'un emploi difficile dans les chasses où l'on s'en sert pour coiffer les animaux, attendu qu'il n'est pas aisé de lui faire lâcher prise, et que, aussitôt que la bête qu'il a coiffée est mise à mort, il s'élancerait sur les courants, si l'on ne se hâtait de le tenir, ce qui n'est pas toujours facile, à cause de sa grande vigueur. Il n'est pas non plus prudent alors de le corriger à coups de fouet, parce qu'il est capable de mordre les valets de chiens, tant il est animé. » Ce sont des dogues qu'on a longtemps dressés, en France, à combattre entre eux dans les spectacles, ou à simuler des attaques contre des ours apprivoisés ; ce sont des dogues encore qu'on a pu voir longtemps, attelés à de petites voitures, opérer dans les villes les transports de quelques petits commerçants, surtout des boulangers. Depuis quelques années, de sages ordonnances de police ont défendu ces deux modes d'emploi barbares d'un animal créé dans d'autres buts.

3° Le *dogue de forte race ou dogue anglais*, (mastiff, canis felis anglicus), qui est devenu assez rare, est, croit-on, le produit du dogue et du mâtin, ou du grand danois. Voici le signalement qu'en donne Stonehenge (1) : une tête volumineuse, tenant le milieu, pour la forme, entre celle du limier et du bull-dog, avec le développement musculaire de celui-ci, les babines et le museau du premier ; son oreille de moyenne grandeur et tombante ressemble à celle du chien courant. Ses mâchoires ferment généralement sur le même plan ; mais, si l'inférieure dépasse en avant la supérieure, cette saillie n'est jamais recouverte par la lèvre comme dans le bull-dog. Les yeux sont petits. Il ressemble beaucoup au chien courant, mais il est beaucoup plus lourd dans toutes

(1) *The dog in health and disease.* Londres, 1859, p. 139.

ses formes. Ses reins sont larges et puissants, ses membres sont robustes. Sa queue est roide et se relève sur le dos quand il est animé. Sa voix est profonde et sonore. Son poil est lisse, de couleur rouge ou jaune-faon, avec le museau noir, ou tigré ou noir, ou noir, rouge ou jaune-faon et blanc. Sa taille est d'environ 25 à 28 pouces ($0^m,63$ à $0^m,70$), quelquefois mais rarement plus.

Wallace, un mastiff de pure race, appartenant à M. T. Lukey, de Morden (Surrey), mesurait $0^m,84$ à l'épaule, donnait $1^m,23$ de circonférence abdominale et pesait 78 kilog.; son frère et sa sœur, âgés de 8 mois, furent achetés 2,625 fr. pour le prince du Népaul. Pendant cinq années successives, le dernier pacha d'Égypte fit acheter à Southampton, au printemps et à l'automne, deux couples de chiens tavelés.

Le mastiff est un noble et bel animal, très-docile et sociable, doué du plus grand courage. Quand il est croisé avec le terre-neuve ou le limier, il produit d'excellents chiens de basse-cour, mais ses descendants sont souvent d'un caractère sauvage. En Angleterre, on l'emploie presque exclusivement comme chien de garde, et on le croise souvent avec le bull-dog pour lui donner encore plus d'ardeur.

4° *Le doguin* (canis felis fricator), ou carlin, est un métis du dogue et du petit danois; il est moins haut de taille que le dogue et plus mince dans toutes ses formes; ses lèvres sont moins épaisses et moins pendantes; son museau est plus fin et son nez moins écrasé; son front est moins aplati, plus large et plus vaste; ses oreilles sont moins larges et moins tombantes; ses membres ont conservé leur grossièreté relative; son poil, presque ras, est de la même couleur que celui du dogue, parfois blanc taché de noir.

On emploie le doguin, en Allemagne, à chasser le blaireau, très-recherché pour sa fourrure. Dans ce but, on dresse le chien à indiquer la présence du blaireau dans le terrier ou le chemin qu'il a pris, s'il en est sorti, et on découple, dans ce dernier cas, des bassets sur la piste.

En France, le doguin, qu'on appelle aussi carlin, est très-rare, et ses services se bornent, en général, à garder la maison; il est d'un caractère doux, est susceptible d'attachement à son maître et doué d'une assez grande intelligence.

5° *Le grand danois* (canis felis danicus) est un chien de la plus haute taille ($0^{m},75$ à $0^{m},85$); il se rapproche beaucoup du mâtin par la forme de sa tête, mais il a toutes les parties du corps plus grosses; sa poitrine, plus large que haute, laisse les membres un peu longs; son cou est assez court et bien musclé; ses mâchoires sont larges et puissantes; son museau est un peu plus fin que celui du mâtin; ses oreilles courtes et pendantes de la pointe seulement; son poil est lisse et sa robe blanche avec des taches rondes et régulières d'un beau noir : il y en a aussi de fauves brindelés, en Angleterre surtout. D'après M. de Noirmont, les individus qui ont le nez rose et les yeux blancs ou vairons peuvent faire remonter leur généalogie jusqu'aux Alans décrits par Gaston Phœbus.

Nous avons vu que Buffon regardait le grand danois comme une modification du mâtin; les Anglais, Stonehenge entre autres, le considèrent comme un composé du lévrier, du dogue de grande race et du terrier, le premier lui ayant donné la vitesse, le second l'énergie et le courage, et le troisième l'odorat.

On emploie le danois, en Allemagne, pour chasser le sanglier, en Danemark et en Norwége pour chasser l'élan; il est très-rare en France, où il n'est considéré que comme chien de luxe ou d'agrément.

B. *Lévriers* (canis felis grafus).— Dans la chasse à courre, le problème étant de s'emparer du gibier, il y a deux solutions possibles : l'une de prendre l'animal à la course, soit à vue, soit à la piste en le fatiguant, l'autre de le tirer au fusil. La première ne saurait s'appliquer qu'aux animaux non dangereux qu'on peut laisser échapper sans inconvénients ; la seconde seule devrait être admise pour les bêtes fauves. La chasse à vue et à courre se fait avec des lévriers; dès qu'à l'aide d'un limier on a levé un lièvre, un chevreuil, un daim, on découple les lévriers qui s'élancent sur la trace; les chasseurs suivent, montés sur des chevaux et munis de cors dont le bruit anime les chevaux, les hommes et les chiens, et dont les sonneries indiquent les divers incidents de la poursuite ou transmettent, à distance, les ordres aux valets de limiers ou de relais.

Pour le chevreuil ou le daim, en effet, on dispose, en général, des relais sur le passage présumé de l'animal, afin de ne pas fatiguer la meute outre mesure; pour le lièvre, il est bon également d'avoir des limiers, afin de relever les défauts et de pouvoir remettre la meute sur la voie, les lévriers manquant plus ou moins complétement d'odorat. On comprend encore que cette chasse à vue ne peut se faire que dans les grandes plaines ou les pays découverts.

Quand on emploie les lévriers à la chasse du loup ou du sanglier, il faut les faire aider de chiens de force, dogues, mâtins, etc., qui le coiffent dès que les premiers l'ont arrêté.

La chasse au lévrier, très-usitée en Espagne, en Afrique et dans tout l'Orient, a été prohibée, en France, par la loi du 3 mai 1844, comme trop nuisible à la conservation du menu gibier; elle peut seulement être autorisée spécialement par les préfets pour la destruction des espèces nuisibles. Les mêmes défenses n'existent pas en Angleterre, quoiqu'on ait dû proscrire, dans certains comtés, le lévrier à long poil d'Écosse, parce que les braconniers s'en servaient pendant la nuit pour enlever les lièvres et les lapins.

Les Romains estimaient beaucoup, pour la chasse des bêtes fauves, les lévriers gaulois (vertragi) et, pour celle du lièvre, les lévriers de Bretagne, de Picardie et de Champagne (britanni, ambiani, suessiones), ceux d'Angleterre, d'Espagne (galgos), de Portugal et du Levant.

« Certains lévriers, nommés charnègres ou
« charnaigues, issus, dit M. de Noirmont, d'un
« ancien croisement entre lévriers et chiens cou-
« rants réunissaient la vitesse des premiers à une
« certaine finesse d'odorat, et pouvaient suivre

« par le pied le gibier que les autres lévriers ne « chassent qu'à vue. Ils étaient communs en « Espagne. En France, ces charnègres n'étaient « connus qu'en Provence. Quiqueran de Beaujeu « les décrit comme ayant le poil d'un blanc sale, « le corps effilé et médiocrement grand, les « oreilles longues et droites. »

« Au moyen âge, dit encore le même auteur « dont nous voudrions citer en entier le « remarquable travail, les lévriers jouaient un « rôle important dans toutes les chasses, depuis « celle du sanglier jusqu'à celle du lapin. On les « divisait alors en lévriers d'attache, lévriers « pour lièvres et levrons. Les lévriers d'attache, « dont l'office était de coiffer le loup et le sanglier, « étaient des animaux de haute et forte taille, « presque tous à poil rude. On en tirait de « Bretagne, d'Irlande et d'Ecosse. Les deux « premières races sont complétement éteintes. « Les lévriers d'Irlande étaient les plus grands « de tous les chiens ; ils dépassaient un mètre de « hauteur au garrot (40 pouces anglais). »

6° *Le lévrier d'Ecosse à poil rude* (rough scotch greyhound) est regardé par Stonehenge comme l'une des plus anciennes et des plus pures races de chiens ; malheureusement elle disparaît rapidement, remplacée, pour la chasse à courre, par le lévrier anglais, ou par un croisement entre les deux races.

Le lévrier à poil rude ressemble, pour les formes, au lévrier à poil lisse, et on ne peut les distinguer l'un de l'autre qu'à leur manière de courir, soit à la chasse, soit dans leurs jeux; le dernier, quoique comptant sur son odorat, tient cependant la tête plus haute, parce que telle est son attitude lorsqu'il poursuit le gibier. Plusieurs personnes regardent la variété à poil lisse comme aussi ancienne que celle à poil rude; mais, après avoir attentivement étudié la description donnée par Arrien, on ne peut douter que, de son temps, les chiens de ce pays étaient à poil rude, et de tous points semblables aux chiens écossais de nos jours. Quant à la conformation, le lévrier écossais ressemble à la variété ordinaire du lévrier à poil lisse, mais il est un peu plus grêle et ne possède pas le même développement musculaire des reins et des cuisses; cependant, la charpente osseuse étant plus développée, cette différence est plus apparente que réelle. Le greyhound a le poil long, rude, de couleur blanc fauve ou gris de fer, avec le nez et le bout des oreilles noirs. Sa taille s'élève, en moyenne, de 0$^{m}$,50 à 0$^{m}$,75.

Considérant la ressemblance extérieure qui unit ces deux races employées à chasser le lièvre, il est certain qu'on peut indifféremment employer l'une ou l'autre dans ce but. Malheureusement les animaux de race pure deviennent de jour en jour de plus en plus rares et ont plus ou moins reçu de sang de chien de renard, de limier, de bull-dogue, etc. M. Scrope s'est occupé longtemps de l'amélioration du lévrier à poil lisse, par le croisement du chien de renard ; M. Graham, d'un autre côté, après s'être fait une grande réputation dans l'élevage du lévrier à poil rude, l'a abandonné pour le croiser avec le lévrier à poil lisse. Le greyhound écossais ne tardera donc pas à disparaître.

7° Le *lévrier à poil lisse* (deerhound, chien à cerf) paraît avoir existé depuis longtemps en Angleterre, puisque nous le trouvons mentionné dans un vieux proverbe gallois et dans une loi du roi Canut, qui défendait au peuple d'en élever. On a construit de nombreuses hypothèses pour rechercher son origine ; Buffon l'attribue à la France ; d'autres naturalistes le considèrent, avec plus de probabilité, comme descendant du bull-dogue et du dogue anglais.

En Angleterre, jusqu'à ces vingt dernières années, les chasses publiques à courre se tinrent renfermées dans un cercle peu nombreux d'amateurs, tant parce qu'on avait soin de retenir le meilleur sang dans le chenil de quelques élus peu nombreux, que parce que les lois sur la chasse défendaient expressément de chasser à courre sans en avoir obtenu l'autorisation, et sans un certificat justifiant de la possession d'une terre d'un revenu de 100 livres (2,500 fr. par an). C'était priver du droit de chasse toute la classe moyenne qui ne le recouvra que par la loi de 1831. Depuis lors, on accorda l'autorisation de posséder des lévriers à un grand nombre de propriétaires ruraux, de fermiers, de citadins, de commerçants, si bien que ce nombre, dans la Grande-Bretagne et l'Irlande, peut être évalué à quinze ou vingt mille. De ce nombre, environ cinq à six mille sont admis aux chasses publiques à courre, tandis que le reste sert au plaisir de ses maîtres en chassant isolément le lièvre.

Les Anglais disent que le lévrier doit avoir : la tête d'un serpent, le cou d'un canard, le dos semblable à un timon, la côte d'une brème, la queue d'un rat et le pied d'un chat. C'est assez bien, en effet, le signalement de ce gracieux animal, dont nous ne possédons en France que de rares spécimens, ou un diminutif, le levron italien, que nous appelons levrette.

Nous avons dit déjà que le lévrier irlandais, ou chien-loup, avait à peu près complétement disparu; cependant Stonehenge dit que quelques gentilshommes conservent encore cette race dans toute sa pureté. Elle est beaucoup plus grande que le lévrier écossais, et a quelquefois 35 à 38 pouces ($0^m,88$ à $0^m,96$) de hauteur à l'épaule; elle est généralement de couleur jaune faon, avec le poil rude et les oreilles pendantes. Elle était surtout et presque exclusivement employée à chasser le loup.

8° Le *lévrier russe* a $0^m,65$ à $0^m,70$ de taille à l'épaule, avec des oreilles courtes, pointues et tombantes du bout; il est mince et grêle du dos et des reins, et est haut sur jambes; son poil est épais et court, excepté les poils de la queue, qui ressemble à un éventail, tordue en spirale, d'une forme particulière; sa couleur est brun foncé ou gris.

Ce chien est employé, en Russie, à la chasse du loup et de l'ours, nombreux dans ces immenses forêts, et aussi pour chasser à courre le cerf et le lièvre. C'est à cette dernière chasse qu'ils conviennent le mieux, car ils manquent souvent d'énergie et de courage en face du loup ou de l'ours, excepté lorsqu'ils sont en meutes.

9° Le *lévrier africain* ou *sloughi* est de très-grande taille; sa robe est généralement de couleur fauve bringé, et son poil ras et assez fin. « En Algérie, d'après M. de Noirmont et le général Daumas, les indigènes lui font chasser le sanglier, le chacal, le bubal et la gazelle. Ces chiens, fort estimés et difficiles à trouver quand ils sont de race pure, étaient connus et appréciés de nos aïeux : dans une lettre écrite à Charles IX par Pierre Bon, consul de Marseille, on voit que le roi d'Alger envoie à ce prince des chevaux barbes, des lions et des lévriers fauves. » Le sloughi arabe, compagnon du cheval, est une des richesses de nos cheiks algériens qui l'emploient à forcer l'autruche, la perdrix, la gazelle, etc., le sanglier même, qu'il coiffe courageusement. On rencontre le sloughi non-seulement en Algérie, mais encore en Syrie et en Égypte.

C. *Chiens courants.*—On désigne sous ce nom tous ceux qui chassent à voix sur une piste. Le chien courant chasse tout : le lion, l'ours, le sanglier, le cerf, le chevreuil, le loup, le renard, le chacal, le lièvre, le blaireau et le lapin, la loutre et le rat. Longtemps, on peut même dire jusqu'au

XVIII$^{e}$ siècle, la France posséda des races, sinon indigènes, du moins d'une origine fort ancienne, et jouissant d'une très-grande réputation. Depuis un siècle et demi, environ, les chiens anglais ont fait invasion, et se sont plus ou moins substitués à nos anciennes races, qu'il est extrêmement rare de rencontrer désormais à l'état de pureté. Ils ont acquis, par le mélange du sang, plus de vitesse peut-être, mais ils ont perdu de cet ensemble qui donnait un si grand attrait aux chasses de nos ancêtres.

C'est du commencement du XVII$^{e}$ siècle que date l'introduction, en France, des chiens anglais : vers 1605, Jacques I$^{er}$, roi d'Angleterre, envoya en cadeau à Henri IV plusieurs meutes de chiens courants; Louis XIII, Louis XIV et Louis XV entretenaient, pour chasser le lièvre, une meute de lévriers écossais à poils rudes; sous Louis XV, sur 140 chiens composant la grande meute royale, un quart environ était des pur-sang anglais, le reste était formé de bâtards, dont une partie avait été offerte au jeune roi en 1722 par le comte de Toulouse. Dès cette époque déjà, on reprochait aux chiens anglais d'être difficiles à réduire et à rendre sages. Les bâtards, mieux construits, ayant la menée beaucoup plus belle, aussi vites et mieux gorgés, restaient collés à la voie comme les races indigènes.

Ce qu'il y a de plus remarquable, c'est que la plupart des races anglaises descendent des nôtres, que nos voisins ont cherché à rendre plus vites en leur retirant de la voix; ils ont passé, sans doute, du continent dans l'île, à la suite de Guillaume le Conquérant et de ses compagnons, à l'époque de la conquête (1066). C'est ainsi qu'on retrouve l'origine des talbots dans un ancien croisement de nos chiens noirs, blancs, de Saint-Hubert, et fauves, de Bretagne; celle des vieux chiens du Sud, ou chiens lents, dans notre vieille race normande; des limiers (*bloodhound*) noirs, dans nos chiens de Saint-Hubert, etc.

Nous allons tenter de décrire ces races et de retrouver, autant que possible, leur origine; nous nous occuperons d'abord des *chiens d'ordre*, ceux destinés à courir le cerf, le daim, le loup et le sanglier, puis des *chiens courants d'ordre secondaire*, qui chassent exclusivement le renard, le lièvre, le lapin, le blaireau, la loutre et le rat, et nous placerons d'abord les races françaises, puis celles anglaises et étrangères.

M. Lecouteulx de Canteleu (1) compte, parmi

(1) *La Vénerie française.* Paris, Bouchard-Huzard, 1863.

les races françaises, treize types originaires (en y ajoutant les Foudras), dont les quatre premières étaient qualifiées de royales, parce qu'elles composaient exclusivement les équipages de cerfs de nos rois ; ce sont : les chiens de Saint-Hubert, les chiens blancs du roi, les chiens fauves de Bretagne et les chiens gris de saint Louis ; puis les chiens de Bresse, de Vendée, de Gascogne, de Saintonge, normands, poitevins, de Céris, d'Artois et Foudras.

10° Les *chiens de Saint-Hubert* « renommés, dès le XIII<sup>e</sup> siècle, sous le nom de chiens de Flandre, étaient divisés en deux sous-races, les blancs et les noirs. Ils paraissaient descendre de ces chiens belges dont parle Silius Italicus, et que le poëte latin vante comme d'excellents limiers pour détourner le sanglier.

« Les plus estimés étaient ces chiens noirs anciens dont les abbés de Saint-Hubert, en Ardennes, avaient toujours gardé la race *en l'honneur et mémoire du saint, qui estoit veneur avec saint Eustache* (du Fouilloux).

« Les chiens noirs, dit Charles IX, sont de moyenne stature. La vraye race d'iceux sont quatre'œillers de rouge, c'est-à-dire ont des marques rouges ou fauves sur les yeux, et communement le poil de leurs jambes est de la mesme couleur, s'ils ont du blanc c'est peu, et sur la poitrine. Ce sont chiens longs, peu rablez et qui n'ont pas grande force : leur façon de chasser est par le menu, et suyuent tousiours la beste qu'ils chassent à l'endroit des voys par où elle passe, ne fourboutent point, c'est-à-dire ne passent jamais plus auant que la beste a esté. Ceste race de chiens est bonne pour gens qui ont les gouttes, et non pour ceux qui font mestier d'abreger la vie du cerf (1). »

Des Ardennes, les chiens noirs de Saint-Hubert se répandirent en Hainaut, en Flandre, en Lorraine et en Bourgogne, puis, de là, jusque dans nos provinces méridionales. Les meutes de l'illustre veneur Gaston Phœbus étaient composées de chiens de Saint-Hubert. Ces chiens étaient devenus fort rares en France, et avaient beaucoup dégénéré du temps où d'Yauville écrivait (1788), quoique l'abbé de Saint-Hubert eût toujours continué d'en envoyer six ou huit en présent au roi chaque année. La race peut en être considérée comme éteinte sur le continent, mais elle semble s'être conservée pure en Angleterre dans celle des

(1) *La Chasse royale*, Paris, 1857, Bouchard-Huzard, p. 44.

bloodhounds noirs, dont nous reparlerons bientôt. Toussenel dit que le noir qui tend à caractériser le chien de la Grande-Bretagne se retrouve chez le chien de Saint-Hubert, mais que ce noir est plus lustré, plus foncé chez le chien anglais que chez le nôtre; que le pelage du chien de Saint-Hubert vire au roux et que la nuance orangée semble exclusive à la robe des chiens écossais.

11° Les *chiens blancs du roi.* « Ce sont « vrays chiens de roi, dit Charles IX, ils sont « grands comme levriers, et ont la teste aussi « belle que les braques ; ils s'appellent gref- « fiers, pour ce que, du temps du roy Louys XII, « on print vn chien de la race des chiens blancs « de Saint-Hubert, et feit-on couurir vn braque « d'Italie qui estoit à vn secretaire du roy, qu'en « ce temps là on appeloit greffier, et le premier « chien qui en sortit fut tout, horsmis vne tache « fauve qu'il auoit sur l'espaule, comme encores « à présent est la race. Le chien estoit si bon « qu'il se sauuoit peu de cerfs deuant luy ; il « fut nommé greffier à cause dudit greffier qui « auoit donné la chienne, ledit chien feit treize « petits, tous aussi bonz et excellents que luy, « et peu à peu la race s'eleua : de sorte qu'à

« l'aduenement à la couronne du feu roy mon « grandpère, elle estoit tout en estre. Ie ne veux « obmettre que la maison et le parc des Loges, « près de ma maison de Saint-Germain-en-Laye, « n'a esté faicte pour autre occasion que pour « nourir et esleuer ceste race de chiens blancs « greffiers. » (*La Chasse royale*, p. 48.) Cette race était, par le royal veneur, préférée aux chiens noirs de Saint-Hubert et aux chiens gris de Tartarie, si bien qu'il lui semblait n'en pouvoir dire trop de bien : plus vites que les gris, plus sages que les noirs, n'appelant jamais qu'ils n'aient le nez dans les voies, et quand le change bondit, *se glorifiant en leur chasser*.

Les deux ascendants de cette race s'appelaient le chien *souillard* et la lice *baude ;* le premier appartenait au sénéchal Gaston qui se l'était fait donner par Louis XI, et en tira race avec une chienne braque d'Italie. (Lecouteulx de Canteleu, *la Vénerie française*, p. 60.)

12° Les *chiens gris*. « Le roy saint Louys, « estant allé à la conqueste de la Terre-Saincte, « fut fait prisonnier : et comme entr'autres « bonnes choses il aymoit le plaisir de la chasse, « estant sur le point de sa liberté, ayant sceu « qu'il y auoit vne race de chiens en Tartarie

« qui estoient fort excellents pour la chasse du « cerf, il feit tant qu'à son retour il en amena « vne meute en France. Ceste race de chiens sont « ceux que l'on appelle gris, la vieille et an- « cienne race de cette couronne, et dict-on que « la rage ne les accueille iamais. » (*Chasse royale*, p. 43.) Ces chiens furent très-estimés des ducs d'Alençon et de Louis XIII. Guillaume du Sable, veneur de ce prince, composa l'épitaphe suivante pour le chien *relais*, qui, âgé de 13 ans, força sous les yeux du roi un dix-cors jeunement, et arriva le premier à la mort :

Mon poil, qui était gris, tirait fort sur le brun,
Qui de la vieille race est le poil plus commun;
J'avais le dos râblé, jarrets droits, jambes souples,
Qui plus au laisser courre, allait toujours sans couples,
Etc., etc., etc.

(*La Muse chasseresse ;* Lecouteulx de Canteleu, *Vénerie française*, p. 76.) Jean de Bec Crespin, dans sa *Chasse du lièvre* (1595), dit que ces chiens « sont rougeastre brulez, ont la queue grosse et le poil gros. » Selon M. Lecouteulx, on regardait comme les meilleurs ceux qui étaient gris sur l'échine, marbrés de rouge, avec les jambes de la couleur du lièvre, ou bien ceux qui avaient l'échine tirant sur le noir et les jambes ondées de rouge. Les gris argentés n'étaient pas réputés aussi vigoureux ni aussi vites que les autres. (*Vénerie française*, p. 77.)

13° Les *chiens fauves de Bretagne*. Du Fouilloux attribue à cette race une origine antique et illustre : « Il est à présumer, dit-il, que les chiens « fauves sont les anciens chiens des ducs et sei« gneurs de Bretagne, desquels M. l'amiral d'An« nebault et ses prédécesseurs ont toujours gardé « de la race, laquelle fut premièrement com« mune au temps du grand roi François. » Ce sont des chiens fauves qui composaient les meutes de l'évêque de Nantes, Huet; c'est avec ces mêmes chiens que, d'après les chroniques, un seigneur de Lamballe, chassant un lièvre dans le comté de Penthièvre, le vint prendre sous les murs de Paris. (Lecouteulx, *Vénerie française*, p. 59.)

Charles IX, au contraire, les regarde comme « chiens bastards, de l'une ou de l'autre race, « meslez ensemble, comme les chiens fauues qui « prouiennent des gris et des blancs, et des « chiens de ce poil là ont venus les *chiens* « *de la Hunaudaye*. Autres que l'on appeloit « *du bois*, qu'un gentilhomme du pays de Berry « a donné aux roys mes prédécesseurs, l'on peut

« faire estat desdits chiens quant à la vistesse, « mais ils ont faute de nez. Il y a une autre race « de chiens que l'on appelle *chiens de la Loüe*, « pour ce que a esté vn gentilhomme du païs de « Berry qui porte ce nom là, qui du temps du « feu roy mon grand-père, print la peine de les « esleuer. »

« Les chiens fauves étaient vigoureux, pleins de feu, extraordinairement vites, dit M. de Noirmont; on leur reprochait d'être étourdis, pillards et mauvais rapprocheurs. Sauf quelques chiens à poil rude, de couleur fauve, qu'on trouve çà et là en Bretagne, et qui peuvent être considérés comme les descendants des vieux bretons à queue *espiée*. Cette race peut passer pour disparue. »

14° Les *chiens de Bresse*, ou griffons de l'Est, dont on trouve encore quelques échantillons dans les meutes de la Bourgogne, du Bourbonnais et du Morvan, sont issus en ligne directe des chiens *ségusiens*, décrits par Arrien au III$^e$ siècle de notre ère. « Les ségusiens, dit cet auteur, tiraient leur nom du pays dont ils étaient originaires (*Segusii*, *Segusiani*, peuples du Lyonnais et de la Bresse); c'étaient des chiens courants égaux aux chiens de Carie et de Crète pour la finesse de l'odorat, mais plus lents, et d'une mine triste et sauvage. Ils avaient le poil rude et hérissé, et ceux que les Grecs trouvaient les plus hideux étaient, au contraire, considérés en Gaule comme les meilleurs. En chasse ils criaient beaucoup, tant sur le gîte que sur les voies, mais d'un ton si lamentable que les Gaulois les comparaient à des mendiants implorant la charité publique. »

« De cette description il résulte clairement que les chiens ségusiens sont bien le type primitif de nos vieilles races françaises à poil rude, chiens de haut nez, lents d'allure, hurleurs et rapprocheurs, et en particulier des chiens de Bresse, qui venaient de l'ancien pays des Ségusiens. » (De Noirmont.)

« Plus tard, dit M. Lecouteulx, on trouve d'autres descriptions d'une race toute différente, qui paraîtrait s'être formée d'une petite espèce venue de Suisse au commencement du XVIIIe siècle, et qu'on y trouve encore. Ceux-ci sont blancs ou grisâtres, avec de grandes taches fauves, oreilles moyennement longues et bien tournées, tête fine et physionomie mutine et éveillée, bien construits, chassant lièvre avec un entrain merveilleux. Ils ont du fond, crient bien, mais sont assez indisciplinables et quelquefois sujets à couper par ambition. » (*Vénerie française*, p. 74.)

15° Les *chiens de Vendée*, ou *griffons de Vendée*. Du Fouilloux et la plupart des cynégétiques s'accordent à regarder cette race comme originaire des chiens gris de saint Louis, c'est-à-dire des chiens de Tartarie. Nous avons vu plus haut comment Gaston, le sénéchal, croisa les chiens gris (souillard) avec une chienne braque (baude); c'est de là sans doute que cette race est souvent appelée *bauds*, ou à poil ras; plus tard, François Ier croisa la race par son chien fauve, *miraut*, et en même temps que son pelage blanc se tacheta de rouge-brun, sa taille s'augmenta sensiblement. Les successeurs de François Ier estimèrent beaucoup cette race, et les grands chasseurs de nos jours la tiennent encore en grande affection. Voici le portrait qu'en fait M. Lecouteulx : « La tête nerveuse, l'oreille souple, mince, longue et tombante ; le poil court et fin, le fouet effilé, beaux chasseurs, d'une menée admirable, quêtant et tournant avec gaieté et diligence, incomparables pour la finesse de l'odorat. » Il leur reproche pourtant d'être d'une constitution un peu faible, de manquer de fond et un peu de voix, et d'être un peu querelleurs.

Le griffon de Vendée, le grand courant au poil rude et frisé, ne forme pas race à part; c'est une simple variété du chien de Vendée. Malheureusement on les a croisés avec le poil ras, et le produit ne donne que des chiens généralement médiocres. (Lecouteulx, *Vénerie française*, p. 64.)

« Il n'est point douteux, disait M. Guy de Charnacé en rendant compte de l'exposition canine en 1865, que ce n'est point aujourd'hui chose facile de présenter un lot de quarante chiens de pure race française. Cela est si vrai, que presque tous les chiens de M. Baudry-d'Asson (qui venait d'obtenir le premier prix pour les vendéens à poil ras) accusent un mélange de sang anglais. Dans la Vendée surtout, la pratique du croisement est tellement générale, qu'il n'y a plus, y compris l'équipage qui nous occupe, une seule meute de vendéens purs. Celui de M. Baudry présente un remarquable ensemble dans la couleur et dans la forme. Ses quarante chiens sont uniformément blancs et oranges, mais quelques-uns sont à poil dur. Les deux variétés à poil ras et à poil dur ont toujours existé à côté l'une de l'autre, bien que se mêlant souvent. Aussi, dans une portée de chiens vendéens, à quelque variété qu'appartienne le couple dont elle sort, y a-t-il toujours des individus de poil différent, quoique constamment blanc et orange. (*Journal de la ferme et des maisons de campagne*, 1re année, p. 548.)

16° Les *chiens de Gascogne*, « encore assez nombreux dans le sud-ouest de la France, ainsi que ceux de Toulouse et de Bordeaux, descendent des chiens de Saint-Hubert dont se servaient, au XIVe siècle, Gaston Phœbus et les autres seigneurs du Midi, et qui se sont alliés à des races indigènes.

« Ces chiens avaient, en effet, conservé beaucoup des qualités et des défauts des vieux ardennais. Comme eux, ils étaient ordinairement d'une construction robuste et un peu massive, longs de corsage et médiocrement râblés. Leur tête était forte et coiffée très-long. Bien gorgés et doués d'une finesse de nez remarquable, ils ont encore ce point de commun avec les chiens de Saint-Hubert, qu'ils chassent le loup d'*amitié*, ce qui ne les empêche pas de bien chasser le lièvre quand le loup fait défaut.

« On leur reproche, en général, d'être lents, musards, trop collés à la voie. Dans quelques meutes d'élite où cette race a été suivie avec soin par des maîtres intelligents et bons connaisseurs, les chiens de Gascogne se montrent ardents, actifs dans les défauts et pleins d'énergie. En même temps que le moral, les caractères physiques ont été perfectionnés.

« Tous ces chiens sont de grande taille ($0^m,70$ à $0^m,83$) ; leur pelage présente, d'ordinaire, ce mélange de poils noirs et blancs, qu'on appelle *bleu*, avec des taches noires et des marques de feu à la tête et aux pattes.

« Les toulousains se distinguent par leurs marques sang de bœuf. Une race plus petite, croisée, dit-on, avec des briquets, se rencontre du côté de Lavardac (Lot-et-Garonne) ; elle est marquée de bleu sur les reins et les côtes, et de feu autour des yeux. Les jambes sont fines, le pied sec et la queue effilée. Aux environs de Bordeaux existait, il y a quelques années, une race de très-beaux chiens d'assez grande taille, dont le pelage était blanc, avec de grandes taches noires.

« Ce sont probablement les chiens blancs et noirs dont parle Charles IX, et qui provenaient des *chiens blancs et des chiens de Monsieur saint Hubert*. Le roi, qui n'aimait pas leurs ancêtres ardennais, les qualifie de *gros chiens pesants qui ne sont à estimer*. » (De Noirmont.)

Ce qui justifie encore l'opinion de l'érudit auteur auquel nous faisons de si fréquents emprunts, c'est ce que dit Toussenel du chien bleu : « Né du « chien de Saint-Hubert et du mâtin, bas sur

« jambes et râblé, fleurdelisé partout, moucheté
« de feu et de noir, poitrail de dogue, oreilles
« noires, traînantes, lent d'allures, mais riche de
« gorge et capable de coiffer un sanglier à lui tout
« seul. »

« La race des chiens de Gascogne a été souvent croisée, dans ces derniers temps, avec la race de Saintonge, à laquelle elle ressemble en beaucoup de points. Elle a même fini par se fondre entièrement avec les races voisines, surtout celle de Virelade, qui en a recueilli les plus beaux spécimens survivants. » (De Noirmont.)

17° Les *chiens de Saintonge*, « blancs, marqués de noir, avec quelques feux pâles, légèrement tachetés de noir sous le poil, ont l'oreille longue et papillotée, le cou long et mince, la poitrine profonde, le rein étroit et cambré, la cuisse plate, la queue attachée bas, la patte de lièvre, sèche et nerveuse. Ils sont délicats, difficiles à élever, mais ont belle gorge et bon nez.

« La race pure de Saintonge est devenue rare depuis quelques années, et plusieurs maîtres d'équipages ont essayé, sans succès, de la propager loin de son pays natal. Néanmoins, dans le département de l'Ariége, on voit une belle race de chiens de lièvres, qui doivent être descendus des chiens de Saintonge, avec lesquels ils présentent une grande conformité de caractères. Il en est de même des chiens du mont Dore.

« Cette superbe race n'est pas décrite dans nos vieux traités de vénerie. La noblesse et l'antiquité de son origine sont cependant incontestables; en considérant la taille haute et élancée des saintongeois, leurs proportions élégantes, leur tête sèche et légère, la finesse de leur peau, on ne peut s'empêcher de penser qu'ils doivent avoir un degré de parenté très-proche avec les chiens blancs du roi. » (De Noirmont.)

Au rebours de M. de Noirmont, M. Lecouteulx dit que c'est peut-être la seule race que nous ayons conservée pure jusqu'à nos jours, et cite, parmi ses éleveurs émérites, MM. d'Hency, près de Saintes, et de Saint-Légier, près de la Rochelle.

18° Les *chiens normands* ou *baubis*. « On ne trouve, fait observer M. de Noirmont, aucun renseignement sur les chiens de race normande avant le règne de Louis XIV. A cette époque, cette race fournissait de nombreux sujets à la vénerie royale, ce qui continua pendant une partie du règne suivant.

« Nous avons en Normandie, disait Le Verrier « de la Conterie (en 1765), deux espèces de

« chiens courants de race vraiment pure; l'une, « en chiens gris, fauves et noirs; l'autre, en « chiens blancs : il y en a de grands et de petits « dans l'une et l'autre espèce, parce qu'on a « coupé ces deux races avec celle des grands bri-« quets. Les chiens gris, noirs et fauves sont « plus vigoureux, plus entreprenants, moins sen-« sibles au froid, chassent tout et se servent plus « diligemment dans leurs défauts; mais toutes « ces bonnes qualités ne leur mériteront jamais « la préférence sur les chiens blancs, qui sont « beaucoup plus sages, plus dociles, et qui « gardent mieux le change; la couleur, d'ail-« leurs, en est plus brillante, plus agréable à « l'œil et s'aperçoit de plus loin (p. 21-22) (1).»
D'Yauville, qui écrivait vingt-cinq ans plus tard, ne paraît plus tenir cette race en même estime que notre chasseur normand : « Les chiens nor-« mands, dit-il, ont toujours été plus étoffés que « nos chiens d'élèves ; mais comme dans le « nombre il s'en trouvait de légers, et que d'ail-« leurs ils chassaient, rapprochaient et criaient « bien, on en faisait venir autrefois pour entre-

(1) *L'École de la chasse aux chiens courants*, ou *Vénerie normande*, nouvelle édition, Paris, 1845, Bouchard-Huzard.

« tenir les meutes de la vénerie et pour en tirer « race ; mais les beaux sont devenus très-rares, « et la bonne et ancienne race est dégénérée, de« puis surtout que messieurs les Normands se « sont aussi décidés pour les chiens anglais (1). »

« En 1766, rapporte d'Yauville (p. 216), le duc de Deux-Ponts donna au roi un limier et une limière d'une bonne et ancienne race, qu'il avait chez lui, moins grands, mais aussi de poil gris ; de ce croisement avec la race normande sortirent de très-beaux et très-bons limiers, employés dans les meutes de Louis XVI, parfois noirs, mais plus communément gris ; les noirs marqués de feu, et ayant aussi du blanc sur la poitrine. » Il regarde les deux races normandes, noire et grise, comme très-anciennes, et descendues des chiens de Saint-Hubert et de ceux de saint Louis.

« Les plus beaux des chiens de ces deux races normandes, dit M. de Noirmont, avaient la tête longue, le front ridé, les naseaux bien ouverts, les babines tombantes, l'oreille basse, mince, papillotée en dedans, l'œil gros, la paupière inférieure tombante, le fanon de bœuf, le corps long et robuste, le rein haut et arqué, la queue très-

(1) *Traité de vénerie*, Paris, 1788.

fine du bout et tournée en trompe, les cuisses bien gigottées, les pieds secs et pointus. Les chiens normands étaient lents, très-collés à la voie, avaient beaucoup de fond et belle gorge.

« Les chiens normands pour lièvres descendaient de la race des *chiens des Essarts*, dont Sélincourt fait un grand éloge; dès le XVII^e siècle, cette race de *petits chiens*, fort beaux, qui chassaient *de si bonne grâce* le *balai haut*, était presque entièrement éteinte, ou s'était mêlée avec des *harriers* anglais et des briquets du pays. »

19° Les *chiens du Poitou*. Les chiens du haut Poitou se rapprochent beaucoup, par leurs formes, leur taille et leur robe, de ceux de la Saintonge, avec lesquels on les confondrait facilement. Quoiqu'il existât une ancienne race indigène, celle-ci, celle de nos jours, a une origine toute moderne, d'après M. Lecouteulx. « Un gentilhomme limousin, d'origine écossaise, M. de Larye, avait amélioré par elle-même, ou croisé par le chien d'Écosse, la race indigène, et obtenu des animaux très-précieux pour la chasse du loup. Cette race, devenue très-rare aujourd'hui, dans sa pureté, avait 0^m,62 de taille à l'épaule, le dos complétement harpé, la poitrine profonde, la tête très-fine et un peu busquée, l'œil vif et intelligent, l'oreille assez courte, mince, soyeuse et papillotée, les formes un peu minces ; leur voix était un peu prolongée, mais très-claire, leur nez très-fin et leur fond inépuisable ; ils étaient très-collés à la voie, mais peu vites. » (Lecouteulx.)

« Les chiens du bas Poitou étaient, en général, blancs et noirs et se rapprochaient beaucoup des chiens de Saintonge. Les deux races ne subsistent plus guère que par les excellents bâtards qu'elles ont servi à former. » (De Noirmont.)

20° Les *chiens de Céris*, « qui devaient aussi leur nom à une famille du pays, existaient encore en petit nombre, il y a quelques années, sur les confins du Poitou, de l'Angoumois et du Limousin. De moyenne ou de petite taille (0m,54 environ, 20 pouces), blancs et orangés, bien faits, bien râblés, les chiens céris avaient la tête osseuse, le museau fin et allongé, l'oreille très-bien tournée, le jarret évidé, le pied de lièvre. Ils chassaient en perfection le lièvre et le loup. » (De Noirmont.)

M. Lecouteulx fait d'eux le portrait suivant : « Leur robe est blanche et orange-fauve, la couleur orange presque toujours par plaques rondes et larges sur le dos, aux oreilles et de chaque côté des joues, le poil toujours fin, ras et luisant, la peau fine et souple, le rein droit, large et râblé, la poitrine très-profonde, le corps rond et un peu levretté, les pattes et les jarrets très-secs et évidés, le pied allongé comme celui du lièvre, la tête osseuse, le front large, les yeux gros et à fleur de tête, vifs et expressifs, le museau fin et allongé, les oreilles très bien tournées et en tire-bouchon, d'une finesse et d'une transparence extrême, la queue forte à la naissance et mince au bout ; ils la portent bien, un peu retroussée. Leur voix est très-sonore, un peu flûtée, mais bien fournie. Légers sur la voie et de haut nez, ces chiens forment souvent d'excellents rapprocheurs ; ils étaient très-remarquables pour lièvres et excellents pour loup.

« Cette race est donc assez précieuse pour mériter d'être plus connue, puisqu'ils unissent le nez au fond et à la vitesse : malheureusement, comme pour bien d'autres races, le croisement avec le chien anglais les a presque fait disparaître, et les amateurs qui en possèdent encore les estiment extrêmement ; aussi je crois qu'on en trouverait difficilement (p. 67-68). »

21° Les *chiens d'Artois*, lillois, islois ou quatre-vingts, ou encore chiens picards, « sont les mêmes chiens dont la race était conservée au

XVII^e siècle, dans les nobles maisons de Gamaches, des Essarts et de Supplicourt, en Picardie, chiens plus grands que les petits normands, de poil gris et fauve, justes à la voie, requêtant merveilleusement, ayant de belles gorges et des voix *hautaines*, qui se faisaient entendre d'extrêmement loin. Ils chassaient le loup comme le lièvre, et ne voulaient point du renard. Doués de la *gaillardise* des chiens français et de la sagesse des anciens chiens anglais, ils portaient le nez haut et donnaient plus de plaisir dans un rapprocher que tous les autres chiens pendant une chasse entière.

« Les chiens d'Artois, assez nombreux encore aujourd'hui, sont presque tous croisés du normand ou d'anglais. Cette race est toujours excellente, surtout pour la chasse du lièvre; mais les artésiens modernes, souvent tachés de noir ou tricolores, ne sont pas aussi bien suivis comme formes que leurs ancêtres, surtout dans l'arrière-train. Leur taille ne dépasse guère 18 à 20 pouces (0^m,49 à 0^m,54). » (De Noirmont.)

Voici le portrait qu'en donne Sélincourt dans son *Parfait chasseur* : « Ces chiens, bien avalés, de poil gris et fauve, justes à la voie, requêtant merveilleusement, avaient de belles gorges et des voix hautaines : ils sont très-beaux, de belle taille, tournent bien, sont justes, et, par leur manière de chasser très-plaisante, donnent plus de plaisir à un rapprocher (du lièvre) que tous les autres chiens en une chasse entière. » « Ils étaient, ajoute M. Lecouteulx, blancs avec des taches fauves ou grises, tête courte, nez court et un peu retroussé, front large, œil gros et beau, oreilles plates, assez longues, corps assez râblé et près de terre, bien fait, queue fournie, retroussée et quelquefois recourbée (p. 70). »

22° Les *chiens Foudras*, ou chiens bleus, sont sortis, au XVIII$^e$ siècle, d'un croisement du chien bleu de Gascogne avec une chienne de Saintonge, opéré par M$^{gr}$ de Foudras-Château-Tiers, évêque de Poitiers, à son chenil de Dissay, maison de campagne des évêques de Poitiers. M$^{gr}$ de Foudras, ancien capitaine de dragons, avait donné tous les soins à cet élevage, auquel s'intéressait beaucoup le duc de Bourbon ; cette race jouit d'une grande réputation jusqu'à la fin du XVIII$^e$ siècle, et est tombée depuis lors dans l'oubli, quoiqu'il soit aisé de recommencer chaque jour le croisement auquel elle a dû son origine.

« Ces chiens, d'après M. Lecouteulx, auquel on doit une si intéressante étude sur nos anciennes races, ces chiens sont plus allongés que hauts, par conséquent un peu plus bas sur jambes, le rein large et bien fait, le fouet effilé et admirablement relevé, les oreilles fines, soyeuses et parfaitement tournées. Leur pelage avait cela de particulier que la peau était toujours tigrée sous le poil, lors même que celui-ci paraissait blanc en dessus; il résultait de cette singularité que, lorsque ces chiens quêtaient dans un taillis humide de rosée ou sortaient d'un étang à la suite d'un animal, ils étaient toujours bleus ou ardoisés. (p. 58). »

« Les derniers descendants en ligne directe des élèves de Mgr de Foudras se sont éteints sous la Restauration; mais le mélange de races auquel ils devaient leur origine n'a jamais cessé de fournir des sujets excellents aux meutes du Sud-Ouest. C'est un croisement analogue où domine le sang de Saintonge, qui a donné naissance à la magnifique race de *Virelade*, supérieure comme beauté et comme vigueur à ses ascendants saintongeois et gascons. Créée depuis une douzaine d'années seulement, cette race s'est placée immédiatement au premier rang de nos races françaises. Il est inutile de rappeler, à tous ceux qui ont admiré à notre exposition la meute victorieuse de M. de Carayon-Latour, la grande tournure de ces chiens, leur taille haute et élégante et la beauté de leur tête, aux oreilles longues et *tire-bouchonnées.* » (De Noirmont, *Histoire de la Chasse.*)

23° Les *chiens Talbots* ont, aujourd'hui, complétement disparu, comme tant d'autres races. Issus d'un triple croisement des chiens noirs et des chiens blancs de Saint-Hubert et des chiens fauves de Bretagne, ils durent sans doute leur nom à la famille des Talbots anglais dont plusieurs membres, grands amateurs de chasses, leur donnèrent successivement des soins. Ils étaient très-lents et très-collés à la voie, mais bien gorgés. Leur pelage était tantôt entièrement blanc, tantôt noir marqué de feu, d'autres fois fauve. « Le Talbot, dit Stonehenge, a été décrit avec des caractères variés par divers auteurs, et les descriptions représentent ses modifications : il n'est pas douteux, pourtant, que c'était un chien plus lourd que le chien du Nord, quoique non pas peut-être jusqu'à la solennelle et lente dignité du chien du Sud ; il ressemblait beaucoup plus au limier, excepté quant à son pelage, qui était, en général, bariolé. »

24° Les *chiens anglais du Sud* ou *chiens lents* (Southern-hound-slow-hound) proviendraient, d'après M. le baron de Noirmont, du croisement des diverses variétés de Talbots entre elles. « Leur robe, ajoute-t-il, était parfois tricolore, le plus souvent blanche, marquetée de noir ou de fauve; ayant la même origine que nos chiens normands, ils présentaient avec eux la plus grande analogie. Ces chiens du Sud étaient en honneur au XVIIe siècle.

« Ceux qu'on importait le plus souvent en France appartenaient à une variété nommée, en anglais, boobies (nigauds), et, en vieux français, *baubis* ou *boubez*, « plus bas de terre et plus longs que les autres, de george effroyable, hurlant sur la voie (Sélincourt). » Ces baubis avaient le *nez dur* et le poil demi-barbet; on leur coupait presque toute la queue. Sur le continent, on les employait à chasser le sanglier. Dans leur pays natal, ils chassaient le renard et le lièvre (de Noirmont). »

25° *Les chiens anglais du Nord* (Northern-hound). Stonehenge considère cette race ainsi que les deux précédentes comme étant complétement disparues en tant que race pure. « Ce n'est « pas seulement, dit-il, par la forme et le défaut « d'allure que ces chiens différaient de ceux de « nos jours, que par leur constance à rester sur « la voie, comme s'ils prenaient plaisir à aspirer « le fumet qui, sans doute, est agréable au chien.

« Il fallait absolument que ces chiens s'arrêtas-
« sent pour lancer leurs langues dans le timbre le
« plus mélodieux pendant une demi-minute,
« quand ils rencontraient une piste un peu forte,
« et alors ils la quittaient de nouveau jusqu'à ce
« qu'ils eussent rencontré une nouvelle occasion
« de s'arrêter. Le résultat naturel de ces fréquentes
« stations, c'était le manque complet de vitesse
« qui rendait le chien incapable de forcer l'ani-
« mal qui a un terrier, comme le renard, quoi-
« qu'il doive triompher, par son allure lente, mais
« sûre, de ceux qui n'ont point de refuge, comme
« le lièvre et le cerf.

« Markham, qui vivait il y a trois siècles, com-
« parant la race du Nord à celle du Midi, dépeint
« la première comme ayant la tête plus fine, avec
« le museau plus effilé, les oreilles et les babines
« plus pendantes, le dos large, le ventre relevé,
« les membres longs, la queue petite, une con-
« formation générale plus légère et se rappro-
« chant davantage de celle du lévrier; mais je
« n'estime ces chiens du Yorkshire que pour leur
« odorat et leur vitesse; quant à la gorge, ils ne
« donnent que de petits sons aigus, sans profon-
« deur de son ou de musique. » M. de Noirmont
regarde les chiens du Nord ou chiens vites (fleet

hound) comme probablement issus d'un croisement entre les Talbots et les lévriers d'Écosse à poil rude. J. Savary, dans son poëme latin sur la chasse, les dépeint ainsi : grêles, agiles, semblables à de grands lévriers, flanc harpé, museau allongé, oreille pointue, pied de chat, les chiens du Nord sont tout nerfs et très-rapides, ils ont la voix claire et chassent tout de meute à mort.

26° *Le limier anglais* (the bloodhound). On appelle limier, en terme de vénerie, un chien dressé à détourner les animaux ; son service consiste à indiquer, au veneur qui le conduit, les voies de l'animal qu'il est habitué de quêter, de façon que celui-ci puisse ensuite, en se fondant sur les connaissances qu'il doit avoir du même animal, s'assurer qu'il est recélé dans le terrain qui compose sa quête. Conséquemment, pour dresser un limier, il faut le mettre à même de connaître le sentiment de l'animal ; d'où résulte la nécessité de ne l'employer que pour une seule espèce de bêtes ; autrement, ce chien, étant en quête, se rabattrait de toutes les voies qu'il rencontrerait, et finirait par ne pouvoir pas se reconnaître et par devenir incapable d'aucun service, parce qu'il se rebuterait d'être corrigé chaque fois qu'il se rabattrait de l'animal que le veneur ne serait pas chargé de détourner (Rousselon). J'ajouterai que l'office du limier consiste souvent aussi à relever les défauts de la meute.

Le plus souvent, nous choisissons nos limiers parmi les animaux de race pure indigène ou croisée qui composent la meute, en les prenant parmi ceux dont le nez est le plus sûr, la docilité la plus grande, l'intelligence la plus complète. Les Anglais ont créé, par l'éducation, une race spéciale qu'ils nomment bloodhound, chien de sang, parce qu'il est doué de la faculté particulière de discerner le sang des animaux blessés et de les pouvoir suivre ainsi à la trace.

Le limier anglais descend, d'après M. de Noirmont, des Talbots, lesquels proviennent, comme nous l'avons vu, de nos anciennes races françaises. Je ne puis m'empêcher de faire remarquer ici que tous les écrivains cynégétiques et naturalistes de l'Angleterre répudient avec ardeur ces origines étrangères sans cependant en indiquer jamais d'autres, et cela non pas seulement pour les chiens, mais encore pour tous leurs animaux domestiques. Qu'on appelle cela du patriotisme, soit, mais il nous semble à la fois peu loyal et peu honorable. Suivant Stonehenge, le bloodhound semblerait descendre de l'ancien chien à lièvre du

Sud. Cette race, d'après lui, encore, serait presque complétement disparue ; cependant quelques gentilshommes possèdent encore des chiens communément appelés bloodhounds, quoiqu'ils ne ressemblent qu'en partie à ce véritable animal, et qu'ils emploient à poursuivre la bête fauve après qu'ils l'ont blessée avec la carabine.

Enfin, d'après M. Guy de Charnacé, la race des chiens noirs de Saint-Hubert, importée, en Angleterre, sous le règne de Jacques I^er^, y serait devenue le Bloodhound; il n'existe plus, selon lui, en Angleterre, qu'une seule meute de bloodhound entièrement pure, c'est celle de M. Thomas Neville. (Le *Journal de la ferme et des maisons de campagne*, t. I^er^, p. 348.)

« Les bloodhounds, d'après M. de Noirmont, sont noirs, marqués de feu, ou plus rarement fauves, marquetés de petites taches blanches, comme un daim. Leur aspect général présente la plus grande analogie avec celui des chiens de Gascogne de la vieille race. Naturellement hurleurs, comme beaucoup de nos vieux chiens français, ils sont devenus chiches de voix, par suite de l'éducation que leur race a reçue pendant plusieurs siècles.

27° Les *chiens de parcs* ou *de cerfs* (parkhound-stag-hounds) sont ainsi nommés, dit d'Yauville, parce qu'en Angleterre on chasse le cerf avec eux dans des parcs : ces chiens, qui ont de 22 à 24 pouces ($0^m,60$ à $0^m,65$), sont moins vites, mais plus souples et plus aisés à dresser que les chiens de renard. Ils n'ont ni la queue ni les oreilles coupées, et ils ressemblent beaucoup à nos beaux chiens français; mais la belle espèce en est très-rare (p. 211). L'ancien vrai stag-hound anglais, dit Stonehenge, a entièrement, ou en grande partie du moins, disparu; il ressemblait au limier (bloodhound), mais a reçu un peu de sang, probablement de lévrier (greyhound), et se rapproche davantage du chien d'affût moderne (the lurcher) par la conformation du corps, avec la tête du chien du Sud. Il croit qu'il en reste encore quelques-uns de race presque pure dans les meutes de chiens de cerfs du Devon et du Sommerset, mais qui ont cependant plus ou moins été croisés avec les chiens de renards (foxhounds).

D'après le même auteur, les stag-hounds qu'on rencontre aujourd'hui dans les chenils de S. M. la reine Victoria et du baron de Rothschild ne sont que des foxhounds plus grands, et par conséquent plus forts. Ces chiens ont de $0^m,60$ à $0^m,63$ de hauteur, et les chiennes de $0^m,55$ à $0^m,58$; ils ont la tête large avec le museau un peu tronqué; leurs pattes postérieures sont droites, leurs cuisses bien musclées; leurs oreilles larges n'ont pas besoin d'être arrondies comme celles des foxhounds. (*The dog in health and disease*, p. 54.)

28° Le *chien de renard anglais* (foxhound) est, dit Stonehenge, un des plus merveilleux animaux de la création, et nous le devons sans doute aux soins attentifs que nous lui avons prodigués depuis deux ou trois siècles; Markham, Sommerville et Beckford lui fournissent la preuve des modifications successives qu'a subies la race, mais quant à l'origine, aux moyens, il est muet comme ses compatriotes le sont toujours à cet égard.

M. de Noirmont regarde le foxhound comme issu du croisement des chiens du Nord (Northenhound-fleethound) avec le lévrier, ou peut-être avec des terriers de grande taille. La forme petite et arrondie des oreilles du foxhound moderne est due à ce qu'on les lui rogne pour préserver l'animal des déchirures et des égratignures inévitables à la chasse; ce qu'on lui en laisse suffit pour préserver le conduit auditif. La couleur dominante de leur poil est noire, avec des taches blanches; ces deux couleurs mêlées ou mélangées pour former la robe pie, comme rouge-pie, bleu-pie, jaune-pie, gris-pie, jaune citron-pie, gris de lièvre pie, et blaireau-pie; ces trois dernières couleurs sont les plus belles; tachetée, noire, blanche, rouge, bleue, chacune plus ou moins mélangée de blanc.

On a pu mesurer la vitesse de ces chiens, connaissant l'étendue de la piste de Beacon à New-market, qui a 6,751 mètres de longueur; elle fut parcourue par Bluecop, le vainqueur, à M. Barry, en huit minutes et quelques secondes, les chiens de M. Meynell arrivaient de près, et douze seulement des soixante cavaliers qui les suivaient arrivèrent avec eux au but. Merkin, une chienne appartenant au colonel Thornton, parcourut encore le même trajet en sept minutes et une seconde et demie.

Les foxhounds, comme la plupart des races de chiens modernes de l'Angleterre, ont plus de vitesse que d'odorat, et surtout de voix : *times is money*, le temps est de l'argent; le chien qui donne de la voix perd de la vitesse aussi bien que celui qui s'arrête trop sur la piste; on a des limiers, des bloodhounds pour relever les défauts et les changes, car il faut que la bête soit prise et prise rapidement : les chiens, les chevaux, les hommes, tout a été dressé, amélioré dans ce but. Ce ne sont plus des chasses ni royales ni princières, ce sont plutôt, pourrait-on dire, des chasses de banquiers ou de négociants, pressés de retourner à leurs bureaux.

29° Le *chien pour lièvre* ou *harrier*. Le véritable harrier, selon Stonehenge, est un petit chien du Sud, qui a reçu un peu de sang de lévrier; il a plus de gorge que le foxhound, les oreilles plus longues, la tête plus large, les babines plus pendantes et aussi une structure plus lourde et une allure moins rapide. Sa hauteur commune est, de nos jours, de 0m,45 à 0m,50 à l'épaule; autrefois, avant qu'on employât les foxhounds à cette chasse, les harriers avaient souvent 0m,55 à 0m,58. C'est par leur voix et leur manière de chasser que les vrais harriers sont remarquables; la voix mélodieuse de la meute s'entend de plusieurs milles. M. Yelman, dont la meute de harriers fut longtemps célèbre dans l'ouest de l'Angleterre, a réduit la taille de ses chiens de 0m,45 à 0m,48; ce sont, comme tous les harriers modernes, de petits foxhounds réunissant une grande finesse d'odorat en même temps qu'une grande vitesse. La robe est celle du foxhound, plus le bleu bigarré, qui se montre souvent comme indice de sa descendance du chien du Sud. Ils conservent les oreilles entières ou à peine rognées.

Le harrier gallois (du pays de Galles) est un chien du Sud à poil rude, de même race que le chien à loutre, dont nous parlerons dans un instant.

30° Le *beagle anglais*. Le beagle anglais (northen-beagle-cat-beagle) descend du vieux chien du Nord, comme le harrier du vieux chien du Sud. Il est d'origine fort ancienne sans doute, puisque Arrien dit que les peuples sauvages de la Bretagne élèvent ces animaux avec soin et les nomment *agasses*, en leur langage.

Par sa conformation extérieure, le beagle ressemble au chien du Sud, mais il est plus large et plus élégant dans ses formes, a la voix moins forte en proportion de sa taille et a beaucoup de fond. Il y en a trois ou quatre variétés qui diffèrent sensiblement, entre elles, de conformation, de formes et de genre de chasse. Le moyen beagle, qui est le type des autres, ressemble au petit harrier ancien, mais il a, proportionnellement, le corps plus large et les membres plus courts; sa tête est large et arrondie, avec le museau court et carré, les oreilles longues, larges et soyeuses, de bons pieds, peu de poils sur le corps, mais un léger bouquet à la queue. Le beagle à poils rudes provient probablement d'un croisement du précédent avec le lévrier à poil rude; cependant, plusieurs personnes le regardent comme une race distincte, issue du harrier gallois auquel il ressemble beaucoup, moins la taille. Le petit beagle (warf ou rabbit-beagle) est un chien petit et frêle, mais doué d'un odorat exquis, et plus fort qu'il ne le paraît. Il n'atteint souvent pas plus de 0m,25 de hauteur (Stonehenge).

31° Le *basset français* (canis felis vergatus) provient sans doute du beagle anglais de moyenne taille. M. de Noirmont nous apprend que les beagles étaient fréquemment importés en France avant la révolution, et que, sous Louis XVI, le comte de Roncherolles l'avait introduit en Normandie. « Le basset, dit Toussenel, est reconnaissable à des caractères spéciaux : long corsage, pattes courtes et (parfois) torses, reins larges, oreilles démesurées, physionomie grave et magistrale, admirable contre-alto. Le basset de bonne souche est plein d'excellentes qualités; je le respecte. Il chasse généralement tout ce que les grands chiens ne chassent pas. Le basset est le plus lent de tous les chiens : c'est le chien du braconnier, le chien du petit chasseur et de la petite propriété. Il n'a point de répugnance pour la bête puante, mais le lapin est son gibier de prédilection. Il n'est pas de chasse plus mortelle au faisan que celle du basset la nuit. » M. Lecouteulx va compléter le portrait : « Blanc ordinairement, avec des taches noires ou des marques fauves, souvent son poil est tout noir et épais, avec des taches de feu sous les yeux, sur la poitrine et au bas des jambes. Beaucoup sont griffons, et parmi ceux-là les meilleurs sont blancs avec de larges taches café au lait (p. 78). »

La variété à jambes torses n'est qu'une variété accidentelle de cette race, variété reproduite par élection. Buffon attribuait l'arqûre très-prononcée des membres antérieurs, la déviation des os, qui forme le caractère de cette sous-race, à un rachitisme héréditaire. L'énergie, le fond, la rusticité des bassets à jambes torses éloignent complétement cette hypothèse. Selon Le Verrier de la Conterie, les bassets à jambes droites viendraient de Flandre, et ceux à jambes torses de l'Artois.

32° Le *harrier gallois* ou *chien à loutre* (otterhound) est celui de tous les chiens anglais qui ressemble le plus aux vieux chiens du Sud, avec cette différence seule que son poil est rude et nerveux, et qu'il porte une abondante moustache. Le chien à loutre est devenu, de notre temps, une race distincte; sa taille ordinaire est de 0$^{m}$,55 à 0$^{m}$,62 pour les chiens; les femelles sont parfois plus petites. La loutre est peu commune en France, et, quand on la chasse au fusil, c'est à l'aide de bassets ou des terriers-bulls.

33° Le *briquet*. Encore une ancienne race qui ne vit plus que dans la cynégétique des archéologues. Au moyen âge, il est déjà question de braccones, bracons, braquets ou brachets; c'est au commencement du XVII$^{e}$ siècle seulement qu'on trouve le terme de briquet, mais alors le service et sans doute aussi la race ont changé. Les brachets ou braquets étaient des chiens courants et limiers pour le fauve; les briquets étaient presque exclusivement destinés à chasser le lapin. Il semble que ces termes de braccones, braquets, brachets et briquets ont dû toujours désigner des animaux mâtinés, portant barre de bâtardise; il existe encore des briquets à poil doux comme à poil rude, blancs, noirs ou roux, grands ou petits, chassant, suivant leur taille, leur force, leur aptitude ou leur éducation, le sanglier, le loup, le renard ou le lapin; mais on ne saurait dire qu'ils forment race. De même, sans doute, leurs ancêtres étaient un mélange des différentes races connues.

34° Le *chien griffon*, qui paraît résulter de

l'union du barbet avec le chien de berger, ou du chien courant avec le petit épagneul, a formé une sous-race à laquelle on a donné, en France, le nom de petit courant anglais à long poil, ou petit griffon. Son poil, long et assez touffu, est fauve ou noir et marqué de feu aux yeux, à la poitrine et aux manchettes ; le museau, la face postérieure des pattes, le fanon sont couverts de longs poils assez fins; les oreilles sont un peu larges et droites, la queue médiocrement touffue. Il paraît originaire du Piémont ou de l'Italie. Il y en eut plus tard de très-petits, mouchetés et même à deux nez, et tel était celui qu'en 1596 Henri IV avait perdu, et au sujet duquel il priait son compère le connétable de Montmorency de faire faire des recherches pour le lui renvoyer aussitôt, en cas qu'il le retrouvât. (De Noirmont.) »

35° Le *terrier anglais* (english terrier), employé pour la chasse, est un petit chien vigoureux d'une grande énergie, doué d'un courage extraordinaire et d'un odorat aussi fin que le beagle ou le harrier. Il était d'usage autrefois d'adjoindre un couple de terriers à la meute des chiens de renard, soit pour faire sortir celui-ci de son terrier quand il y est entré, soit pour pouvoir le chasser des refuges impénétrables pour les grands chiens, où il vient souvent s'acculer sur ses fins. La plus grande rapidité communiquée aux foxhounds a dû faire abandonner les terriers à renards (fox terriers), et aujourd'hui ils sont presque exclusivement employés à détruire la vermine : les rats, putois, belettes, etc. (vermin-terrier). On distingue généralement quatre espèces de terriers : l'ancien terrier anglais, le terrier écossais y compris le dandie-dinmont, le terrier des îles de Skye, et le petit terrier moderne d'agrément.

Le terrier anglais est un chien à poil lisse du poids de 2k,500 à 4k,500. Son museau est effilé et très-pointu vers l'extrémité, les mâchoires sont légèrement saillantes, son front élevé, son crâne est plat et étroit, ses masséters très-développés, ses yeux vifs et petits, bien placés dans la tête; ses oreilles, lorsqu'elles sont entières, sont relevées, mais non pas absolument droites, retombant un peu vers la pointe; quand elles ont été rognées, elles se redressent en pointe; le cou est assez long et bien musclé; le corps est harmonieux, avec des reins courts et larges et la poitrine plus haute que large. Les épaules sont bonnes, assez musclées pour permettre à l'animal de fouiller la terre pendant plusieurs heures sans fatigue, non trop pour l'empêcher de courir. Les pattes de devant sont musclées et les os délicats, les pieds sont arrondis comme ceux du lièvre, les pattes de derrière sont droites, mais vigoureuses; la queue est fine et recourbée en bas. La couleur de ces chiens est noire et jaune tan, qui sont la vraie robe; quelques-uns sont blancs, légèrement marqués de noir, jaune brun, ou quelquefois, mais rarement bleus (la peau noire avec le poil blanc). Le véritable fox-terrier était choisi parmi ceux de robe entièrement blanche, afin qu'on pût mieux le distinguer parmi la meute, et l'apercevoir dans l'obscurité du terrier, mais ils étaient toujours croisés avec le bull-dog. Ceux qu'on élève aujourd'hui sont de poil noir ou jaune tan, couleur la plus estimée, mais sans une tache blanche; le plus souvent, ils ont une petite tache jaune sur l'œil et ont le nez et le palais noirs (Stonehenge).

36° Le *terrier écossais* (scotch terrier) ressemble en tout au chien anglais, mais son poil est rude et nerveux, ce qui fait qu'on lui donne souvent le nom de terrier hérissé (wire-haired terrier). Outre cette différence extérieure, il en est une autre qui peut servir à les distinguer, la couleur étant la même, c'est que le blanc est plus estimé dans la variété du Sud, et le noir et le jaune plus ou moins mélangés de gris (poivre et sel) sont caractéristiques du véritable terrier écossais; cependant il y a de nombreuses variétés de taille, de formes et de couleurs. Le terrier écossais est un véritable chien à vermine et chasse aussi bien le renard que la souris; mais on ne peut le dresser à chasser la plume (Stonehenge).

37° Le *dandie-dinmont* est une espèce de terrier, aujourd'hui très-estimée, originairement formée par un fermier du nom de James Davidson, de Hindale (Roxburgshire), qui les obtint de coquet-water. Il y en avait aussi une bonne race aux dunes de Ned, à Whitèle, près Carter-Bar. Ceux qui ont étudié ce sujet pensent que le dandie-dinmont est le produit d'un croisement du terrier écossais et du chien à loutre ou terrier gallois. Cette race jouissait, il y a quelques années, d'une telle vogue, que M. Bradshaw Smith, du Dumfrieshire, acheta à haut prix tous les bons chiens qu'il put réunir; aussi sa race jouit-elle encore d'une grande réputation.

Le dandie présente deux couleurs du poil, qui est plus dur que long; l'une, qui est entièrement d'un brun-rougeâtre, et appelée *moutarde*, l'autre, qui est grise ou gris-bleuâtre sur le dos, jaune ou légèrement brune sur les pattes, et qu'on nomme *poivre;* toutes deux ont le poil soyeux sur le front. Les jambes sont courtes, le corps long, les épaules basses, le dos légèrement creux, la tête large, les mâchoires longues et effilées vers le museau, qui est carré; les oreilles longues et couvrant bien la tête, les yeux grands, vifs et intelligents ; la queue droite et relevée, se recourbant légèrement vers le dos; leur poids est de 7 à 10 kilog. environ (Stonehenge).

38° Le *terrier des îles de Skie* (Skie-terrier) n'est qu'une variété du dandie-dinmont poussée jusqu'à l'exagération des formes; il est remarquable par son long corps, taillé comme celui de la belette et porté sur des membres grêles et courts; sa tête est plus longue que large, son cou a aussi des dimensions extraordinaires, si bien que, lorsqu'on le mesure du museau à la queue, on trouve qu'il a en longueur plus de trois fois sa hauteur. Son museau est pointu, mais si caché par de longs poils, qu'on n'aperçoit que les yeux à première impression; ces yeux sont vifs et expressifs, mais petits, comparés à ceux de l'épagneul. Les oreilles sont larges, légèrement relevées, mais retombantes du bout. La queue est longue, avec les os fins, et est portée recourbée vers le sol dans sa partie moyenne, et se redressant un peu en l'air vers la pointe. Les jambes de devant sont un peu tordues, conformation qu'on doit chercher à éloigner, quoiqu'elle se reproduise toujours plus ou moins. Les griffes manquent complétement, et leur présence est un signe évident d'impureté.

Le pelage le plus recherché est noir, fauve ou bleu, surtout le petit bleu ardoisé; on rejette soigneusement tous ceux qui ont la plus petite marque blanche. Le poil est long et droit, dur et non soyeux, se partageant sur le dos, et touchant presque la terre de chaque côté, sans être frisé ni lainu. Les jambes et le sommet de la tête sont de couleur plus foncée que le corps, le poil y est plus doux et plus soyeux.

Ce chien est rarement employé à la chasse de la vermine, et sert plutôt de compagnon à l'homme; son poids est de $3^k$,500 à 7 kilog., en moyenne $5^k$,500 (Stonehenge).

59° Le *terrier-bull* (bull-terrier) est le produit d'un léger croisement du terrier à poil ras (anglais) avec le bull-dog, dans le but de donner au premier plus de courage à braver les morsures de la vermine qu'il doit attaquer. Les bons chiens de cette race ne signalent aucune douleur quand une demi-douzaine de rats sont pendus à leurs lèvres, parties du corps extrêmement sensibles, tandis que la morsure d'une souris fait crier un mauvais chien. En pratique, pour tous les services auxquels le terrier peut être employé, il est communément reconnu qu'un demi ou un quart de sang de bull-dog est préférable à la pureté de l'une ou de l'autre des races; on dit alors que l'animal est terrier-bull ou demi-sang bull-dog.

Les formes du terrier-bull varient beaucoup avec le degré de sang qu'il possède. Il n'aura pas le bizarre avancement de la mâchoire inférieure, ni les jambes crochues, ni les cuisses petites et grêles; mais, jusqu'à ce que ces caractères aient entièrement ou presque entièrement disparu, on peut continuer le croisement sur le terrier. Le parfait terrier-bull doit donc être défini comme un terrier ayant autant de sang bull-dog que le permet l'absence des formes ci-dessus, ayant la tête volumineuse (non pas en proportion de celle du dogue), les mâchoires puissantes, la poitrine profonde et large, les épaules musclées, la queue fine du bull-dog, accompagnées du cou mince, des formes légères, des reins larges, des proportions larges dans le quartier de derrière, du terrier. La couleur la plus fréquente est le blanc, soit pur, soit tacheté de noir, de bleu, de rouge, de fauve ou de bringé; quelquefois aussi elle est noire et jaune ou rouge-zain (Stonehenge).

Les bull-terriers sont parfois employés, en Angleterre, au lieu de terriers ou de terriers à renard (foxhounds) pour chasser le renard et le blaireau dans leurs trous ou dans leurs refuges.

§ 2. *Chiens d'arrêt.* — « Le *chien d'arrêt*, dit Toussenel avec sa verve ordinaire, le chien d'arrêt n'est qu'un produit de l'art, comme la Prune de Reine-Claude, comme la Rose double; c'est un chien muet greffé sur un chien courant, et qui retourne au sauvageon comme la rose double, quand la greffe est mal conduite. Le chien d'arrêt est sans contredit la plus magnifique de toutes les créations de l'esprit humain. C'est ici que l'homme a vraiment créé après Dieu. Le chien d'arrêt a pour lui l'élégance des formes, la vigueur des muscles et la puissance de la pensée. Il est une création des temps modernes dont la date n'est pas bien fixée. Elle est née en Europe à la suite de la fauconnerie, *le courre en l'air*, institution qui date de la plus haute antiquité. Comme il fallait des chiens pour faire lever le gibier plume et le gibier poil devant les oiseaux de vol, on en a rencontré qui *pointaient* naturellement la pièce de gibier avant de la faire partir ; on a cultivé cette disposition en prolongeant le *pointage* jusqu'à l'*arrêt solide*. On a obtenu par ce moyen le *chien couchant*, c'est-à-dire le chien qui se couche contre le gibier qu'il arrête pour se laisser couvrir avec celui-ci sous le filet (épervier). Le fusil venu, qui permettait de tirer au vol, le chien couchant s'est transformé de lui-même en simple chien d'arrêt. Toutes les statues de chiens que nous a léguées l'ancien monde représentent des chiens courants; Diane d'Éphèse et Diane de Poitiers n'ont jamais eu que des lévriers pour cortége. » (*L'Esprit des bêtes*, t. Ier, Paris, 1847, p. 162-275.)

Le chien courant chasse par instinct, il est vrai, mais il est encouragé par l'espoir de sa proie ou du moins par la certitude de la curée, l'homme ayant traité sur ces bases dans l'association où il s'est réservé la part du lion ; mais le chien d'arrêt ne chasse qu'au profit de son maître, auquel il rapporte, docile, le gibier intact :

*Non sibi, sed domino versatur vertragus acer*
*Illæsum leporem qui tibi dente refert.*

(MARTIAL.)

Quelle patience persévérante il a fallu à l'homme! quelle docile intelligence il a fallu au chien! quel empire il faut que le premier ait pris sur le second pour avoir pu donner, sans qu'il y ait eu émeute aucune, un si violent coup de canif dans le contrat primitif qui les avait unis! On avait bien dressé depuis longtemps certains chiens à arrêter le gibier à plumes surtout, et à se coucher sur le ventre pour le laisser couvrir par le filet ; mais c'était plutôt une aptitude particulière donnée par le dressage qu'un caractère général et spécial à une race. C'est au XV$^{e}$ siècle, très-probablement, que s'est accomplie cette révolution. Les premières armes à feu portatives venaient d'être inventées, mais leur poids, qui forçait de les appuyer sur une fourchette ou sur un chevalet et ne permettait de tirer qu'au gîte ou au posé, changea la tactique de la chasse. Il était nécessaire, dès lors, d'avoir des chiens d'un haut odorat, quêtant en silence, marquant et tenant l'arrêt, pour que le chasseur pût pointer sa lourde machine et y mettre le feu, au moment où, sur un signe de son maître, le chien ferait bondir ou lever la proie. L'apprentissage du maître et du serviteur dut être long, mais le chasseur, l'arme et le chien ont fait, depuis quatre siècles, de bien beaux progrès, et la part intellectuelle du chien n'est pas moins belle que celle de l'homme.

40° Le *braque* (canis felis avicularis). C'est au xv<sup>e</sup> siècle, en effet, qu'on voit apparaître le terme de chien braque, ainsi nommé sans doute de ce qu'on commença à dresser au nouveau système de l'arrêt les braquets ou brachets, jusque-là employés à la chasse à courre. La plus ancienne mention que nous trouvions de cette race est celle de la lice italienne, *Baude*, qui, vers 1480, unie à un chien blanc de Saint-Hubert, donna naissance à la race des grands chiens blancs du roi. Soixante ans plus tard, en 1540, le duc François de Guise offrait au connétable de Montmorency un chien braque, qui paraît avoir été dressé à l'arrêt, « puisque le lui envoie afin que son tiercelet ne faille à trouver la perdrix. » Enfin M. de Noirmont trouve une date décisive dans les gravures de Galle et de Stradan, qui, à la fin du xvi<sup>e</sup> siècle, représentent un chien braque arrêtant des perdrix qu'on va *tirasser*.

Le braque d'Italie était blanc (la chienne Baude était de cette robe) ou noir ou fauve; une variété très-estimée en France au xvi<sup>e</sup> siècle était de poil blanc moucheté de noir, et portait le nom de braque du Bengale. Une autre variété accidentelle reproduite par sélection, soit comme curiosité, soit parce que l'on pensait que ces animaux jouissaient d'un odorat plus développé, fut celle des braques à deux nez ou à nez fendu, quelquefois appelés aujourd'hui phanors. Cette particularité consistait en ce que les deux narines étaient séparées par une gouttière assez profonde, donnant au nez un aspect assez bizarre. Cette sous-race était appelée braque d'Espagne, et a joui, jusqu'à nos jours, d'une réputation de supériorité que des exceptions seules ont justifiée. Son pelage était ras, de couleur blanche, avec de grandes taches brunes.

Le vieux braque français était de haute taille (0$^{m}$,70 à 0$^{m}$,80) et de formes vigoureuses; il avait la tête grosse, le museau carré, l'œil assez petit, les lèvres un peu pendantes, le nez gros, les oreilles longues et larges, le cou court et épais, le dos large et arrondi, la croupe bien musclée, les membres longs et forts, les pieds larges. La robe était quelquefois blanche, plus souvent blanche mouchetée de taches brunes très-serrées et arrondies, ou encore de larges plaques brunes à la tête, aux oreilles, au dos ou aux flancs. Ceux du XVII$^{e}$ siècle, dont Oudry et Desportes nous ont laissé de si magnifiques portraits qu'on peut encore étudier au musée du Louvre, étaient moins hauts de taille, plus grêles de formes, presque complétement blancs de pelage, avec quelques taches seulement de brun ou de noir, et se rapprochaient sensiblement de la race des chiens blancs du roi.

Deux sous-races de braques français ont joui surtout d'une haute réputation au commencement de ce siècle : l'une, celle des braques Dupuy, ainsi nommée du nom de l'éleveur qui l'avait créée, et dont le principal caractère était une tête lourde et mal attachée; l'autre, dite de Saint-Germain, de Compiègne ou de Charles X, à pelage blanc et orangé, provenant d'une race des pointers anglais offerts au roi en 1819 par le duc de Wellington.

Les braques, en général, français, espagnols ou à deux nez, chassaient tout de haut nez, arrêtaient ferme et supportaient bien la chaleur, mais redoutaient un peu le froid; ils quêtaient bien, arrêtaient sur le poil et la plume, en plaine comme au bois, et conservaient, même pendant les plus grandes chaleurs du jour, toute la finesse de leur odorat.

Le braque anglais moderne (the modern english pointer) paraît être descendu du braque espagnol modifié par une longue suite de soins; la tête et le museau ont pris beaucoup de développement. Ce chien est devenu un véritable galopeur, comparé à l'ancien chien à la mode, et peut battre un champ de moyenne étendue tandis que son maître le traverse au pas ordinaire. La couleur la plus recherchée est le blanc, afin qu'on puisse apercevoir distinctement le chien parmi les champs de trèfle ou de turneps ; les blancs à tête noire, bruns ou jaunes sont les plus estimés; les bruns foncés ou noirs sont beaux, mais ils ont cet inconvénient qu'on les perd souvent de vue lorsqu'ils arrêtent dans les champs garnis de récoltes. Les pointers noirs ou blancs ont souvent les yeux cerclés de taches jaunes; les noirs qui ont la joue et les extrémités jaunes sont soupçonnés, et souvent à juste raison, de croisement avec le foxhound (Stonehenge).

Le braque portugais ressemble dans ses formes au braque espagnol, mais il a la queue touffue et semble provenir d'un croisement avec l'ancien épagneul à la mode.

Le chien de Dalmatie est un magnifique animal de haute taille ($0^m,60$ à $0^m,65$), ressemblant au braque par les formes, mais ayant d'ordinaire les oreilles coupées. Il est admirablement moucheté de noir sur un fond blanc. Dans son pays natal, on l'emploie comme pointer dans la plaine, et il accomplit parfaitement son devoir. Ailleurs, vu son amour passionné pour le cheval, on en a fait un chien de voiture, qui accompagne les carrosses comme un cortége et un ornement. On en peut dire autant du chien danois, dont la taille cependant est moins élevée.

41° L'*épagneul* (canis felis extrarius) est le type du chien d'arrêt couchant. Son nom indique son origine. « Gaston Phœbus, dit M. de Noirmont, décrit les *espenholz* du XIVe siècle comme ayant grosse teste en grant corps et bel, de poil blanc ou tavelé, avec la queue espesse. Ils aimaient leur maître et le suivaient fidèlement, mais on leur reprochait d'être *riotteurs* (querelleurs) et grands aboyeurs. Louis XI tirait des *espaigneux* de Bretagne. Au XVIe siècle on recherchait encore les épagneuls de poil moucheté à queue *espiée*; cependant M. de Bourdeille, père du chroniqueur Brantôme, en avait de *tout noirs comme taupes*, les plus beaux, les plus grands et les meilleurs épagneuls qu'on eût su voir. Les épagneuls peints par Desportes sont de moyenne ou même de petite taille, très-fins; leur robe, d'un blanc soyeux, est marquée de brun ou de fauve; leur queue est rasée, sauf un bouquet réservé à l'extrémité. Le vieux épagneul français, aux grandes taches brunes, accompagnées de nombreuses mouchetures grises sur un fond blanc, est devenu fort rare depuis quelques années ; presque tous les épagneuls dont on se sert en France sont d'origine anglaise ou croisés d'anglais (M. de Noirmont). »

L'épagneul diffère du braque par ses formes plus légères en général, son museau moins carré, sa poitrine plus étroite, ses cuisses et ses reins moins musclés, et surtout par son poil long, soyeux et presque lisse, plus long aux oreilles, sous le cou, derrière les cuisses et à la face postérieure des quatre membres, que sur le reste du corps. C'est un chien docile, intelligent, quêtant bien, chassant mieux dans les marais ou les cantons couverts qu'en plaine, craignant un peu la chaleur, portant le nez bas, arrêtant sur le poil comme sur la plume.

L'épagneul anglais (the setter) et l'irlandais ne diffèrent qu'en ce que le dernier a les membres plus forts, en ce que sa robe est généralement d'un beau rouge foncé, avec le museau plus brun, quelquefois blanche, mais plus souvent acajou vif avec des taches plus foncées courant du dos à la queue, qui a le poil court et de même couleur que le museau. Quelques-uns ont plus ou moins de blanc sur les reins, mais les lèvres sont toujours rosées et l'animal est d'autant plus estimé qu'il a moins de blanc. Le setter anglais ressemble davantage au pointer; la robe est blanche avec des taches noires, rouge, rouge foncé, jaune, avec ou sans taches; quelques-uns sont blancs ou noir zain, d'autres noirs et bruns, parfois noirs avec du blanc et des taches de feu autour des yeux, et les joues jaunes, comme les pointers. La couleur du poil a une certaine importance dans le choix d'un animal, car, tandis que ceux qui ont le poil fin sont capables de tenir tête à un pointer, ceux qui ont le poil rude, frisé et gras ne peuvent être employés pendant les chaleurs de l'été (Stonehenge).

Les Anglais ont créé, en outre, cinq petites races épagneules, qu'ils emploient pour aider dans les battues en pays couverts. Le premier, l'*épagneul de plaine*, au nez fin et distingué, très-docile, parfois muet, d'autres fois doué d'une aussi belle voix que l'épagneul du Sussex ou du Norfolk, petit et assez leste, employé pour battre les bruyères et les terres vastes et incultes, très-estimé des chasseurs pour la chasse aux coqs de bruyères. Le second, le *clumber*, longtemps confiné dans le Newcastle, haut de 0$^{m}$,45 à 0$^{m}$,50, avec la tête forte, le museau court et carré, généralement couleur de chair, à nez fendu, à babines larges et souvent pendantes, à oreilles garnies de poils assez rudes, à queue touffue, garnie de poils abondants, mais droite, à corps long et musclé et à membres relativement courts, de robe jaune et blanc, toujours muet; on l'emploie pour la chasse au faisan, aux coqs de bruyères, aux lièvres ou aux lapins. L'*épagneul du Sussex* diffère du précédent par sa forme et sa couleur; son corps est un peu moins long, plus arrondi et plus musclé, son poil est un peu bouclé, ses oreilles sont moins velues, ses membres plus gros; il a généralement la queue rognée et garnie de poils onduleux; il est spécial à la chasse du faisan et du coq de bruyères. L'*épagneul du Norfolk* ressemble au setter anglais, mais est taillé sur de plus petites proportions ($0^m,42$ à $0^m,45$ de hauteur); son poil est blanc et noir, ou rouge et noir, en taches sur fond blanc; il est souvent croisé avec le clumber ou le sussex. Le *cocker*, qu'on emploie spécialement à la chasse du coq de bruyères, présente un grand nombre de variétés; le plus estimé est le gallois. On emploie aussi au même service le cocker du Devonshire, le blenheim et le King-Charles (Stonehenge).

L'épagneul d'eau (water spaniel), spécial pour la chasse des oiseaux aquatiques, dans les marais, est un chien de 0m,52 à 0m,55 de taille à l'épaule, à tête grosse, à front saillant, à poil frisé en boucles, de couleur brun clair, sans aucune trace de blanc : ces chiens sont de grand cœur, dociles et faciles à dresser ; ils vont à l'eau comme des canards (Stonehenge).

En France, de Thou parle de certains épagneuls de marais aux oreilles velues, au pelage crépu, mais sans barbe et sans poils hérissés sur les yeux, que fournissaient la Flandre et le pays de Namur (M. de Noirmont). Telle pourrait bien être aussi l'origine du water spaniel.

Les Anglais, qui ont l'habitude de la spécialisation, se sont créé une race spéciale de retrouveurs (retrievers) pour poursuivre le gibier blessé ou retrouver le gibier mort, soit en plaine, soit sous le couvert. Le retriever est ordinairement le produit de l'alliance d'un petit terre-neuve avec un chien setter (couchant), ou entre un terrier et un épagneul d'eau, ainsi que le recommande M. Colquhoun. Sa robe ordinaire est le noir avec peu ou pas de blanc, son poil est onduleux et presque ras ; il a de 0m,57 à 0m,59 de hauteur à l'épaule.

## CHAPITRE III.

### Des chiens de garde et de défense.

---

Ce n'est qu'à l'aide du chien que l'homme a pu s'adjoindre les troupeaux, les réunir sous sa main, en un mot les domestiquer; mais le problème n'était pas entièrement résolu, et il fallait encore défendre le bétail contre les animaux carnassiers; le soin de sa propre sûreté à lui-même réclamait encore l'intervention du chien, qui se chargea de protéger sa personne, sa demeure et sa fortune. De là, trois spécialités : le chien chargé de conduire et maintenir les troupeaux pendant les voyages et dans les champs; le chien chargé de défendre le bétail contre les animaux sauvages, et enfin celui destiné à accompagner l'homme pendant le jour pour sa défense, à veiller sur sa maison pour en écarter les voleurs pendant la nuit. Nous commencerons par décrire les races qui se sont instituées gardiennes de nos troupeaux et de nos demeures.

Nous avons déjà décrit le *dogue*, le *grand dogue*, le *doguin* et le *mâtin*, qui, depuis la disparition de la plupart de nos grands carnassiers, sont le plus souvent employés comme chiens de garde.

42° Le *bull-dog*, issu du dogue, n'en diffère guère que par sa stature plus petite, ses formes toujours aussi musclées, mais plus rondes, et qui lui donnent l'aspect d'une boule, d'où lui vient son nom. La tête a relativement encore acquis du volume, la mâchoire inférieure est devenue sensiblement saillante en avant, et la lèvre supérieure ne suffit pas toujours à la recouvrir. Plus courageux encore peut-être, mais aussi plus hargneux, plus batailleur que le dogue, il n'est pas moins vigilant. On lui rogne d'ordinaire les oreilles au niveau de la tête, la queue à 0m,25 de sa base, pour soustraire ces régions aux morsures; on protége son cou par un solide collier de cuir armé de piquants. Sa mordacité est telle qu'il est difficile de lui faire lâcher prise, et que les coups et les cris ne font que redoubler son ardeur. Néanmoins il est assez intelligent et très-attaché à son maître, capable de recevoir une certaine éducation, fidèle et obéissant.

45° Le *chien des Pyrénées* est de haute taille ($0^m$,55 à $0^m$,65), à poil long et rude, de couleur café au lait clair, ou blanc avec des taches de café au lait clair; il a la tête volumineuse avec le museau assez fin, des yeux grands, doux et intelligents, la queue touffue, relevée sur les reins, la peau épaisse et à la fois souple, très-mobile sur tout le corps. Ces chiens accompagnent les troupeaux dans les Pyrénées, pour les défendre des loups et des ours, qu'ils ne craignent pas d'attaquer. Leur démarche est lente, un peu lourde, mais majestueuse; leur caractère bon, facile et affectueux, leur intelligence assez développée. En Auvergne et en Suisse ce sont plutôt des dogues qui suivent les troupeaux à la montagne, pour les protéger contre les loups et les ours. Les îles Britanniques, ayant détruit depuis longtemps ces bêtes féroces, ne possèdent aucune race spéciale à ce service. Le chien des Pyrénées, tenu à l'attache pendant le jour, constitue un excellent chien de basse-cour pour la nuit.

# CHAPITRE IV.

## Des chiens de troupeaux.

---

Le chien de berger ou de vacher est une des plus admirables bêtes de la création. Quand il est bien dressé, nul autre chien ne peut donner à un plus haut degré l'idée de l'intelligence : « Fidèle à « l'homme, le chien conservera toujours une por- « tion de l'empire, un degré de supériorité sur les « autres animaux ; il leur commande, il règne lui- « même à la tête d'un troupeau, il s'y fait mieux « entendre que la voix du berger ; la sûreté, « l'ordre et la discipline sont les fruits de sa vigi- « lance et de son activité ; c'est un peuple qui lui « est soumis, qu'il conduit, qu'il protége, et contre « lequel il n'emploie jamais la force que pour y

« maintenir la paix. » (Buffon.) Voyez-le au sortir des étables marcher de la tête à la queue du troupeau, le dirigeant, sur un signe de son maître, vers tel ou tel pâturage, ramenant ceux-ci, hâtant ceux-là, veillant toujours à ce que nul ne s'écarte ; faut-il passer près des terres ensemencées, il court à l'avant se placer sur la lisière des récoltes, montant et descendant à mesure que chemine la bande, infatigable, indulgent pour une lippée prise à la hâte, paternel pour les jeunes, mais corrigeant par une verte morsure les folles équipées des grands parents.

Arrivé au pâturage, il se place à l'opposé du berger, se couche sur le rebord d'un fossé, d'où il pourra surveiller le troupeau et les alentours, l'œil et l'oreille toujours aux aguets, attentif au moindre signe de son maître, insoucieux du gibier et des animaux de sa propre espèce; comme la sentinelle, il garde son poste, exécute strictement sa consigne, faisant taire ses désirs, refrénant ses passions. La nuit, au parc, le chien de troupeau devient chien de garde ; à peine dort-il, le moindre bruit le fait bondir, il fait le tour du troupeau, et, s'il n'évente aucun danger, revient se coucher sous la cabane de son maître, pour y reprendre son quart. Un autre chien, un loup viennent ils rôder aux environs, le voilà sur pied, il avertit son maître par ses abois et se lance à la poursuite des ennemis, sans attendre le secours; il ne revient, souvent couvert de morsures, qu'après avoir détourné le danger.

Le chien de chasse est en partie guidé par l'instinct, le chien de berger obéit surtout à son intelligence. C'est du chien de berger que Buffon fait, avec raison, croyons-nous, descendre toutes les autres races de chiens. C'est bien ainsi que la nature a dû créer cet animal ; ce sont bien là les qualités dont elle a dû le douer en le donnant à l'homme comme auxiliaire et comme ami. C'est presque un blasphème que de faire du chien l'œuvre du hasard, le produit du loup, du renard ou du chacal; ce serait un autre blasphème que nul n'a songé à proférer, de faire descendre le chacal, le renard ou le loup du chien domestique.

44° Le *chien de berger* (canis felis domesticus), dans son type originaire que F. Cuvier retrouve surtout dans le chien de la Nouvelle-Hollande, est de taille moyenne; il a les oreilles droites, la queue horizontale ou tombante, rarement relevée; son poil, long et abondant, est le plus souvent noir. C'est ce type qui a fourni directement le chien de Sibérie, le chien de Laponie ou des Esquimaux, le chien d'Islande et le chien-loup.

Le *chien-loup* ou *chien de Poméranie* (canis felis pomeranius), qui est un chien de troupeaux, ne se distingue du précédent qu'en ce que sa tête, ses oreilles et ses pieds sont dépourvus de poils, et que sa queue, très-velue, est constamment relevée. Son pelage le plus ordinaire est le blanc, mais souvent aussi le noir ou le fauve. Il a le museau long et pointu, les oreilles courtes et dressées. Il y a du loup dans son aspect extérieur, et cependant le loup est l'ennemi contre lequel il est chargé de veiller, un ennemi qu'il combat vaillamment.

Le *chien de Sibérie* ou *des Esquimaux* (canis felis sibericus) ressemble beaucoup au précédent, et davantage peut-être encore au loup; il a tout le corps, moins la partie inférieure des pattes, recouvert de longs poils épais et rudes; il a 0m,55 à 0m,58 de taille; sa robe est d'un brun sombre, souvent brindelé, avec le museau noir.

Il est surtout employé à porter des fardeaux ou ou à traîner les traîneaux sur la glace et la neige.

Le *chien d'Islande* et *de Laponie* se rapproche

beaucoup du chien des Esquimaux, mais il est encore plus grand, en tout semblable à un loup, et d'un caractère sauvage et peu disciplinable.

45° Le *chien de Brie* est une variété du chien de berger, dont on ignore l'origine, et qu'on retrouve au cap de Bonne-Espérance, à Madagascar et jusqu'au Brésil. Il a les oreilles droites, le corps recouvert de poils longs et assez soyeux, laineux à la surface, formant près de la peau un léger duvet ; la queue longue, relevée sur le dos, très-touffue. Sa voix se manifeste par des cris plaintifs, des sifflements, plutôt que des abois sonores et soutenus. Sa robe est généralement fauve, parfois noire. Le plus intelligent de tous les chiens, peut-être, le chien de Brie sert aux troupeaux de bœufs ou de vaches, aux troupeaux de moutons et aux marchands de bestiaux ; quand il est bien dressé, il ne mord les animaux qu'aux jarrets, mais il a parfois la dent dure, et on est obligé de lui casser ou limer les crochets (dents canines) ou de les museler. A l'exposition canine de 1864, le premier prix de cette race fut remporté par la chienne *Charmante*, appartenant à M. Bonami, et qu'on peut considérer comme un type complet et pur.

46° Le *chien de berger anglais* (english sheep dog) se rapproche sensiblement du type primitif. Sous les anciennes lois d'accise, il était exempt de la taxe quand il avait la queue rognée; cette pratique s'étant dès lors généralisée, il en est résulté que beaucoup de chiens naissent avec la queue écourtée, ou même sans queue. Cette race, cependant, n'a point de caractères fixes, et renferme un grand nombre de variétés; le plus grand nombre sont munies d'une double griffe au pouce rudimentaire des membres postérieurs; leur robe varie du gris au noir, au brun, avec plus ou moins de blanc.

Le *chien de berger écossais* (colley) ressemble assez au chien sauvage (dingo); sa queue est longue, touffue, élégamment relevée du bout vers le dos, son museau est fin et pointu, son corps recouvert de poils longs, épais et rudes, qui le protégent contre le froid, la pluie et la neige. Il est très-intelligent, très-patient, très-soigneux de son troupeau; dans les tourmentes, c'est à ses soins qu'est dû le salut des moutons et des agneaux.

Le *chien de toucheur de bœufs* est une race croisée du chien de berger et du mastiff ou du pointer, du lévrier ou du setter. Dans les contrées d'herbages, il est de grande taille et très-fort; quelques variétés sont très-estimées, mais leur provenance fait tellement varier leurs caractères, qu'il serait impossible de les définir.

---

## CHAPITRE V.

### Des chiens de sauvetage.

---

Parmi tous les services que l'homme pouvait demander au chien, aucun ne réclamait plus de dévouement ni d'intelligence que celui qui consiste à parcourir la nuit les montagnes couvertes de neige, à sonder les précipices pour découvrir et guider les voyageurs en danger, à se précipiter dans les flots pour arracher à la mort le malheureux ou l'imprudent qui se noient. Chaque jour nous sommes témoins de ces faits, cependant, et souvent le chien dépasse l'homme en intrépidité et en abnégation.

47° Le *chien de Terre-Neuve*, ou *Labrador*, est de très-grande taille ($0^m,75$ à $0^m,80$); ses formes sont larges et robustes, excepté quant aux reins, qui sont longs et un peu faibles. Sa tête est petite relativement à sa taille, mais large au niveau des yeux; le museau de moyennes longueur et largeur, sans babines, comme celui des pointers et des chiens de chasse; les yeux et les oreilles sont petits; ces dernières sont tombantes et couvertes d'un poil court; le cou est court et recouvert d'une collerette de poils; la queue est longue, légèrement recourbée sur elle-même de la pointe, et recouverte de poils longs et laineux; les membres sont forts et nus, les pieds larges et presque plats, foulant mal le sol; le poil sur le corps est long, laineux et méchu, de couleur noire, ou blanc et noir, ou blanc avec un peu de noir, brun ou brun-rouge; quelquefois, mais rarement, brun tavelé irrégulièrement (Stonehenge).

Ce chien, comme tous ceux qui ont de la propension pour l'eau, a les doigts réunis par des membranes plus étendues que dans les autres races; il aime à se baigner, et, quand il y a été dressé, il se jette à l'eau de lui-même pour porter secours à son maître, ou même à un étranger. Aussi rencontre-t-on ces chiens à bord des bâtiments, dans les établissements de bains, etc.

On avait même proposé, il y a quelques années, d'organiser un corps de veilleurs de jour et de nuit, à Paris, sur les bords de la Seine et du canal, en adjoignant à chacun d'eux un terre-neuve.

Il y a le petit terre-neuve, ou petit labrador, qui ne diffère guère du précédent que par la taille (0$^{m}$,60 à 0$^{m}$, 65); on lui donne souvent, en Angleterre, le nom de chien de Saint-Jean (Saint John's dog).

48° Le *chien du mont Saint-Bernard* ne paraît autre que le terre-neuve allié au grand dogue, élevé sur le mont Saint-Bernard, dans les Alpes et dans quelques contrées voisines. Il y est employé à rechercher, secourir et guider les voyageurs qui peuvent se trouver en danger parmi les chemins escarpés, bordés de précipices, au milieu des avalanches et des tourmentes de neige. Les chiens du monastère de Saint-Bernard, où leur race est conservée avec les plus grands soins, ont de 0$^{m}$,63 à 0$^{m}$,70 de hauteur, et 1$^{m}$,80 à 1$^{m}$,85 de long, y compris la queue; leur poil est court, mais varie beaucoup cependant en longueur; la robe est rouge ou fauve, avec le museau noir; la forme de la tête est celle du mastiff anglais, mais plus légère de tous points.

C'est la même race qu'on rencontre à l'hospice du Saint-Gothard, employée au même service. Quand on prévoit les tempêtes, on attache au cou de ces généreux animaux un petit baril d'eau-de-vie et une clochette, et on les envoie dans les sentiers, sur les passages les plus dangereux, partout où les attirent les appels ou les gémissements ; leur odorat et leur ouïe les guident auprès des voyageurs, qu'ils déterrent dans la neige, réchauffent, guident ou rapportent même au couvent.

---

## CHAPITRE VI.

### Des chiens d'agrément.

---

On a pu, dans ce qui précède, être frappé du grand nombre de races obtenues pour les différents genres de chasse, comparées à la rareté des races utiles de chiens de troupeaux, de sauvetage et de garde. L'étude des chiens d'agrément ne pourra que confirmer cette triste remarque. Nous y joindrons, en outre, cette considération que la plupart des races de luxe, de salon, d'agrément ont été obtenues en abâtardissant l'espèce, en la conduisant vers une dégénérescence qui se dénote suffisamment par le peu de rusticité et d'énergie, la brièveté de l'existence, la sujétion à de nombreuses maladies.

49° Le *chien caniche*, *chien canard* ou *barbet* (canis felis aquaticus) est, avec le chien de berger peut-être, le plus intelligent de l'espèce; aussi en a t-on fait tantôt un chien de chasse, tantôt un chien d'aveugle, d'autres fois même un chien savant.

Il a la tête très-large, le front très-proéminent, les oreilles longues et larges, tombantes, couvertes d'un poil soyeux et bouclé, les yeux assez petits et enfoncés, le museau carré, garni d'épaisses moustaches; son corps est couvert en entier d'un poil long, fin et terminé en mèches ondulées, sa robe est blanche ou noire; sa taille varie de 0m,40 à 0m,50 à l'épaule. Il est doué d'une très-grande intelligence, d'une remarquable fidélité, d'une docilité extrême, et enfin d'une merveilleuse aptitude à apprendre tout ce qu'on veut lui enseigner.

Il était autrefois et est encore employé, dans la Bresse, à la chasse des oiseaux d'eau, qu'il amuse sur le rivage par ses gambades, tandis que son maître, caché par les roseaux ou abrité dans une cabane, les affûte avec sa canardière. Munito restera toujours le type du chien savant, dansant sur ses pattes de derrière, jouant aux cartes et aux dominos. Tout le monde connaît le chien d'aveugle, un caniche qui le conduit le matin à son escabeau, tient tout le jour la sébile solliciteuse dans sa bouche, et le ramène le soir au logis en protégeant ses pas contre les voitures et sa recette contre les passants.

Le barbet n'est qu'un caniche de petite taille, et le petit barbet, d'après Buffon et Daubenton, provient de l'accouplement du barbet avec le petit épagneul.

50° Le *petit danois*, quelquefois nommé arlequin, ressemble entièrement au grand danois, moins la taille. Comme il manifeste beaucoup de goût pour les chevaux et les voitures, on en a fait un chien d'écurie, de promenade ou de parade, qui accompagne les cavaliers ou les équipages; mais il commence à devenir rare.

51° Le *lévrier d'Italie*, que nous appelons improprement levrette, est la miniature exagérée du lévrier ordinaire; sa taille a été réduite de $0^m,30$ à $0^m,35$ et son poids à 3 kilog. ou $3^k,500$. Toutes ses formes sont grêles et en même temps nerveuses, son poil est ras et fin, ses mouvements d'une agilité et d'une grâce extraordinaires; il craint beaucoup le froid et tremble presque constamment. Sa robe est d'un jaune café au lait, chamois ou fauve.

52° Le *chien de Malte* ou *bichon* descend du petit épagneul et du petit barbet, suivant Buffon; il ressemble au terrier de l'île de Skye, mais il a le corps plus court, est beaucoup plus petit de taille (1k,500 à 2k,500), et porte la queue tout à fait relevée sur le dos et retombant sur les cuisses, d'un côté ou de l'autre. Son corps entier, depuis le museau jusqu'aux doigts, est couvert de poils longs et soyeux, qui masquent ses yeux et toutes ses formes.

53° Le *chien-lion* paraît être un croisement entre le barbet et le bichon; il ressemble beaucoup à ce dernier, mais il a les oreilles moins longues et la tête carrée. Son nom lui vient de ce qu'on le tond souvent sur toute la moitié postérieure du corps, en lui laissant le devant intact, ce qui lui donne, en petit, l'apparence du lion mâle.

54° Les petits *épagneuls de luxe* (toy spaniels) comprennent deux races nommées épagneuls Blenheim et king Charles (roi Charles); ce dernier est le plus grand : il a le museau très-court, le nez et le palais noirs, les yeux saillants et pleurant continuellement, ce qui produit sur ses joues une gouttière toujours humide; la tête arrondie comme une boule, les oreilles longues, couvertes de poils soyeux et très-longs, qui protégent les joues sans les couvrir; la queue est garnie de poils peu épais, et il est d'usage de la rogner; la robe la plus commune est le noir vif marqué de feu, sans un poil blanc.

Le Blenheim ressemble à peu près en tout au king Charles, si ce n'est par la couleur de sa robe, qui est d'un blanc grisâtre avec des taches rouges ou jaunes; sa taille aussi est un peu moindre.

55° Le *roquet* (pug) est un chien revenu à plusieurs reprises à la mode en Allemagne, en Hollande et en Angleterre. Ces chiens sont probablement issus du bull-dog : leurs formes générales sont écrasées et trapues, leurs membres courts, le corps aussi près de terre que possible, mais avec d'harmonieux contours. Leur poids varie de 2$^k$,500 à 4 kilog.; leur couleur est fauve avec la figure et le derrière noirs, le poil court, fin et soyeux, la tête ronde, le front très-proéminent, le nez court mais non relevé et la bouche percée horizontalement, les oreilles coupées ras, la poitrine vaste en tous sens, la queue courte et relevée sur le rein, les jambes grosses avec de petits os, les pieds du lièvre, pas d'ergots aux membres postérieurs; hauteur, 0$^m$,28 à 0$^m$,38 (Stonehenge).

Nous avons dû négliger quelques races de

chasse ou d'agrément, un instant mises à la mode, puis disparues à peu près complétement sous l'influence de l'oubli ou des croisements : telles sont celles : des bouffes, nés du grand épagneul et du barbet; du burgos, produit du grand épagneul et du basset; du chien d'Alicante, issu du petit épagneul et du doguin; du Pyrame, du gredin, etc.

---

# DEUXIÈME PARTIE.

## DE LA REPRODUCTION.

C'est ici que nous croyons devoir placer la description des caractères zoologiques de l'espèce du chien, en notant les particularités qu'elle présente et que nous devrons étudier plus amplement ci-après :

Corps recouvert de poils plus ou moins abondants, plus ou moins longs sur tout ou partie, rudes ou lisses, onduleux ou frisés, de couleur variable du blanc au noir en passant par le jaune, le brun et le fauve, parfois tigré, zébré ou tacheté; tête oblongue, se rétrécissant en avant depuis les yeux; crâne plus ou moins arrondi, formant une arête à la partie médiane du sommet, le derrière de la tête présentant sur la même ligne que l'arête une protubérance plus ou moins saillante, la lèvre supérieure obtuse et couvrant de chaque côté l'inférieure; les commissures de celle-ci sont dénudées de poils et comme dentelées par des excroissances molles et charnues; les mâchoires servies par des muscles puissants et plus ou moins développés (le masséter surtout); la lèvre supérieure armée de moustaches, lesquelles sont formées de poils roides et plus ou moins longs, des espèces de soies recourbées en avant, et naissant de sortes de verrues; quarante-deux dents ainsi distribuées : vingt à la mâchoire supérieure, et vingt-deux à l'inférieure; le nez plus ou moins obtus, dégarni de poils, ridé ou plutôt chagriné, toujours frais et humide dans l'état de santé; le cou de forme plus ou moins cylindrique, et égalant en longueur moyenne celle de la tête; treize côtes de chaque côté, dont quatre asternales; quarante-sept vertèbres, dont sept cervicales, treize dorsales, sept lombaires et vingt caudales, plus ou moins; cinq doigts aux pieds de devant, quatre à ceux de derrière; dans le pied antérieur, les deux doigts du milieu, égaux entre eux, sont les plus longs, et l'interne, qui est le plus petit, ne descend pas jusqu'à terre; dans le pied postérieur, les deux doigts du milieu sont les plus longs aussi, et le cinquième, qui est interne et placé plus haut que les autres, n'existe qu'à l'état rudimentaire (métatarse-métacarpe-pouce), mais parfois ce doigt rudimentaire manque entièrement ou se développe complétement; chacun des vrais doigts est armé d'ongles convexes, obtus, creusés en gouttières, non contractiles et propres à fouir; sous chaque doigt existe un tubercule charnu et arrondi; derrière eux, la paume est garnie d'un gros tubercule figuré en trèfle; une callosité au pli du poignet (membre antérieur); six mamelles abdominales chez le chien, dix, dont quatre sternales, chez la chienne; la queue ronde, couverte de poils plus ou moins longs, portée tantôt horizontalement, tantôt relevée sur les reins, d'autres fois oblique vers le sol, avec l'extrémité seule relevée.

Le palais sillonné profondément en travers, tantôt noir, tantôt rose ou tacheté de noir; la langue longue, flexible, douce, arrondie et mince à son extrémité, large et aplatie dans sa longueur, et comme partagée en deux par une ligne légèrement creusée dans son milieu longitudinal; le cerveau plus ou moins développé, selon la race; l'estomac d'une grande capacité, s'étendant presque autant à droite qu'à gauche, ayant sa grande convexité en bas, la muqueuse œsophagienne s'arrêtant au pourtour de l'ouverture œsophagienne dilatée en entonnoir, ce qui rend le vomissement facile; le colon plus gros et plus ample que les autres intestins; le cæcum assez grand, oblong, se repliant deux fois sur lui-même; la rate oblongue, d'un rouge plus foncé à l'intérieur qu'à l'extérieur; le poumon droit divisé en quatre lobes, le gauche en deux seulement.

La muqueuse nasale du chien présente un développement extraordinaire, et tel que, si on déplie ses plicatures nombreuses, elle suffira pour envelopper le corps tout entier de l'animal, tandis que chez le mouton, par exemple, elle recouvrirait à peine le crâne. Cette disposition en plis lâches de la muqueuse qui tapisse les cavités nasales, présentant une immense surface à l'air inspiré, explique la finesse de son odorat, de même que l'étendue en volume du cerveau et du cervelet peut servir à apprécier le degré de son intelligence. Quant aux chiens à deux nez, ou plutôt à nez fendus, ils passent, à tort ou à raison, pour être « fort bons et excellens limiers, et afin que ie die que c'est que les deux nez qu'ils ont, ce n'est pas qu'ils ayent quatre nazeaux, mais c'est que le bout de leur nez et mufle est fendu, de façon qu'entre les deux narines il y a vne séparation iusques aux dents, et s'en trouue de tous poils. » (Charles IX, *Vénerie royale*, p. 50-51.)

Le chien ne boit qu'en lappant, a un os (pénien) dans la verge; la chienne a une matrice terminée par deux cornes latérales, s'étendant l'une à droite et l'autre à gauche. La durée de la gestation est de 60 jours en moyenne : il naît de trois à six petits par portée; ils ont les yeux fermés à leur naissance, ne les ouvrent que 8 à 12 jours plus tard, et n'atteignent leur complet développement que la deuxième année; la durée moyenne de la vie est de quinze à vingt ans.

Le système musculaire du chien ne présente rien de remarquable : il est plus ou moins développé suivant l'âge, le sexe (chiens castrés), et surtout la race (dogue-lévrier), le plus ou moins d'exercice ou de repos que prend l'animal; mais on sait qu'il lui faut aussi peu de temps pour maigrir, lorsqu'il fatigue ou est malade, que pour engraisser quand il est convenablement soigné; cela est proverbial.

Le système nerveux est généralement très-développé dans cette espèce, et surtout dans les races qui ont été améliorées pour le combat, la chasse, ou le luxe : témoins le bull-dog, le pointer, le lévrier, créés pour des services qui exigent une énergique ardeur, un odorat délié, ou une extrême vitesse longtemps soutenue. Aussi les maladies nerveuses particulières aux chiens, comme l'épilepsie, les convulsions, la chorée, etc., ne sont-elles point rares parmi ces races, tandis que le chien bâtard des rues, le chien de berger, etc., en sont rarement atteints.

L'estomac du chien est doué d'une puissance digestive extraordinaire. Aidé par ses puissantes mâchoires, il broie grossièrement les aliments, et la muqueuse intestinale aidée des sucs gastriques ne tarde pas à les dissoudre et à les digérer en partie. Mais, souvent surchargé de travail, cet organe est exposé à plusieurs maladies, et au moindre trouble digestif il se soulage par des vomissements faciles, ainsi que nous l'avons dit plus haut. C'est ce même motif qui fait que peu de médicaments de la nature des irritants peuvent y être supportés assez de temps pour produire leur effet.

Les vaisseaux sanguins du chien sont constitués par un tissu si élastique, qu'ils se contractent rapidement sur eux-mêmes lorsqu'ils sont offensés par une piqûre et qu'il en résulte rarement une blessure dangereuse ou une hémorragie.

On croit généralement que la peau du chien n'est le siége d'aucune transpiration, mais c'est une erreur, car on peut voir souvent les animaux à poils ras, chassant de vitesse par une forte chaleur, couverts de fines gouttelettes de sueur. La langue, cependant, est le siége d'une évaporation étendue sur sa large surface, lorsqu'elle pend hors de la bouche, et l'air frais inspiré y condense en partie l'air échauffé provenant des expirations. Il est certain qu'une portion de la perspiration insensible s'opère à la surface de la peau, et qu'il ne faut rien faire pour l'entraver.

---

# CHAPITRE I.

## Anatomie des organes génitaux du chien et de la chienne.

---

Les organes génitaux du chien se composent, comme ceux de tous les animaux mammifères, des testicules, des canaux déférents et du pénis ou verge.

Les *testicules*, le plus souvent au nombre de deux, rarement d'un seul, sont situés entre les cuisses, vers leur plan postérieur, l'un un peu en arrière de l'autre, et tous deux enfermés dans les *bourses* ou *scrotum*. Le testicule, ou glande testiculaire, représente une masse ovoïde formée « par des lobules nombreux et agglomérés, constitués eux-mêmes par le pelotonnement de deux ou trois tubes fermés à l'une de leurs extrémités et aboutissant par l'autre à un système de canaux situé entre les lobules. Le tissu lobulaire propre est contenu dans une coque fibreuse, dite *tunique albuginée*, qui envoie des prolongements entre les lobules. Les petits canaux anastomosés entre eux viennent aboutir à l'un des points du bord supérieur du testicule, dans l'*épididyme*, tube flexueux et renflé à ses deux extrémités, qui couronne la glande avec les vaisseaux sanguins de celle-ci, et reçoit le liquide spermatique sécrété par ses lobules. L'épididyme donne naissance au canal déférent qui se dirige en haut le long du cordon testiculaire, pour pénétrer dans l'abdomen avec les vaisseaux par le canal inguinal.

« Le testicule, l'épididyme, le canal déférent et les vaisseaux testiculaires formant des flexuosités auxquelles on a donné le nom de *corps pampiniforme*, sont enveloppés par une gaîne séreuse dépendant du péritoine et en communication avec lui, qui est la *gaîne vaginale*. C'est dans le sac de cette gaîne, formant un collet très-étroit à l'ouverture inguinale, que pénètre l'intestin dans le cas de hernie et que s'accumule le liquide dans celui d'hydrocèle. » (M. A. Sanson, *Économie du bétail*, p. 192.)

Dans les premiers temps de la vie, ces testicules son contenus dans l'abdomen, et descendent par l'ouverture inguinale vers le second ou le troisième mois, chez le chien, entraînant avec eux le péritoine qui tapissera les bourses à l'intérieur en enveloppant la glande testiculaire. Mais les choses ne se passent pas toujours ainsi : il arrive parfois que, par différents motifs, les testicules ne franchissent pas l'anneau inguinal; le chien alors est dit *cryptorchide* (testicules cachés); d'autres fois un seul testicule franchit le passage, et l'animal est alors dit *monorchide* (à un seul testicule). M. Goubaux, professeur à l'école vétérinaire d'Alfort, s'est assuré que les testicules qui restent dans l'abdomen ne renferment jamais d'animalcules spermatiques ou spermatozoïdes, mais qu'on en rencontre dans le testicule des chevaux monorchides; M. Goubaux a confirmé cette assertion sur deux chevaux âgés l'un de quinze et l'autre de vingt ans (*Recueil de médecine vétérinaire,* 1850, p. 1072). D'un autre côté, M. Mariot-Didieux, vétérinaire attaché aux remontes de l'armée, traducteur de la troisième édition du livre de F. Clater, sur les chiens, dit avoir possédé un joli épagneul anglais, né monorchide, qui, pendant six années, quoiqu'on lui eût fourni des femelles en sa seule possession et qu'il fût très-ardent, ne donna aucun produit. Il ajoute que les observations de chiens monorchides inféconds sont nombreuses et bien constatées. On fera donc prudemment, avant de se décider pour l'élevage ou l'achat d'un chien, de s'assurer de l'état de cette région.

Il en est de même quant à ceux qu'on élit pour reproducteurs, l'anorchidie ou cryptorchidie et la monorchidie étant souvent héréditaires. M. Pangoué, vétérinaire à la Chartre-sur-le-Loir, en cite un curieux exemple pris dans l'espèce chevaline : *Master-Waggs*, célèbre cheval de course, était monorchide avec le testicule droit descendu seul; deux de ses poulains, produits chez M. le prince de Beauveau, âgés l'un de treize, l'autre de vingt-cinq mois, étaient anorchides; un troisième était monorchide avec le testicule droit descendu seul; un quatrième était normalement conformé; *la Clôture*, un coureur renommé et fils de *Master-Waggs*, était anorchide. (*Recueil de médecine vétérinaire*, 1856, p. 513.)

Avec le péritoine, le testicule a entraîné aussi un muscle aponévrotique, appliqué le long de la gaîne, et qu'on nomme *cremaster* (suspenseur), parce que c'est lui qui, en se contractant, raccourcit le cordon testiculaire et tient les testicule relevés vers le périnée; enfin, entre le feuillet péritonéal et la peau du scrotum, se rencontre une tunique d'un tissu contractile nommée le *dartos*, qui suit les testicules dans leurs mouvements d'ascension et de descente, et entraîne la peau avec lui.

« Arrivé dans l'abdomen par l'ouverture inguinale, le canal déférent se dirige en arrière et en haut pour pénétrer dans la cavité pelvienne, où il gagne, de chaque côté, la région supérieure de la vessie; là, il aboutit à un renflement ou vésicule où le sperme s'accumule. Ces *vésicules séminales* se terminent chacune par un petit *canal éjaculateur*, qui vient s'ouvrir, avec celui de la *prostate*, glande située transversalement sur les vésicules et sécrétant un liquide gluant, dans le canal de l'urètre. » (M. A. Sanson, *ut suprà*, p. 194.) Ces vésicules séminales manquent dans le chien chez lequel le canal déférent communique directement avec l'urètre.

La verge ou le pénis, dans le chien, se compose d'un os dit os pénien, qui en forme la base et donne passage, dans son milieu, au canal de l'urètre. Cet os, lorsque l'organe est en repos, se trouve remonté et caché dans le fourreau. Dans l'état d'érection, il forme la base du pénis composé de deux corps caverneux de tissu érectile très-vasculaire, accolés l'un à l'autre, et fixés par deux racines sur le bord postérieur de chaque ischion. En outre, sur la partie postérieure de la verge, vers sa racine, on remarque encore deux renflements, aussi formés de tissu érectile. Pendant l'érection, le sang afflue dans les corps caverneux et produit la rigidité nécessaire à l'acte de la copulation que vient cependant aider l'os pénien. Pendant cet acte, les tissus érectiles du gland et des renflements ou *boules érectiles* se gonflent davantage encore, et le pénis, introduit dans les organes génitaux de la femelle, n'en peut librement sortir que lorsque l'érection a complétement cessé, c'est-à-dire qu'après que l'éjaculation du sperme, dont la durée est assez longue, vu l'absence des vésicules séminales, s'est accomplie. C'est de là qu'on dit qu'un chien et une chienne sont *liés*. On peut abréger la durée de l'érection en jetant les deux animaux dans l'eau froide, dans un bassin, un ruisseau, un étang, ou au moyen d'affusion d'eau froide sur la partie postérieure du corps.

Les organes génitaux de la femelle se composent des ovaires, de la trompe utérine, de l'utérus et du vagin ; et, comme annexes, des enveloppes fœtales, et des mamelles.

Les *ovaires* correspondent aux testicules du mâle quant au rôle physiologique ; ce sont les organes producteurs du germe, de l'ovule, de l'œuf. « Ces corps ovoïdes (au nombre de deux) sont situés dans l'abdomen, appendus à la région sous-lombaire dans des replis du péritoine. Ils présentent, eux aussi, une tunique albuginée. Leur tissu propre est une sorte de gangue cellulo-vasculaire dans laquelle se trouvent disséminées, comme dans un nid, des vésicules remplies d'un liquide citrin dans lequel nage l'ovule. Ces *vésicules, dites de Graaf*, arrivent tour à tour à la surface de l'ovaire, où elles font saillie, et se crèvent au moment du rut ou des chaleurs, pour laisser échapper l'ovule. » (M. A. Sanson, *ut suprà*, p. 195.)

A leur chute des ovaires, les ovules sont reçus par les trompes utérines, trompes de Fallope ou *oviductes*, deux canaux (un pour chaque ovaire) qui établissent la communication entre l'ovaire et la matrice; ses conduits flexueux, à parois contractiles, sont, d'un côté, la terminaison des cornes de l'utérus, et de l'autre viennent se terminer dans le péritoine, près de la scissure de l'ovaire, par une conque largement évasée, qu'on nomme le *pavillon frangé*, ou le pavillon de la trompe.

Le pavillon, au moment du rut, s'applique contre l'ovaire qui se crève, reçoit l'ovule et, par des mouvements péristaltiques, le fait cheminer vers les cornes de la matrice.

L'*utérus ou matrice* est l'analogue des vésicules séminales du mâle, comme l'oviducte correspond au canal déférent, et le pavillon frangé à l'épididyme. C'est un organe creux, tapissé à l'intérieur d'une muqueuse, terminé en avant par deux *cornes* que continuent les oviductes, présentant un renflement qu'on appelle *corps de l'utérus*, terminé postérieurement, vers le vagin, par un épanouissement percé d'une ouverture froncée et habituellement close, nommée *museau de tanche*, ou fleur épanouie. L'utérus est situé dans la région sous-lombaire, abrité par les os du bassin, et tenu en place par des ligaments épais et résistants; entre les lames de cet organe, se développent, pendant la gestation, des faisceaux musculaires qui augmentent sa force de résistance contre le poids qui le charge. Chez la chienne, la muqueuse interne est creusée d'un grand nombre d'orifices folliculeux.

Le *vagin*, dans lequel vient se terminer l'utérus, est un canal membraneux très-dilatable, étendu de l'utérus, dont il embrasse le col, à la vulve qui en est l'ouverture extérieure. Ce conduit, à la partie inférieure duquel s'ouvre la vessie, sert tout à la fois à la copulation, à l'excrétion de l'urine et à l'expulsion du produit de la conception. Il est situé intérieurement entre le rectum et la vessie. Son ouverture extérieure, la *vulve*, est une fente longitudinale bornée par deux lèvres composées d'un feuillet cutané, d'un feuillet muqueux et d'une couche musculaire intermédiaires. A sa commissure inférieure, on remarque un petit corps caverneux, formé de tissu érectile, analogue à celui du pénis.

Les *mamelles* sont des organes glanduleux chargés de sécréter le lait, première nourriture des jeunes animaux appartenant aux mammifères. Elles sont composées, extérieurement, de l'enveloppe cutanée, plus fine là que sur le reste du corps, et recouvrant une lame de tissu fibreux jaune élastique qui divise les principaux lobes de l'organe; intérieurement, d'un tissu glandulaire, grenu, compacte, sillonné en tous sens de canaux lactifères qui se réunissent en rameaux principaux dont chacun aboutit à un mamelon.

Extérieurement, la mamelle présente des mamelons, tetines ou trayons, éminences charnues, percées d'un orifice par lequel le jeune animal extrait le lait par succion. Nous avons dit déjà que les mamelles existent à l'état rudimentaire, chez le chien, au nombre de six; la femelle en possède ordinairement dix, dont six sont abdominales comme celle du chien, et quatre sont sternales. La prévoyante nature a toujours cherché à pourvoir aux premiers besoins des jeunes animaux en donnant à leur mère autant de tetines au moins qu'elle devait avoir de petits; et il est rare que sa prévoyance soit en défaut, quoiqu'on puisse citer, comme anormales, des portées de 12 à 14 chiens.

Les *enveloppes fœtales* se développent autour de l'ovule fécondé et greffé par un *placenta* sur un point quelconque du corps ou des cornes de la matrice; c'est de ce point, qui établit la communication entre le fœtus et la mère, que prennent naissance les vaisseaux, les nerfs composant le cordon ombilical, et les membranes enveloppantes. Celles-ci sont au nombre de deux, la membrane placentaire ou *chorion*, la plus extérieure, séparée par un liquide particulier de la seconde membrane, ou *amnios,* laquelle renferme le fœtus nageant encore dans un autre liquide (amniotique). Ainsi protégé, le fœtus est en communication directe avec la mère par le placenta au moyen du cordon ombilical, autour duquel se replie l'amnios. Dans les femelles multipares, comme la chienne, chaque fœtus a son placenta, son cordon ombilical et ses enveloppes distincts.

---

## CHAPITRE II.

**Du rut et de la chaleur, signes, durée, retour, époques.**

---

On appelle *rut* la manifestation extérieure, chez le mâle, des désirs de la reproduction. Chez les animaux sauvages, l'époque du rut coïncide toujours avec celle de la *chaleur* chez les femelles ; chez les animaux domestiques, il n'en est pas de même pour le mâle qui, tant qu'il est en bonne santé, se montre toujours disposé à l'accouplement.

Le rut, chez le chien, ne présente donc, non plus que chez nos autres étalons domestiques, de signes particuliers ni d'époques distinctes. Mais ce que nous pouvons dire, c'est que le besoin de reproduction doit être de temps en temps satisfait, sous peine de maladies, et que beaucoup d'hygiénistes, de médecins et de vétérinaires voient, dans la continence imposée à certains chiens de garde, de chasse ou d'appartements, l'une des circonstances déterminantes de la rage ; nous aurons occasion d'en reparler en traitant de cette maladie et de ses causes présumées.

La chaleur, chez la chienne, se manifeste par des signes bien évidents : « Les lices, dit Leverrier de la Conterie, viennent ordinairement en chaleur deux fois par an, au printemps et à l'automne ; rarement en hiver. La chaleur du printemps est celle qu'il faut choisir ; elle dure à peu près quinze jours. La chaleur des lices se manifeste par des marques extérieures : les parties de la génération sont humides, gonflées et proéminentes ; au dehors, il y a un petit écoulement de sang tant que cette ardeur dure, et cet écoulement, aussi bien que le gonflement de la vulve, commence quelques jours avant l'accouplement. » (*L'école de la chasse aux chiens courants*. Paris, 1845, p. 26.) Nous ajouterons que le premier signe de la chaleur chez la chienne est une odeur forte, pénétrante et désagréable, qu'elle exhale de tout son corps, dès qu'arrive la saison naturelle de l'accouplement.

Toutes les chiennes ne viennent pas en chaleur à la même époque : les lices âgées y entrent les premières, puis celles d'âge adulte et enfin les jeunes. Quoique présentant tous les signes que nous avons indiqués, une chienne ne reçoit pas toujours le chien ; elle ne l'accueille qu'après les cinq ou six premiers jours passés ; jusque-là, elle le fuit, le grogne ou se défend. Pour elle comme pour le chien, il est prudent de lui permettre de satisfaire plusieurs fois en sa vie aux désirs de la nature ; ceci s'applique surtout aux races qu'on tient à la chaîne, ou enfermées dans les appartements.

Pendant l'époque des chaleurs de la chienne, c'est-à-dire vers les mois d'avril et septembre, les chiens deviennent vagabonds, indociles, quittent le logis de leur maître s'ils sont en liberté, abandonnent leur meute à la chasse, courent les champs et les rues en quête d'une lice bien disposée, se battent pour disputer sa possession à de nombreux rivaux, et rentrent souvent couverts de morsures, les oreilles en lambeaux et souillés de boue. La chienne, quoique moins coureuse, s'échappe souvent aussi, et ne rentre qu'après un ou deux jours quelquefois, pendant lesquels elle a mis à profit sa liberté. C'est sans doute pour n'avoir pas les soucis de cette paternité par procuration que le plus grand nombre préfèrent les chiens aux chiennes.

Dès qu'ils ont atteint l'âge de huit à douze mois, les chiens sont en état déjà de se reproduire; mais, si on veut en tirer race, il ne faut le leur permettre que quand ils ont atteint tout leur développement, c'est-à-dire à deux ans au plus tôt; les lices peuvent entrer en chaleur dès qu'elles ont atteint l'âge d'un an ou dix-huit mois, mais on ne doit pas les faire porter non plus avant deux ans. Il est rare qu'elles aient besoin d'excitant pour cela, si ce n'est celles qui sont constamment renfermées dans les salons, que la graisse alourdit et que le défaut d'exercice plonge dans une sorte d'abrutissement. Cependant, le roi Charles IX indique le moyen suivant, pour les jeunes chiennes, sans doute : pour faire entrer la lice en chaleur, afin d'en auoir plus promptement de la race, il la faut mettre et tenir auec d'autres chiennes chaudes, et aucune fois l'enfermer dedans vn tonneau qui soit barré si près après qu'elle n'en puisse sortir, et au trauers des barreaux luy monstrer petits cheaux, les lui faire sentir et halener, et si pour tout cela elle ne veut entrer en chaleur, il faut attendre qu'elle commence à se refroidir pour luy bailler le chien : car qui luy baillerait en sa grande chaleur, elle ne retiendroit pas. (*La Chasse royale*, p. 52.)

## CHAPITRE III.

### Accouplement, fécondation.

On sait comment s'accouplent les chiens; la différence de taille n'est pas pour eux un obstacle, une pierre, une marche d'escalier rétablissent les proportions; le bruit, les cris, les coups même les dérangent à peine et pour un instant. Les mâles sont nombreux autour de l'objet de leur amour et souvent les rivaux engagent une bataille générale à la suite de laquelle la lice est le prix du vainqueur, des vainqueurs, devrais-je plutôt dire, car, après celui-ci, un autre, la chienne devenant deux fois par an une véritable messaline.

Sitôt l'accouplement consommé, c'est-à-dire aussitôt que le pénis a été introduit dans le vagin, les tissus érectiles de la verge et des boules érectiles se gorgent de sang, augmentent de volume, et les deux animaux sont matériellement liés par l'impossibilité de se séparer jusqu'à ce que l'érection ait pris fin. Or, tant que le chien reste sur la femelle, l'urètre ne sécrète que du liquide prostatique ; nous avons dit que, chez lui, les vésicules séminales ou réservoirs du sperme manquent et que le canal déférent le verse directement dans l'urètre à mesure qu'il est sécrété par les testicules.

Ce n'est que quand l'érection est arrivée à son maximum, quand le chien est descendu de dessus la femelle, que le sperme est projeté par éjaculations successives, mais non continues dans le vagin, pendant une durée de dix à vingt minutes, suivant M. Mariot Didieux. Pendant ce temps, les deux animaux, s'ils ne sont pas tourmentés, restent tranquilles, la tête basse, la queue pendante, comme anéantis ; s'ils sont poursuivis, hués, frappés, ils font de vains efforts pour se disjoindre. Après un temps qui varie de 15 à 30 minutes, l'éjaculation étant terminée, l'afflux du sang diminue, les tissus érectiles se dégorgent, les parties reviennent à leur volume normal, et les animaux se séparent.

Quoique la nature ait été si prodigue de précautions pour assurer la propagation de l'espèce, et qu'un seul accouplement suffise presque toujours entre animaux bien conformés pour assurer la fécondation, la chienne ne se déclare pas satisfaite et vole à de nouvelles amours. « Il ne la faut faire couvrir que deux fois, dit le roi Charles IX, » et il a raison, mais un seul accouplement suffit presque toujours. « L'usage était autrefois dans la vénerie, comme dans beaucoup d'autres équipages, dit avec grand sens d'Yauville, de faire couvrir une lice deux fois par le même chien en deux jours différents; mais je ne vois pas à quoi bon : on sait, et l'expérience le prouve, que quand un chien et une lice sont bien noués, et qu'on leur donne le temps de se dénouer sans y être forcés, la première opération suffit, et il est à présumer que, quand elle ne réussit pas, une seconde ne doit pas avoir des suites plus heureuses; d'ailleurs, la récidive ne peut, à la longue, que diminuer les forces et abréger même l'existence du chien. » (*Traité de vénerie*, 1788, p. 218-219.)

Dès qu'une lice entre en chaleur, si l'on tient à en tirer des produits, il faut la soustraire aux caresses de tous les chiens en la renfermant dans un chenil particulier, et lui amener, cinq ou six jours plus tard, le mari qu'on lui destine. On les laisse ensemble en les surveillant inostensiblement pendant une heure ou deux, jusqu'à ce qu'ils se soient liés nne ou deux fois; si la lice refusait de le recevoir, c'est que sa chaleur ne serait pas suffisamment refroidie, et il faudrait le retirer pour recommencer l'épreuve le lendemain et les jours suivants.

La fécondation d'après la belle découverte, toute moderne d'ailleurs (1847) de M. Pouchet, médecin de Rouen, se compose de deux actes, dépendant l'un de la femelle, l'autre du mâle, actes qui ont pour résultat de mettre en contact l'ovule parvenu à sa maturité avec les animalcules du sperme.

D'après les beaux travaux de ce savant, vérifiés depuis lors par un grand nombre de physiologistes, l'époque des chaleurs, chez les femelles des mammifères, est caractérisée par une ovulation spontanée et périodique, c'est-à-dire par la rupture d'une ou plusieurs vésicules ovariques produisant un ou plusieurs ovules qui, par le pavillon frangé et les trompes de Fallope, arrivent dans les cornes de la matrice, ou dans le corps même de l'utérus. C'est là, dans un de ces deux endroits, qu'a lieu la fécondation quand la présence de l'ovule coïncide avec celle du germe contenant des spermatoses.

On nomme spermatoses, spermatozoïdes, spermatozoaires ou enfin animalcules spermatiques, des filaments que Leuvenhœck et d'autres micrographes ont décrits sous forme de filaires animés d'un mouvement propre et qu'on ne rencontre que dans le sperme des animaux adultes et bien portants. Ces animalcules ne peuvent cependant féconder que les ovules d'une femelle appartenant à la même espèce zoologique, ainsi le chien et la louve, ou la chienne et le renard; mais il est remarquable encore que le produit de l'accouplement de deux animaux, mâle et femelle, appartenant à la même espèce, mais à deux genres différents, est incapable, le plus souvent, de se reproduire, bien que les animalcules spermatiques existent chez le mâle et que la ponte des ovules ait lieu chez la femelle. Ainsi, les cas de fécondité de la mule ou du mulet sont très-rares dans les pays tempérés, quoiqu'on en cite quelques exemples sous les climats chauds, et même en France (Prangé, *Recueil de médecine vétérinaire*, 1850, p. 771 et suiv.). Deux lettres de M. Robert Tomlin, de Saint-Pétersbourg, datées l'une de juin 1855, l'autre de janvier 1857, et adressées à l'éditeur du *Bell's life*, parlent d'une chienne croisée de renard qui lui a donné deux chiens et trois chiennes en 1855 et produisit encore l'année suivante, avec un terrier-lion (Stonehenge, p. 166-167). Les accouplements du loup et de la chienne ne sont pas rares non plus, et les anciens en faisaient souvent usage pour retremper le sang de leurs chiens de chasse; ces hybrides sont féconds aussi.

Le sperme, introduit par l'organe mâle dans le vagin, franchit en partie le museau de tanche qui, sans doute, alors, s'épanouit légèrement, et chemine, soit par sa force de propulsion imprimée, soit plutôt grâce aux animalcules animés qu'il contient, le long des parois et des cornes de l'utérus, où il rencontre les ovules. Mais l'anatomie a clairement démontré qu'on ne rencontre plus, au delà d'une certaine limite de l'oviducte, que des spermatoses isolés, et qu'on n'en trouve jamais trace au delà du mucus infranchissable. Quel est le phénomène qui se passe alors? on l'ignore. M. Serres le compare au phénomène chimique, encore inexpliqué aussi, de la formation des sels. « Comme dans la génération, dit-il, il y a deux radicaux distincts : la base salifiable et l'acide; comme dans la génération, il y a un produit nouveau, un composé binaire, le sel. Or, peut-on dire, la base salifiable, c'est l'œuf; l'acide, c'est le zoosperme; le sel, c'est l'œuf fécondé. Mais que s'est-il passé dans le moment indivisible de la pénétration de la base et de l'acide? Comment le sel en est-il sorti avec des propriétés si différentes de ses deux radicaux pris isolément? La chimie l'ignore. » (*Encyclopédie nouvelle du* XIXe *siècle*, art. Organogénie, p. 8). Que de choses encore l'homme est destiné à ignorer longtemps, sinon à tout jamais!

Il y a un fait pratique sur lequel nous croyons devoir encore particulièrement insister, parce qu'on n'en tient presque jamais compte, tant dans l'amélioration des races d'animaux domestiques par elles-mêmes que dans le croisement : c'est l'influence de la première fécondation ou des fécondations antérieures. « Il a été reconnu, avons-nous dit ailleurs (1), qu'une chienne de race pure, une fois qu'elle a été accouplée avec un chien d'une race croisée, donne encore, dans les portées qui suivent, des chiens dont les caractères de race sont pervertis, alors même que le père était un chien de la même race pure que la femelle. » Une chienne de race terre-neuve, liée par un chien de même race à sa première portée, donnera en-

(1) *Traité de l'économie du bétail*, par A. Gobin, Paris, 1861, Bouchard-Huzard, t. I, p. 224.

core, aux portées subséquentes, mais avec un père épagneul à poil ras (braque) par exemple, plusieurs chiens de Terre-Neuve, et de même quant aux autres races. En 1824, M. Geoffroy Saint-Hilaire accoupla, au muséum, une chienne du mont Saint-Bernard avec un chien de Terre-Neuve un peu moins grand qu'elle, puis avec un chien courant beaucoup plus petit; elle mit bas onze petits, dont six étaient des femelles et ressemblaient au chien de chasse; et cinq, du double plus grands que ceux-ci, étaient des mâles et ressemblaient au terre-neuve. Ceci prouverait du moins que la fécondation des ovules peut n'être que successive. Dans le croisement, une partie de la portée est le plus souvent semblable à la race pure du père, d'autres à la race pure de la mère. Ce n'est qu'en alliant encore entre eux ces produits et en les croisant ensuite par la race améliorante qu'on parvient à fondre les caractères de conformation.

La fécondation entre animaux appartenant à une même race est beaucoup plus assurée que quand l'accouplement a eu lieu entre animaux de races différentes. Cependant nons devons dire que, dans le genre chien, la stérilité est fort rare entre reproducteurs bien constitués et bien portants.

## CHAPITRE IV.

### De la gestation et du part normal.

---

« L'on reconnoist que la lice est pleine quand les tetins se nouent, le coffre s'eslargit, et le ventre s'abaisse, cela ne s'aperçoit que quinze iours après qu'elle est couverte, car plustôt l'on n'en sçauroit rien iuger. » Le Verrier de la Conterie nous explique ce qu'on doit entendre par cette expression de Charles IX « les tetins se nouent. » « Ce ne sera pas par la seule grosseur des mamelles (qu'on jugera de la fécondation), car elles enflent dans le même temps aux chiennes qui ont été en chaleur, sans avoir été couvertes, aussi bien qu'à celles qui l'ont été; mais on le verra par certaine dureté qui se trouve au bout de la mamelle. C'est de cette connaissance que nous partons pour dire que la lice est nouée, c'est-à-dire pleine. » (*L'École de la chasse*, p. 29.)

Nous avons dit que la chienne dont on veut tirer race doit être soigneusement renfermée dès qu'elle entre en chaleur; cette prescription ne cesse pas d'être indispensable après qu'elle a été couverte, et elle doit être retenue dans un chenil particulier jusqu'à ce que tous les signes de chaleur aient disparu. Leverrier va plus loin dans les précautions : il ne veut pas que, pendant toute sa chaleur, la lice puisse apercevoir, par la plus petite fente, un chien d'une autre couleur que celui qu'on lui destine. C'est peut-être aller un peu loin et trop accorder à l'imagination des animaux; cependant la prudence a été dite la mère de la sûreté, et on ne saurait prendre trop de soins pour conserver pur le sang de toutes nos races qui, dégradé par le croisement, devient de jour en jour plus rare. Nous regardons cette recommandation comme beaucoup moins essentielle, néanmoins, que celle que nous avons faite dans le chapitre précédent, à l'égard des reproductions antérieures. Ainsi, il faudrait toujours choisir, pour une lice, un chien non-seulement de même race, de mêmes formes et de même taille, mais encore de même poil, si l'on ne veut obtenir des animaux bigarrés. Dans toutes nos races estimées, l'uniformité de robe est, avec raison, considérée comme un caractère de pureté.

Charles IX indique fort bien les soins qu'on doit donner à la chienne pendant sa gestation. « Depuis que la lice est couuerte, la faut laisser en liberté; car la nature luy a bien donné le iugement que pour conseruer ce qu'elle a de créé dedans le corps, elle se garde si soigneusement que vous diriez quelle est gouuernée par quelque raison, jamais ne s'allonge et efforce, de peur de se blesser. Si elle est contraincte de passer par quelque passage estroit et malaizé, elle se choye et conserue fort curieusement. Pour la nourrir, si on luy baille son saoul à manger, elle ne s'en portera pas si bien, parce que le bon traittement l'engraisseroit de sorte quelle ne pourroit aysement faire ses petits, lesquels elle jetteroit morts ou si mehaignez qu'ils ne pourroient jamais rien valoir : au contraire, il n'y a point de danger de la tenir vn peu maigre, sur tout ne luy faut point donner de potage salé ny de chair crue, car cela la feroit auorter : c'est pourquoy on ne baille jamais la curée aux lices pleines. » Nous comprenons peu la recommandation de ne pas saler les aliments;

quant à la privation de viande crue, elle ne saurait s'appliquer qu'à la surabondance de cette nourriture, comme à celle de tous autres aliments que la bête engouffrerait avec avidité, parce que l'estomac et les intestins remplis outre mesure viennent refouler le diaphragme et les poumons en avant et gêner la respiration, en même temps qu'ils compriment l'utérus et peuvent déterminer l'avortement.

Lorsqu'une lice est couverte et sa chaleur passée, d'Yauville permet de la mener à la chasse jusqu'à ce qu'elle soit décidée pleine; il convient que c'est l'exposer à divers accidents qui peuvent la faire avorter; mais ces accidents sont rares, au lieu qu'il est prouvé qu'une lice couverte, qu'on laisse en chenil, s'engraisse et s'appesantit en cessant de travailler, et qu'en cet état elle fait ses chiens avec peine, et souvent même elle meurt dans l'opération. Il pense donc que c'est un bien pour elle de la faire chasser jusqu'à ce que son ventre commence à baisser. Nous recommanderons l'exercice, la promenade, et non le travail, la chasse, de même que nous avons conseillé une nourriture substantielle sans excès. A coup sûr, une lice trop grasse fait de petits chiens et accouche difficilement; mais une chienne exposée aux chocs, aux allures forcées, à la chasse, maigre et efflanquée, aura souvent aussi un part difficile, faute de force, et ne fera jamais une bonne nourrice. *Est modus in rebus.*

La durée de la gestation, chez les chiennes, est de soixante à soixante-quatre jours, mais jamais moins de soixante, rarement plus de soixante-trois. Telle lice ne fait qu'un ou deux chiens, d'autres en font seize ou dix-sept, en moyenne de six à dix; les portées plus nombreuses réussissent rarement. Leverrier avance à tort que les grandes chiennes font des portées plus nombreuses que les petites. Il est donc important, surtout dans les chenils un peu nombreux, de tenir une note exacte de la date des accouplements avec les noms et signalements des chiens et chiennes.

Douze ou quinze jours avant l'époque de la mise bas, on la met à part ou on la mène au chenil des élèves, où on la laisse libre dans une cour fermée; autrement, on la fait promener tous les jours, au pas, en laisse ou en liberté, par une chaleur modérée, le matin ou le soir au printemps, dans le milieu du jour en automne, pendant une heure environ; on lui donne peu de soupe, mais du pain à discrétion.

Lorsqu'on s'aperçoit qu'elle est prête à mettre

bas, ce qui est indiqué, outre la date de l'accouplement, par des coliques qui la font se remuer sans cesse et regarder son ventre, il faut la placer dans une loge à demi obscure, éloignée de tous bruits importuns, avec un lit épais de paille de froment bien brisée. « Faut que le valet de chiens qui en a la charge, soit soigneux qu'ainsi quelle se déliure, les petits sortent les vns après les autres, sans se serrer iusques à ce que le dernier soit sorty. » Il faut, en effet, la veiller attentivement, de manière à pouvoir lui donner aide en cas de besoin.

Ce cas est rare cependant, et presque toujours après la naissance du premier chien, dont l'expulsion coûte à la mère le plus de temps, le plus d'efforts et le plus de douleurs, les autres apparaissent successivement à des intervalles peu éloignés. Chacun d'eux est contenu dans une enveloppe particulière qui se rompt peu avant l'expulsion et donne issue aux liquides fœtaux qui lubrifient le passage. La lice lèche ses petits aussitôt qu'ils sont nés, afin de les sécher, et mange l'enveloppe fœtale. La délivrance s'opère presque toujours d'elle-même aussi, et la chienne mange son délivre. Les avortements sont très-rares et presque toujours dus à des coups, à des heurts, ou à des courses forcées à la chasse. Quant à l'accouchement difficile, à celui qui nécessite des soins particuliers, ou des instruments chirurgicaux, nous en traiterons dans la cinquième partie.

---

# CHAPITRE V.

## Choix des reproducteurs, appareillement.

---

S'il est vrai que bon chien chasse de race, il faut apporter le plus grand soin à choisir les reproducteurs les plus purs, les mieux doués, jouissant de la plénitude de leur énergie, dans chaque race. Tous ceux qui sont tarés d'une faible constitution, de défauts de conformation, de maladies ou d'accidents héréditaires, doivent être rigoureusement écartés; il en est de même de ceux qui sont trop jeunes ou trop âgés. Les premiers, outre qu'ils souffriraient dans leur développement, ne donneraient que des animaux frêles, délicats, difficiles à élever, mal doués en un mot; les seconds pourraient voir leur existence abrégée par l'accouplement et les fatigues de la gestation et de l'allaitement, et leurs produits seront souvent mous, malingres et chétifs. *Fortes creantur fortibus et bonis;* il faut aux enfants courageux et forts des parents énergiques et robustes.

« Vous ferez couvrir votre lice, dit Le Verrier, par le meilleur, le plus grand, le mieux criant et le plus beau de vos jeunes chiens de deux à trois ans, sur le choix duquel vous ne devez jamais varier, quand une fois il l'aura couverte; j'ai plus d'une fois éprouvé que d'une lice couverte de plusieurs chiens il n'en sort ni beau ni bon. » Pour la chasse à courre, les parents devront réunir au plus haut degré les qualités indispensables d'odorat, de docilité, de vitesse et de fond, relativement à leur race; pour la chasse à l'arrêt, l'odorat le plus sûr et le plus fin, l'aptitude à arrêter fermement, sans forcer, à quêter sans crainte des épines, à rapporter le gibier sans le mordre, à se jeter à l'eau sur un signe. De même, pour les autres races à chasser le cerf, le sanglier, le loup et le renard, le blaireau, la loutre et le lapin. Dans les races de garde, il faut choisir ceux qui sont doués de la plus grande vigilance unie à la docilité; pour celles d'agrément, c'est la pureté des caractères propres à la race qui décidera.

Dans les croisements, la question est tout autre, et, quoiqu'on doive évidemment choisir les reproducteurs parmi ceux qui présentent les plus certains signes de pureté, il faut néanmoins n'unir que ceux qui ont certains rapports de taille, de conformation et d'aptitude, sous peine de n'obtenir que des bâtards décousus; les animaux qui n'ont que la taille moyenne de leur race donnent des produits bien plus harmonieux de formes que ceux qui présentent le maximum de la taille. Il ne faudrait pas aller à l'autre extrême, pourtant, et choisir les plus petits de chaque race; nous entendons dire que les parents jouiront d'une taille moyenne et que tous deux, relativement à leur sexe, seront de taille égale.

On pourra, comme le recommande Le Verrier, donner plusieurs fois de suite le même chien à la lice, mais il faudra se garder absolument de donner ce même chien à ses filles, de donner un de ces enfants à la mère, ou d'accoupler ensemble les frères et les sœurs. Ce serait agir par consanguinité, et ce système, quoique moins nuisible dans les races de chiens courants, quoique souvent indispensable aux premières périodes d'amélioration d'une race par elle-même, de création d'une race par métissage, n'en a pas moins une influence défavorable sur nos divers animaux domestiques et surtout sur les races qui font peu d'exercice et sont tenues à l'attache ou renfermées dans les maisons et les chambres. La consanguinité produit le plus souvent des chiens peu rustiques, délicats, difficiles à élever, exposés aux maladies nerveuses, à celles des intestins et des poumons, privés d'énergie et de vitalité, lymphatiques et vieux de bonne heure.

D'Yauville conseille de faire, autant que possible, couvrir les chiennes à la fin de l'hiver ou au commencement du printemps, par la raison que les jeunes chiens, à qui les froids sont toujours nuisibles, ont pour eux deux étés contre un hiver, et qu'en conséquence ils s'élèvent plus facilement. Cette méthode, quoique excellente, ne peut toujours être suivie dans les chenils nombreux, où on est obligé de faire couvrir les lices aux deux époques ordinaires de la chaleur, tant pour remplacer les vides qu'ont faits la mort et la maladie, que pour ménager les chiens étalons, et les fatigues des valets de chenil et des valets de dressage ou piqueurs.

De ce que nous avons dit touchant l'âge des reproducteurs qui ne doivent être ni trop jeunes ni trop vieux, on peut conclure que le chien comme la chienne peuvent se reproduire de deux à six ans, c'est-à-dire qu'on peut demander à la lice trois ou quatre portées. Quant au chien, le nombre des femelles qu'on peut lui accorder varie selon son âge, son régime, son énergie, le travail ou le service qu'on lui demande. S'il est en bon état, dans la force de l'âge, vigoureux, et qu'on ne lui demande qu'un service assez doux, on peut lui donner trois à quatre chiennes par saison ; sinon, il suffit d'une seule.

---

## CHAPITRE VI.

### Amélioration des races, pur sang, croisements, hérédité.

---

Améliorer une race, c'est la rendre plus propre à remplir le rôle auquel nous la destinons : la vitesse, l'odorat, l'arrêt, la fidélité, la vigilance, la docilité, la voix, etc. D'autres fois, on cherche à allier ces qualités en diverses proportions dans un même animal; aussi, si le lévrier n'a besoin que de vitesse et de fond, puisqu'il ne chasse qu'à vue, il faut au chien courant une certaine vitesse modérée, mais accompagnée d'un grand fond, une grande sûreté d'odorat puisqu'il chasse à la piste, une belle voie et de la docilité; au chien d'arrêt, il faut une extrême délicatesse de nez, une grande fermeté d'arrêt, plus de fond que de vitesse pour quêter, et surtout de l'intelligence et de la docilité pour obéir aux signes de son maître; le chien de berger n'a point besoin d'odorat, mais la vitesse, le fond, la rusticité, l'intelligence, la docilité sont pour lui des vertus indispensables; au chien de garde on demande un flair sûr, et de la vigilance; le mâtin et le dogue doivent être surtout courageux, le caniche intelligent, le terrier rempli de courage et insensible aux morsures; l'animal qu'on utilise pour chasser le coq de bruyère sera muet; celui qu'on emploie à poursuivre le lapin aura les jambes crochues, etc.

Il n'est pas jusqu'aux anomalies naturelles que l'homme n'ait utilisées pour son agrément, son utilité, et, non content de cela, souvent il les a fait naître : le bull-dog à la mâchoire inférieure proéminente, aux mâchoires si développées; le lévrier d'Italie aux jambes fines comme des fuseaux; le basset aux jambes tordues sur elles-mêmes; le clumber anglais au gosier muet; les terriers au long corps sur des pattes si courtes, ne sont que des variétés accidentelles perpétuées par une reproduction attentive ou le produit de croisement de races fort disparates.

L'amélioration des races consiste à perpétuer toutes ces qualités naturelles ou artificielles sans les laisser décroître, et au contraire en les augmentant le plus possible. Mais ce qu'il ne faut pas oublier, c'est qu'il est des qualités inconciliables. De ce nombre sont, dans l'espèce canine, la vitesse et la sûreté de l'odorat. Un chien vite chasse le nez haut; un chien lent chasse le nez collé à la voie; le premier est presque muet ou ne donne de voix que quand il chasse à vue ; le second indique par ses aboiements la piste à mesure qu'il la rencontre. Allier la vitesse la plus grande avec un odorat suffisant, tel a été le desideratum, que poursuivent depuis trois siècles les Anglais, et qu'ils ont atteint, on peut le dire, dans le foxhound moderne. Mais les vrais, les grands chasseurs préfèrent toujours des chiens plus lents, plus sûrs, plus dociles, aux Anglais, qui mènent trop vite, prennent souvent le change, auxquels il faut adjoindre des limiers et des relais, qui mettent enfin hommes et chevaux sur les dents. Tout le monde ne dirige pas son plaisir d'après cet axiome que le temps est de l'argent, et tout le monde, Dieu merci, n'est pas atteint d'anglomanie.

On entretient et on améliore les races par elles-mêmes, en employant des reproducteurs choisis parmi les plus beaux, les meilleurs, de l'origine la plus authentique et la mieux conformée, les mieux dressés et les mieux doués en un mot. L'axiome que le semblable produit le semblable est vrai, toutes les fois que dans la pratique il n'est pas poussé par l'ignorance ou l'incurie. Pour améliorer une race, il faut donc tenir compte de plusieurs points : la sélection des reproducteurs, quant à la conformation et aux aptitudes ; le régime auquel on soumet la race ; son aptitude à tel ou tel service et l'éducation qu'on lui donne.

Dans la sélection des reproducteurs, il ne suffit pas de s'en rapporter à la conformation extérieure de l'animal ; il faut encore savoir d'où il vient, de qui il sort, ce qu'étaient ses ancêtres. Les Anglais conservent presque avec autant de soins la généalogie de leurs chiens que celle de leur chevaux, et ce fait suffirait à lui seul pour expliquer les merveilleux résultats auxquels ils sont parvenus à plusieurs égards. Le livre de Stonehenge (*the dog*) est rempli de tableaux généalogiques parmi lesquels je ne citerai que deux exemples :

1° GRASPER, *chien à lièvre* (harier).

P. *Solomon* (harier).
G. P. *Governess*, de la meute de M. Furze (Devonshire).
*Solomon* par *Solomon*, appartenant au prince Albert.

2° TRUEMAN, *croisé* foxhound *et* harrier.

P. *Roman*, harrier appartenant à M. Lisle Philipp.
M. *Damsel*, foxhound, appartenant à sir Richard Sutton.
G. P. *Trueman*, bloodhound.
G. G. P. *Dexter*, bloodhound.

Un magnifique chien, une lice parfaite peuvent fort bien ne donner que des produits indignes, si leurs ancêtres se sont mésalliés, si eux-mêmes ne sont pas doués de ce qu'on appelle la *constance*, ou faculté de se reproduire en imposant leur ressemblance. Or les animaux de sang mêlé (ou croisés) ne sauraient être doués de cette qualité puisqu'ils appartiennent à deux ou plusieurs branches, et reproduisent tantôt l'une, tantôt l'autre.

Les races améliorées par elles-mêmes sont fort rares, aussi bien dans l'espèce canine que dans nos autres espèces domestiques, parce que ce système demande à la fois beaucoup de temps et d'habileté; nous ne saurions peut-être citer que le chien noir de Saint-Hubert, conservé *à peu près* pur en Angleterre, sous le nom de bloodhound. Les animaux appartenant à la race, à la famille la plus pure sont doués du plus haut degré de constance, c'est-à-dire reproduisent plus sûrement et plus complétement les caractères qui leur sont particuliers. Dans le croisement de deux races, c'est celle qui possède le plus de constance qui impose le plus de la ressemblance aux produits quant à la conformation, au pelage et aux aptitudes.

Il est une autre influence, cependant, dont il faut tenir compte, c'est *l'atavisme*, le retour aux parents; ainsi, il arrive souvent qu'un chien noir, s'il a eu, parmi ses ancêtres, des chiens de robe blanche, donne, avec une chienne noire, des produits de robe blanche, et réciproquement, sans qu'on ait lieu de soupçonner une adultération; de même pour les chiens à jambes droites ou torses, à poils ras ou longs, à nez ordinaire ou fendu. Stonehenge rapporte un cas assez singulier de cet atavisme : Il y a parmi les lévriers une famille descendue d'une chienne qui présentait une forme particulière du nez, et connue sous le nom de race à nez de perroquet. En 1825, on abandonna cette chienne à un chien remarquable appelé *Streamer*, et elle donna une chienne appelée *Ruby*, dans une portée où aucun des petits ne reproduisit la forme particulière de son nez; Ruby, elle-même, n'en donna aucun dans ses deux premières portées; mais à la troisième, avec un chien appelé *Blackbird*, appartenant à M. Hodgkinson, deux chiens possédaient le nez de leur grand'mère. Dans cette même portée se trouvait une chienne devenue célèbre sous le nom d'*Old-Linnet*, de laquelle sont descendus un grand nombre de lévriers très-estimés. Parmi eux, cette particularité nasale ne s'est montrée que deux fois : une à la troisième génération, et une à la cinquième, dans un chien appelé *Lollypop*, élevé par M. Thomas, de Macclesfield, propriétaire de cette sous-race. Une de ces chiennes est aussi remarquable en ce que chacune de ses portées contient un chien bleu, quoiqu'elle ne soit pas de cette couleur, et qu'elle n'ait jamais paru dans la race depuis *Ruby*, déjà citée et qui était une chienne bleue.

Les Anglais accordent, dans l'acte de la reproduction, plus d'influence à la femelle qu'au mâle, et considèrent l'élevage en dedans (*in and in*), c'est-à-dire entre animaux de même race, comme donnant des produits plus constants, l'élève étant un composé non-seulement de ses père et mère, mais encore de ses ancêtres ; enfin ils attachent encore plus d'importance à une bonne généalogie qu'à la conformation et aux preuves que présente l'animal.

Ils emploient le croisement dans deux buts :

1° pour prévenir la dégénérescence qui pourrait résulter d'une consanguinité trop prolongée ; 2° pour communiquer à une race certaines qualités qui lui manquent, ou corriger certains défauts qui la déparent.

Dans le premier cas, il est vrai, ils altèrent la pureté du sang de la race, mais toute trace de sang étranger se trouve, à la troisième génération, disent-ils, éliminée par la constance de la race pure. Stonehenge cite en exemple l'expérience de M. Hanley, qui donna un bull-dog à une chienne lévrier, puis lui redonna des mâles de sa race ; à la troisième génération déjà, et bien mieux encore à la quatrième, toute trace de sang bull-dog avait disparu. Au point de vue du pur-sang, nous ne saurions approuver cette pratique, ou il faudrait admettre que la pureté du sang n'est qu'un mot vide, et nier l'influence de l'atavisme ; mais, au point de vue de la production et des aptitudes, nous ne pouvons la blâmer, parce qu'on peut ainsi renouveler dans certaines races certaines qualités qui finiraient par disparaître ; ainsi le sang bull-dog, versé de temps en temps dans la race des lévriers, ne peut que lui redonner de l'ardeur, de l'énergie et du courage. C'est ainsi, encore, qu'on verse parfois quelques gouttes du sang de sanglier dans nos races de porcs domestiques améliorées, pour relever la fécondité et améliorer la qualité de la viande.

Mais, à côté des qualités héréditaires, il est aussi des défauts et des maladies qui, dans la génération, peuvent se transmettre des parents aux produits : « Il faut, dit d'Yauville, que les chiens et les chiennes n'aient aucun défaut naturel, comme, par exemple, de tomber du haut mal ou d'être lunatiques, c'est-à-dire voyant clair en certains temps, et en d'autres voyant à peine à se conduire ; et que même les pères et mères de ceux dont on veut tirer race n'aient point eu quelques-unes de ces infirmités, parce que les petits, ou du moins quelques-uns d'entre eux, s'en ressentiraient : cependant, si le chien ou la lice sont aveugles par accident, on n'a rien à craindre pour la portée. On ne tire jamais race des chiens et des chiennes qui ont la queue tournée, parce qu'ils en font ordinairement d'autres avec la même difformité, qu'on ne doit pas souffrir dans une meute, quand on veut qu'elle soit régulièrement belle (p. 218). » Il n'est pas jusqu'à certaines difformités accidentelles qui ne puissent se reproduire dans les descendants ; un braque marron ayant eu les deux membres antérieurs fracturés dans une chute, il en était résulté une arqûre qu'il transmit à ses descendants. On sait que l'amputation de la queue et des oreilles, pratiquée pendant plusieurs générations, finit par donner des chiens ayant les oreilles droites et petites et la queue courte.

En résumé, nous pensons qu'on doit être très-sobre de croisement, qu'il est prudent de respecter nos vieilles races qui avaient bien leur mérite, et dont nous avons, du reste, besoin pour faire le croisement lui-même; qu'on peut améliorer les races par la sélection des reproducteurs les mieux lignés, les plus aptes, les mieux conformés, exempts de défauts héréditaires ; qu'on peut employer le croisement, soit pour obtenir des animaux de service sans en tirer race, soit pour obtenir une sous-race ou variété douée de quelques caractères ou aptitudes utiles ; mais que, pour réussir, il faut tenir compte de la constance relative des reproducteurs et de la première fécondation ou des fécondations antérieures de la femelle, afin d'éviter l'atavisme ; enfin qu'il ne faut user de la consanguinité que dans certaines limites, sous peine de débiliter le tempérament, d'affaiblir les aptitudes et d'arriver à la dégénérescence.

---

# TROISIÈME PARTIE.

## ÉLEVAGE.— NOURRITURE.— LOGEMENT.

Il ne suffit pas, pour obtenir de bons chiens, d'avoir employé les meilleurs reproducteurs, il faut encore posséder le coup d'œil du connaisseur pour choisir ceux qu'on doit élever, la patience pour les nourrir, l'habileté pour les dresser. Trop souvent, les riches propriétaires abandonnent, sans surveillance, ce choix à des domestiques négligents ou paresseux, et ils n'obtiennent dès lors que des animaux mal conformés, d'un tempérament débile, mal dressés, craintifs et querelleurs. Ils se privent ainsi de l'un des plus grands plaisirs du chasseur, qui doit connaître chacun de ses chiens, non pas seulement par son nom, mais par ses aptitudes, son caractère, ses allures ; qui doit savoir de quoi est capable chacun d'eux, et à quel service plus spécial il doit l'appliquer : le veneur intelligent, celui qui aime ses bêtes, doit surveiller exactement, par ses propres yeux, chacun des détails que nous allons décrire.

---

# CHAPITRE I.

## Naissance, soins aux petits et à la mère.

---

Nous avons décrit, plus haut, le part normal, et dit qu'il s'effectuait le plus souvent sans difficultés, mais qu'il devait s'accomplir dans une loge demi-obscure, propre et saine, sous une surveillance constante; qu'il fallait éloigner de la lice eu gésine tous les autres chiens et tout bruit importun.

On ne doit laisser à la mère que le nombre de chiens qu'elle peut allaiter sans fatigue, de trois à six, selon sa taille, son état et son aptitude laitière. Il s'agit donc de choisir, peu après la naissance, ceux qu'on lui veut faire élever, chiens ou chiennes, selon leur conformation et leur couleur ; ceci demande beaucoup de coup d'œil, puisqu'il faut apprécier ce que les jeunes animaux pourront devenir, d'après la conformation actuelle qui les fait se ressembler à peu près les uns aux autres ; ils ont alors, comme on sait, les yeux fermés, le nez court et obtus, le corps bouffi, la tête sphérique et les membres courts ; mais, d'après le volume des membres, le sexe, le développement de la queue, la nature du poil, la couleur de la peau, il est assez facile, avec un peu d'habitude, de discerner leur degré de distinction et de ressemblance avec les parents.

On laisse la portée entière sous la mère pendant cinq à six heures, afin de la débarrasser de son premier lait ; après ce temps, on enlève ceux qu'on lui veut retirer, soit pour les détruire, soit pour les donner à une autre lice, ou les élever artificiellement. « Si l'on voit, dit Charles IX, que la quantité des chiens soit si grande, que la force de la mère ne soit suffisante pour les nourrir, est besoing l'aider et secourir d'autres chiennes, qui ayent petits de mesme âge que la lice. Or cecy n'est point necessaire de faire si les petits n'excedent le nombre de trois, car il faudroit que la lice fust bien mauvaise si elle ne les pouvoit nourrir. Pour faire que lesdictes chiennes à qui l'on veut faire nourrlr d'autres petits ne facent difficulté de les receuoir au lieu des leurs, il faut prendre vn des leurs, le tuer, puis du sang en frotter ceux que l'on leur baille, les voyant couverts de sang ne faillent aussitost de les lecher, car c'est le naturel des chiens de lecher les petits incontinent qu'ils sont nez pour les nettoyer de la peau qu'ils ont sur eux, et en les lechant, sentent et reconnoissent leur sang, et par ainsi les prennent pour les leurs. » (*Chasse royale*, p. 55.)

Nous avons reproduit ce paragraphe, parce que le royal veneur y indique une pratique dont l'inutilité peut seule égaler la barbarie, et que la plupart des cynégétiques ont reproduit cette opinion; mais nous tenons à affirmer qu'il est inutile, pour faire adopter un chien à une lice étrangère, de le barbouiller du sang d'un de ses enfants ; qu'il suffit de le glisser doucement, sans bruit et dans l'obscurité, parmi la portée, en même temps qu'on lui retire un des siens, sans le faire crier, pour qu'elle ne s'aperçoive point du changement opéré. S'il s'agissait de substituer une portée nombreuse à une autre, il faudrait procéder avec une lente prudence et n'introduire qu'un petit par nuit dans le lit étranger, à mesure qu'on retirerait un autre petit à la mère.

Si cependant la portée était très-précieuse, et qu'on n'eût pas sous la main de lice qui vînt de challer, on pourrait laisser tous les petits sous la mère pendant une quinzaine de jours, en la nourrissant abondamment. On les lui retire ensuite au fur et à mesure pour les élever à boire. Pour cela, on les fait teter dans une fiole à goulot étroit qui renferme du lait de vache pur et tiède; ce goulot, fermé par un petit bouchon d'éponge, est enveloppé d'une toile fine de coton; il faut le leur faire prendre six à huit fois par jour et une à deux fois par nuit, dans le commencement ; on diminue au fur et à mesure la fréquence de l'allaitement, afin d'avoir opéré le sevrage complet vers l'âge de six semaines à deux mois.

Reste un autre préjugé encore, dont Charles IX et Le Verrier sont imbus. Le premier conseille de donner les petits à une femelle de lévrier, parce que les chiens qui en sont nourris retiennent de la vitesse du lévrier ; le second dit qu'il ne les faut pas donner à une femelle de mâtin, car il a plus d'une fois remarqué que les chiens allaités par une mâtine sucent l'erreur avec le lait et ne sont jamais si bons que les autres. Nous admettons bien l'influence matérielle du lait qui peut convenir ou non à un animal d'espèce différente, parce que sa nature varie selon les espèces, et nous savons que le lait de vaches ne convient que rarement aux poulains ; mais nous ne comprenons pas que la composition du lait, que la diversité de sa nature, dans les espèces, puisse avoir une influence morale. On fait souvent nourrir des enfants par des femmes négresses, par des chèvres ou des vaches ; on a fait élever des chats par des chiennes, des chiens par des renards, sans avoir jamais remarqué, en aucune façon, que le lait de la mère ait, en quoi que ce soit, influé sur le développement moral ni sur les aptitudes du petit. Un autre préjugé encore, que nous regrettons de trouver dans le livre, excellent d'ailleurs, de M. Rousselon (1), c'est qu'il faut éviter de garder des chiens entièrement blancs, parce qu'ils sont ordinairement sourds. D'un ou deux faits que le hasard a pu faire se succéder sous les yeux de l'observateur, celui-ci, sans doute, a cru pouvoir tirer une induction générale. De ce que la peau rose et le poil blanc sont généralement l'indice d'un tempérament lymphatique, d'une fibre musculaire plus molle, d'un organisme moins énergique, il n'en faudrait pas conclure d'une prédis-

(1) *Traité des chiens de chasse*, Paris, 1827, p. 33.

position à la surdité ; rien ne nous semble, d'ailleurs, dans la pratique, justifier cette opinion.

A l'âge de quinze jours, avons-nous dit, les chiens sont assez forts pour qu'on puisse les élever par l'allaitement artificiel ; il ne doit en rester, dès lors, que deux ou trois à la mère ; quand ils ont atteint l'âge de trois semaines, il faut les habituer à prendre un supplément de nourriture, et préparer le sevrage qui doit s'opérer insensiblement. Dans ce but, on tient constamment à leur portée un petit plat renfermant du pain émietté dans du lait ; à l'âge d'un mois à cinq semaines, ils commencent à manger avec la mère et de cinq à six semaines on les sèvre complétement, à moins que la mère n'ait encore assez de lait et qu'on n'ait pas besoin de ses services. Mais presque toujours, à cet âge, elle sèvre d'elle-même ses petits dont les dents très-aiguës, les coups de tête très-violents offensent ses mamelles.

Les petits chiens viennent au monde avec toutes leurs dents de lait, mais les yeux fermés. « Les deux paupières ne sont pas simplement collées, mais adhérentes par une membrane qui se déchire quand le muscle de la paupière supérieure est devenu assez fort pour la relever et vaincre cet obstacle, et la plupart des chiens n'ont les yeux ouverts qu'au dixième jour. » (*Le Verrier de la Conterie*, p. 30.) C'est à l'âge de douze à quinze jours que plusieurs personnes coupent la queue aux chiens d'arrêt, mode heureusement presque abandonnée aujourd'hui.

Le lait de la chienne, animal carnivore, diffère sensiblement, par la composition, de celui des herbivores; il renferme moins d'eau, moins de butyrum et de caséum, plus de lactine, plus de sels de chaux et de magnésie, et moins de sels de soude et de potasse. Plus la sécrétion est abondante et plus le lait est aqueux, plus elle est rare et plus le lait est riche. Nous regardons le lait de la mère comme la nourriture à peu près indispensable au jeune animal, du moins pendant les six premières semaines; ce n'est qu'au détriment de sa conformation, de son tempérament, qu'il peut être remplacé par celui d'une femelle appartenant à une autre espèce.

C'est à tort que, passé cet âge, on regarde le lait comme la meilleure nourriture des jeunes chiens; il peut fort bien être remplacé par un mélange de farines et de viande dans certaines proportions, et varié de temps en temps par une addition de végétaux. Ainsi, à partir de l'âge de trois ou quatre mois, les jeunes chiens peuvent être nourris comme ceux adultes, à la condition de leur donner plus fréquemment à manger. A partir de six mois, on leur donne trois repas par jour à intervalles égaux, et plus tard deux repas.

Quant à la mère, pendant tout le temps qu'elle allaite, il faut lui donner une nourriture abondante, nutritive sous un faible volume et distribuée en repas fréquents : de la viande, des os, de bonne soupe et de temps en temps quelques végétaux, comme des choux ou des pommes de terre. Elle doit toujours avoir auprès d'elle un vase rempli d'eau ; tous les jours on doit la sortir pendant une demi-heure ou une heure et la conduire sur un gazon ; elle doit être entretenue dans la plus grande propreté ; sa litière doit être formée de paille de froment battue au fléau et fréquemment renouvelée.

Quelques chiennes ont du lait sans avoir été accouplées et peuvent nourrir des chiens tout aussi bien que celles qui ont eu des petits. M. Delafond, en 1857, étudia l'accroissement d'un chien nourri par une chienne vierge, et le trouva être, en moyenne, de $0^{k},052$ par vingt-quatre heures (*Recueil de médecine vétérinaire*, 1857, p. 749). Quand on sèvre les petits, il est prudent de faire *passer le lait* de la mère. Le vulgaire emploie pour cela des colliers de liége aussi inoffensifs qu'inutiles, ou un collier de tiges de persil à peu près aussi efficace. Le mieux est d'enduire les mamelles d'un mélange de terre grasse et de vinaigre, et de donner un purgatif bénin comme le sel de Glauber. Si cependant le lait caillait dans le pis, il faudrait faire des embrocations d'onguent populéum et d'extrait de Saturne mélangés ou simplement de graisse blanche.

---

## CHAPITRE II.

### Sevrage, élevage, nourriture des jeunes chiens.

Nous avons dit déjà que, dès qu'ils ont quinze jours, les petits chiens doivent toujours avoir près d'eux et à leur disposition du lait qu'ils s'habituent à boire et qui est pour eux un supplément de nourriture; on augmente la quantité de ce lait à mesure qu'ils grossissent et que le lait de la mère diminue, puis on y ajoute un peu de bonne soupe, et à l'âge de six semaines environ ils sont habitués à manger et à boire, et on peut les séparer complétement de la mère qu'un plus long allaitement fatiguerait.

« Quand les petits chiens, dit d'Yauville, ont quinze ou vingt jours, on les purge avec un peu de manne fondue dans du lait, et, quand ils ont six semaines, on commence à les sevrer en leur donnant du lait et de la mouée (soupe) claire; pour les accoutumer à cette nourriture, on les sépare, pendant le jour, de leur nourrice et on les remet avec elle pendant la nuit; après avoir fait la même chose pendant sept à huit jours, on les sépare tout à fait et on ne les nourrit plus que de mouée. Lorsqu'ils ont six mois, on les passe dans le grand chenil et on les met au pain d'orge, et on ne leur donne de la mouée que deux fois par semaine (p. 224). » Le Verrier de la Conterie est un peu plus explicite : « La première nourriture qu'il faut donner aux chiens en les sevrant est, dit-il, du lait sortant du pis de la vache; ils y vont d'abord fort doucement, mais la faim n'est pas longtemps à le leur faire trouver si bon, que souvent on n'en a pas assez; alors on leur met partie lait doux, partie gros lait (lait de beurre) qu'ils ne tardent pas à manger sans mélange. On leur donne ensuite de bonne soupe sans sel, et on leur en donne à toutes les heures du jour; il est d'expérience constante que pour avoir des chiens grands, forts et vigoureux, qui toute leur vie se maintiennent en bon état, sans être fripons ni gourmands, il faut, la première année, les nourrir à leur discrétion (p. 31-32). » Nous ne pouvons que nous rallier à ces excellents conseils, moins la purgation à l'âge de quinze jours et la privation de sel dans la soupe qui nous semble au moins inutile. Nous avons reproduit ces deux passages parce qu'ils nous dépeignent le mode d'élevage encore suivi à présent, en France, pour l'élevage des chiens dans les grands chenils. Le chien élevé isolément à la maison est mieux nourri de soupe, de viande, d'os, de légumes, et n'en devient ni moins grand, ni moins fort, ni moins bon.

Voyons maintenant le système anglais : nous avons dit déjà qu'à trois ou quatre mois on les mettait au régime des chiens adultes, mais avec des repas plus fréquents; qu'à six mois on leur donnait trois repas à intervalles égaux, et après cet âge deux seulement. Une heure ou deux avant chaque repas, et s'ils sont renfermés dans un chenil, on les fait sortir pour se promener, prendre l'air et se vider. Si on leur donne du lait, on le fait bouillir avec du gruau d'avoine ou de la farine de blé, ou un mélange des deux, ou bien on y ajoute du biscuit cassé. On ne leur donne jamais de viande, mais seulement quelques os à ronger pour exercer leurs dents. Le lait est une excellente nourriture, mais d'un prix trop élevé, aussi le remplace-t-on souvent par d'autres aliments aussitôt qu'il a cessé de devenir indispensable au jeune chien ; telle est la farine de maïs, de blé, d'avoine, qu'on donne en bouillies ou en pains.

La viande est surtout employée pour éviter les maladies contagieuses, mais on doit rejeter la chair des animaux qui sont morts après avoir été médicamentés. La viande du cheval, si la mort a été causée par un accident, est la meilleure de toutes, on la donne cuite avec les os. Tout cela, on le voit, est surtout une question d'économie.

Pendant ce temps, on habitue le chien à obéir, à venir à l'appel de son nom, à suivre son maître sur les talons, à écouter les signes de la main ; c'est le principe du dressage pour tous les services. On le peigne tous les deux jours pour le débarrasser des puces et des poux de bois ; tous les deux jours aussi, on lui change sa litière. Il arrive parfois qu'après le sevrage, et sous l'influence du changement de régime, il sort sur la peau une infinité de petits boutons qui le font souffrir et dépérir ; on le frotte alors avec de l'huile de noix mélangée de fleur de soufre ou de safran, puis on le tient renfermé pendant deux à trois jours. De temps en temps on les purge avec de la manne dissoute dans du lait; s'ils sont tristes et lourds, on leur fait prendre une dose d'huile de castor.

En été, on leur donne de la litière pour se coucher, et on la change tous les deux jours par mesure de propreté; on la leur donne en hiver pour leur tenir chaud et on ne la change alors qu'une ou deux fois par semaine.

Jusqu'à ce qu'ils aient subi la maladie, on les laisse en liberté dans les cours ou les champs, où ils prennent de l'exercice et se familiarisent avec l'homme, avec les animaux domestiques et les volailles. Si ce sont des chiens d'arrêt, on peut déjà leur apprendre à rapporter et à aller à l'eau; si ce sont des chiens courants, on ne peut encore leur apprendre qu'à obéir. Leur éducation, leur dressage ne commence qu'à un an environ.

Dès qu'ils ont traversé la maladie, reste à faire un nouveau choix qui déterminera ceux qu'on désire conserver et ceux qu'on devra vendre ou donner. Il n'y a qu'un œil expérimenté qui puisse préjuger, dès le sevrage, quelle sera la conformation d'un chien; celui qu'on estimait le plus peut mal réussir, tandis que le plus méprisé, s'il est bien soigné et bien nourri, peut devenir une excellente bête. Maintenant et avant de pousser plus loin les dépenses pour le dressage, il est urgent de choisir les meilleurs et d'éliminer les moins bons. Il y a là une question de conformation, de mode et d'hérédité; de conformation, en ce sens que les formes peuvent faire, dans certaines races, préjuger les aptitudes; de mode, par la couleur du poil et de la peau; d'hérédité, parce qu'il y a présomption que l'animal issu de parents capables, s'il est d'ailleurs bien conformé, rendra de bons services.

Dès qu'ils sont choisis, on leur coupe la queue et les oreilles, si telle est la mode pour la race à laquelle ils appartiennent, et on les marque si ce sont des chiens courants. L'amputation de la queue et des oreilles sera traitée dans la V^e^ partie. Du temps de Le Verrier, on marquait les chiens sur les côtes ou sur la cuisse droites d'une ou des deux initiales du propriétaire, et il y avait plusieurs procédés : le premier consistait à indiquer ces lettres en coupant le poil avec des ciseaux ou encore en arrachant le poil; le second consistait à passer sur le vide de lettres en fer-blanc un pinceau trempé dans une solution de nitrate d'argent pour les chiens de robe foncée, et dans la même solution plus étendue d'eau pour ceux de robe claire; on veille ensuite à ce que le chien ne se frotte pas. La couleur, d'abord jaune citron, devient ensuite d'un brun plus ou moins foncé. Cette composition, ajoute prudemment l'auteur, doit être tenue soigneusement sous clef, c'est un poison dont les antidotes sont la magnésie et l'eau de savon ; nous ajouterons le lait, l'eau gommée et l'eau de chaux. Les Anglais emploient la composition suivante qu'ils disent être le rusma ou pâte épilatoire des Turcs :

| | | |
|---|---|---|
| 1° blanc d'œuf. . . . . . . | 2 | grammes. |
| 2° lessive des savonniers. . | 8 | — |
| 3° chaux vive. . . . . . . | 8 | — |
| 4° orpiment. . . . . . . . . | 1 | — |

On mélange, on fait une pâte qu'on applique, le poil coupé, en chiffres ou en lettres, sur une partie du corps. On laisse sécher lentement, et on lave ensuite à grande eau (Fis Clater, 3e éd., par M. Mariot Didieux, p. 168).

## CHAPITRE III.

### Nourriture, alimentation, régime des chiens adultes.

---

Traitant des devoirs d'un bon piqueur, Leverrier de la Conterie dit qu'il doit être honnête et doux, aimer les chevaux et les chiens, loyal et actif; il doit se lever matin et entrer au chenil pour faire lever les chiens ; quand ils sont descendus du banc, il s'armera de la fourche de bois pour remuer ou remplacer la litière, puis du balai pour enlever les ordures du chenil et de la cour. Il prendra ensuite son bouchon et son peigne; il commence par passer doucement le bouchon de paille sur les diverses parties du corps de chaque chien et notamment sur les jambes, afin de décou-

17.

vrir, à certains mouvements de sensibilité, les épines qu'ils peuvent avoir prises à la chasse, et de les pouvoir arracher aussi adroitement que possible. Après le bouchon, vient le peigne ou la brosse de chiendent ; c'est là une opération longue, mais importante pour débarrasser la peau des sécrétions qui peuvent obturer ses pores, causer des démangeaisons, des maladies de peau, et empêcher la perspiration cutanée. S'il remarque des boutons, il les frottera de graisse de porc (saindoux) ou d'huile de noix ; si ce sont des dartres, il les traitera ainsi que nous le dirons en parlant des maladies de la peau. Il examine ensuite les oreilles, sujettes au catarrhe et au chancre.

Prenant alors une éponge trempée dans l'eau propre, il nettoie les yeux, les oreilles, la tête enfin, puis les membres du chien ; il examine ensuite la marque pour voir si elle a besoin d'être renouvelée. Pendant le pansage, il a dû examiner si quelque lice ne semble pas donner des signes de chaleur, ce qu'on aperçoit aux caresses que lui font les chiens ; si oui, il se hâte de la renfermer et d'en avertir son maître.

Le pansage terminé, a lieu la promenade, si le temps le permet, les chiens étant couplés, un jeune avec un vieux, pour l'accoutumer à se tenir en repos, à suivre les autres, à s'arrêter au commandement, à revenir au son de la trompe.

« Au retour de l'ébat, continue-t-il, il leur servira la soupe qui ne doit pas être plus chaude que le lait sortant du pis de la vache; cette observation est de la dernière conséquence, rapport aux accidents qui en résultent, par la perte du nez des chiens. Tandis qu'ils la mangent, on soulève et remue la paille ; si quelque gourmand mord les autres, on le corrige avec le fouet; on s'en sert aussi pour empêcher les paresseux de se vider sur leur lit. On ne peut examiner avec trop d'attention si tous les chiens mangent de bon appétit, car si quelqu'un ne mange point ou peu, c'est signe qu'il se porte mal (éd. de 1845, p. 9). » Son commentateur anonyme nous donne de plus amples détails tirés d'une pratique éclairée : « La nourriture des chiens est un point si essentiel, dit-il, qu'un maître d'équipage soigneux doit souvent assister aux repas. La soupe une fois par jour suffit dans la morte-saison ; mais dans la saison des chasses, il faut casser du pain aux chiens le matin, et donner la soupe le soir. Il faut les deux repas tous les jours; si on les donnait seulement les jours de chasse, beaucoup de chiens ardents, prévenus, par le repas inaccoutumé du matin, qu'ils vont chasser, ne mangeraient pas. Le pain doit être bien cuit et rassis, de froment ou d'orge. Le meilleur pain est le plus économique; il en faut moins. Un chien doit manger de 1 à 2 livres de pain par jour (0k,500 à 1 kilog.), suivant sa taille. On pèse chaque jour la ration du chenil quand elle est fixée, et on la modifie si le nombre des chiens varie. La soupe se prépare avec des issues de boucherie, de la graisse et du pain de suif (creton) en petite quantité. La chair de cheval crue est une nourriture très-fortifiante et convient aux chiens quand ils font des chasses rudes de grand gibier; mais elle dispose aux maladies cutanées, comme le seigle et la pomme de terre, et, en outre, je suis disposé à croire que l'odeur du carnage émousse l'odorat des chiens, et des chiens de lièvre, nourris de soupe légère, ou mieux encore de pain et de laitage, auront certainement le nez plus fin. Une extrême propreté en tout est de rigueur. A chaque repas, les chiens seront tenus un instant sous le fouet devant les auges, et ne mangeront qu'au commandement de *soupe, soupe, mes beaux!* Rien ne les assouplit mieux que cette obéissance continuelle. » (*Ut suprà*, p. 8-9 — note.)

D'Yauville disait déjà, en 1788 : « Il est reconnu, depuis longtemps, que la nourriture la plus saine pour les chiens est le pain d'orge. Ce pain se fait exprès, tous les jours, avec de la farine d'orge dont on n'a pas séparé le son. » A coup sûr, ce pain est rafraîchissant, mais il est peu nutritif; cependant il leste mieux le corps, parce qu'on en donne une plus forte ration. Selon notre auteur, le poids de la farine augmente à peu près de deux cinquièmes par l'eau qu'on y mêle pour la pétrir; de sorte qu'un setier de farine, pesant 175 livres (87$^{k}$,500), doit rendre environ 290 livres (145 kilog. de pain) ou 34 pain de 8 à 9 livres (4 kilog. à 4$^{k}$,500) chacun. Les chiens seront suffisamment nourris lorsqu'on leur donnera habituellement 2 liv. 1/2 (1$^{k}$,250) ou tout au plus 2 liv. 3/4 (1$^{k}$,750) de pain chaque jour, divisés en deux repas. On peut bien diminuer cette quantité selon les cas, mais il ne veut pas qu'on l'augmente : il ne faut pas que les chiens renoncent sur le pain ; pour cela, on prévoit à peu près la quantité qui leur est nécessaire. Si au bout d'un moment, on voit que les chiens mangent avec voracité, et que la quantité de pain cassé n'est pas suffisante, on en casse encore deux ou trois autres, mais on n'attend pas pour cela que le premier soit mangé. Chaque repas ne dure pas plus de huit ou dix minutes. Si, au bout de ce temps, les chiens ne paraissent manger que parce qu'il y a encore du pain, il faut ôter les auges, y restât-il la moitié du pain.

Lorsque quelques chiens s'engraissent, on les met au gras; c'est-à-dire qu'il y a, auprès du grand chenil, un autre petit chenil dans lequel on les enferme pendant une partie du repas, afin qu'ils mangent moins que les autres. Cette méthode, quoique bonne, ne doit être employée qu'avec ménagement; elle n'est bonne que pour les chiens bien en vigueur; un chien jeune ou vieux pourrait maigrir au point de ne jamais reprendre, et périr. La meilleure façon de dégraisser les chiens est de les faire chasser souvent.

Dans le printemps, il est très-ordinaire que les chiens ne mangent pas le matin, parce qu'ils mangent de l'herbe, ce qui s'appelle *prendre le vert :* comme cette herbe les purge, ils n'ont pas d'appétit. Les jours de chasse, au matin, on ne casse que quelques pains aux chiens, trois ou quatre pour cent chiens, à moins que, le rendez-vous étant éloigné, ils aient le temps de se vider. Au retour de la chasse, on leur donne une bonne soupe, faite avec les dedans de bœufs ou tripées. Chaque tripée est composée des quatre pieds, de la panse, du cœur, du feuillet, du mou, du caillet et du foie d'un bœuf. On prend cinq tripées pour faire la soupe de 140 à 150 chiens. Les chiens ne mangent la soupe qu'au retour de la chasse; les repas ordinaires se font deux fois par jour, en rentrant de l'ébat.

Nous avons déjà dit qu'il nous paraissait que les différents régimes auxquels on soumettait les chiens étaient plutôt dictés par les lois de l'économie que par celles de l'hygiène; en effet, il nous semble qu'une nourriture animale est fréquemment indispensable à des animaux qui, comme les chiens courants, font, dans certaines saisons, une immense déperdition de forces; une nourriture notablement azotée sous un petit volume peut seule produire des muscles capables d'une longue et énergique détente, en état de soutenir une course vive et prolongée, des muscles enfin secs et nerveux et non pas gras et mous. Si la viande fraîche peut altérer l'odorat des chiens, il ne nous paraît pas en devoir être de même de la viande cuite; si on la donne en proportions rationnelles, elle engraissera moins que le pain de suif, et ce sont des gens alliant, dans certaines mesures, l'ostentation et l'avarice, qui ont dû, les premiers, faire courir le bruit que la viande faisait mal aux chiens (animaux essentiellement carnivores), que mieux valait leur faire la soupe au creton. Quant aux maladies de peau, elles n'atteignent guère que les animaux tenus dans la malpropreté et mal soignés ; un pansage exact, régulier et minutieux suffira pour éloigner le danger.

Un chien de chasse et, en général, tout chien de service, doit être en bon état sans être trop gras, c'est-à-dire que son système musculeux doit être suffisamment développé, relativement à la race à laquelle il appartient, moins dans le lévrier, par exemple, que dans le bull-dog ; mais encore faut-il que ses muscles soient durs, saillants et non empâtés. C'est par l'alimentation, par le régime qu'il faut poursuivre ce but, non pas par un régime temporaire, mais par un régime constant qui commence au sevrage et dure toute la vie. Il ne suffit pas, en effet, de donner un picotin d'avoine au cheval de pur sang qui part pour l'hippodrome, le sang qui court dans ses veines n'est, en quelque sorte, que de l'avoine liquide ; il faut que le sang du chien soit de même riche et généreux, ce que ne sauraient produire seuls le pain et la soupe au suif.

Certains aliments poussent plus à la graisse en favorisant la respiration et en lui fournissant des éléments de combustion dont l'excès s'amasse en dépôts pour l'avenir, ce sont les éléments respiratoires; d'autres favorisent davantage la production des muscles et des os, en fournissant à l'organisme les principes de leur accroissement et de leur entretien; ce sont les éléments azotés. La plupart des éléments végétaux et animaux renferment bien ces deux éléments, mais en des proportions toutes différentes, et ce sont tantôt les uns, tantôt les autres qui dominent.

L'illustre chimiste allemand, Liebig, a indiqué la proportion relative des principes azotés et respiratoires dans un grand nombre de substances; nous en extrayons les renseignements suivants :

| | Principes azotés. | Principes respiratoires. |
|---|---|---|
| Lait de vache. . . . . . . . | 10 parties. | 30 parties. |
| Graisse de mouton. . . . . . | 10 — | 27 à 45 — |
| Viande de mouton (maigre). | 10 — | 19 — |
| Viande de bœuf (maigre). . | 10 — | 17 — |
| Viande de cheval (maigre). | 10 — | 15 — |
| Lièvre ou lapin. . . . . . . | 10 — | 2 à 5 — |
| Farine de froment. . . . . | 10 — | 46 — |
| Farine d'avoine. . . . . . . | 10 — | 50 — |
| Farine d'orge. . . . . . . . | 10 — | 57 — |
| Pommes de terre. . . . . . | 10 — | 86 à 115 — |
| Riz. . . . . . . . . . . . . . | 10 — | 153 — |

Stonehenge conclut de ce tableau que, en mélangeant ensemble même poids de farine de blé et de viande de cheval, on obtient à peu près la même proportion de principes azotés et respiratoires que dans le lait, première nourriture des jeunes mammifères, et nous croyons qu'il a raison de demander qu'on allie, dans une proportion notable, la viande aux aliments végétaux, sans s'inquiéter des maladies de peau et de l'amoindrissement de l'odorat. Quant aux farines, c'est sous forme de pain qu'elles doivent être distribuées, non de ce pain d'orge noir et sec qu'on obtient des farines non blutées, mais d'un pain mélangé de froment, de seigle, d'orge et d'avoine blutés, en proportions égales, bien boulangé, convenablement cuit et rassis. La viande sera cuite dans l'eau qui servira à tremper une soupe par jour, puis distribuée à l'état naturel dans les auges. Quelquefois, on hache la viande et on la pétrit avec la farine pour en faire une sorte de pudding ; mais, en été, ce pain est d'une courte conservation.

Il est bien entendu que les chiens doivent toujours avoir de l'eau pure à leur disposition, et qu'en été on peut aiguiser cette eau avec quelques gouttes d'acide chlorhydrique, de vinaigre ou d'eau-de-vie ; mais elle devra être tenue, par son exposition au soleil, à une température aussi rapprochée que possible de celle de l'atmosphère. Nous en reparlerons, d'ailleurs, en traitant de la disposition du chenil.

---

# CHAPITRE IV.

## Des moyens de reconnaître l'âge du chien.

La connaissance de l'âge des animaux par les dents est une branche toute nouvelle de la science vétérinaire, et les anciens auteurs cynégétiques enseignaient certains symptômes extérieurs tirés de la couleur du poil, de la longueur des dents, etc., signes plus ou moins inconstants et qui ne pouvaient fournir que des présomptions souvent démenties (1). Aujourd'hui, on peut déterminer

(1) C'est ainsi que, d'après Leverrier de la Conterie, à mesure que le chien vieillit, le poil lui blanchit sur le museau, sur le front et autour des yeux qui perdent leur vivacité. Quand il a six à sept ans, il commence à marcher sur le talon; il lui vient à la pointe des jarrets deux

l'âge exact d'un chien jusqu'à cinq ans au moins, connaissant le régime auquel il a été soumis.

« C'est uniquement aussi par les dents, dit M. Allibert, dans un article très-substantiel (*Encyclopédie pratique de l'agriculture,* t. Ier, col. 335), que l'âge du chien est indiqué. Les signes en sont fournis par l'éruption et l'usure des incisives de remplacement, avec cette restriction, toutefois, que ces signes n'ont quelque prévision que jusqu'à l'âge de cinq ans.

« Les dents de l'espèce canine sont au nombre de quarante-deux, ainsi disposées : mâchoire supérieure, 6 incisives, 2 crochets, 12 molaires ; mâchoire inférieure, 6 incisives, 2 crochets, 14 molaires. Les incisives et les molaires sont nettement colletées, ce qui indique qu'elles ne poussent plus hors de la gencive quand leur éruption est achevée. Toutes paraissent uniquement formées d'émail et d'ivoire, le cément semble manquer sur la plupart ou n'exister qu'en couche très-mince et très-bornée.

espèces de chapelets sans poils et en forme de châtaignes ; le bout des doigts des pieds de devant grossit et s'arrondit ; les ongles creux et plats s'allongent extraordinairement, font le demi-cercle et ressemblent parfaitement à ceux d'un blaireau (*ut suprà*, p. 34-35.)

« Les *incisives*, semblables de formes aux deux mâchoires, sont plus larges et plus longues à la mâchoire supérieure; elles ont une couronne dont le sommet, élargi d'un côté à l'autre, est tranchant et bilobé (trèfle, fleur de lis); la face antérieure lisse et convexe; la face postérieure, inégale et taillée obliquement, s'étale sur une sorte de bourrelet qui déborde la racine et rend le collet plus prononcé. Leur racine et longue, forte, aplatie d'un côté à l'autre, creusée à l'extrémité d'une cavité conique renfermant la pulpe et qui s'oblitère avec l'âge par l'addition successive de nouvelles couches d'ivoire. L'usure du lobe moyen de la couronne des incisives constitue une sorte de *rasement* qui arrive successivement dans les trois paires.

« Les *crochets* sont conoïdes, arqués en arrière et en dehors, à sommet aigu, à bord postérieur tranchant. Les crochets supérieurs sont plus longs et plus forts que les inférieurs; ne frottant pas les unes contre les autres, ces dents ne s'usent que dans l'action qu'elles sont destinées à exercer sur les aliments.

« Les *molaires* forment à chaque mâchoire deux rangs également espacés en haut et en bas. Les trois premières molaires supérieures et les quatre premières inférieures ont leur couronne surmontée d'éminences coniques aiguës; la quatrième supérieure et la cinquième inférieure (carnassière) portent une ou deux éminences coniques et une partie tuberculeuse; les autres molaires ont leurs couronnes seulement armées de tubercules.

« Le chien naît ordinairement avec ses incisives et ses crochets de lait; sinon ces dents ne tardent pas à sortir ou à se compléter pendant que le jeune animal a encore les yeux fermés, c'est-à-dire pendant les douze ou quinze premiers jours de son existence. » Voici comment se succèdent la chute des dents de lait, l'éruption des dents de remplacement, l'apparition et l'usure de la fleur de lis.

De *deux à quatre mois* a lieu la chute des pinces et des mitoyennes; de *cinq à huit mois* a lieu la chute des coins et des crochets; ces dents, pinces, mitoyennes, coins et crochets, sont, aussitôt leur chute, remplacées par les dents d'adultes, de sorte qu'à *huit mois* la bouche est garnie de toutes ses dents de remplacement qui restent jusqu'à l'âge d'un an blanches et intactes d'usure; on dit alors que l'animal a la gueule fraîche. Nous ferons remarquer pourtant que, d'après M. Lecoq, chez les grandes races, l'époque de remplacement est plus précoce que chez les petites.

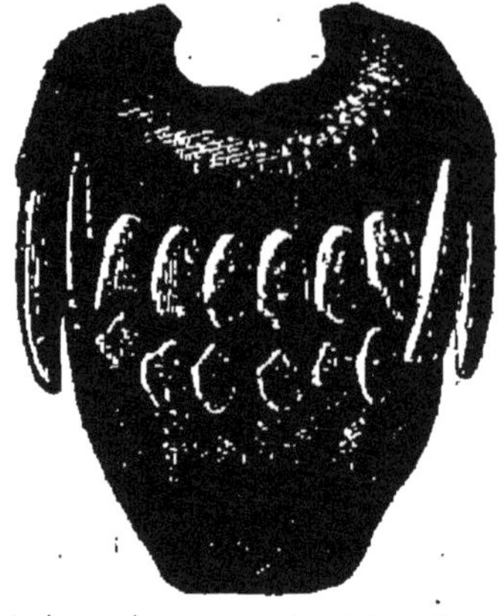

Fig. 3, mâchoire de chien d'un an.

*A quinze mois* commence l'usure des pinces inférieures; de *dix-huit mois à deux ans* les pinces inférieures sont rasées, c'est-à-dire que leurs lobes sont effacés par l'usure, les mitoyennes commencent à s'user.

Fig. 5, mâchoire d'un chien de trois ans.

Fig. 4, mâchoire d'un chien de deux ans.

De *deux ans et demi à trois ans* la fleur de lis disparaît dans les mitoyennes inférieures, les pinces supérieures commencent à s'user, les incisives et les crochets commencent à prendre une teinte jaunâtre.

De *trois et demi à quatre ans* les pinces supérieures sont rasées, les dents prennent une couleur de plus en plus jaunâtre.

Fig. 7, mâchoire d'un chien de cinq ans.

Fig. 6, mâchoire d'un chien de quatre ans.

De *quatre ans et demi à cinq ans* les mitoyennes supérieures sont rasées, toutes les dents sont plus ou moins jaunes ou ternes.

« Ces données, dit M. Sanson, sont exactes pour la plupart des cas; mais il faut encore noter, à cette occasion, que la race et le genre de nourriture influent beaucoup sur l'époque et la rapidité plus ou moins grande de l'usure. Il y a donc toujours lieu de tenir compte de ces circonstances pour éviter les erreurs. Chez certains chiens, par exemple, où les deux arcades incisives ne se correspondent pas exactement, la disparition de la fleur de lis n'a lieu que très-tard ; si donc on s'en rapportait à ce caractère, on les tiendrait pour plus jeunes qu'ils ne le sont en réalité. Après la disparition de ce signe, les dents ne peuvent plus fournir d'indications précises. C'est la longueur et l'écartement des dents, ainsi que leur couleur foncée, qui indiquent la vieillesse. (*Économie du bétail*, t. Ier, p. 90.) La connaissance de l'âge est importante, non-seulement pour le propriétaire, mais encore pour l'éleveur, soit pour apprécier la durée du service des animaux, soit pour réformer les animaux trop âgés, en acheter de plus jeunes en remplacement, etc. Cette connaissance fait partie du bagage scientifique obligatoire pour le sportman, le chasseur, le piqueur et le valet de chiens, non pas que tout animal qui a atteint l'âge de cinq ans doive être réformé, mais pour l'exclure de la reproduction et ne l'appliquer qu'à un service proportionné à ses forces et à son énergie qui commencent à décroître, le plus souvent, dès cet âge.

# CHAPITRE V.

## Du chenil. — Aménagement, orientation, etc.

---

La meilleure orientation pour un chenil est celle du midi, avec un abri contre les vents du nord, des fenêtres au levant et au couchant, afin qu'on puisse ventiler en toute saison et à toutes les heures du jour. Sa grandeur variera avec le nombre des chiens qu'on y veut entretenir. Il doit renfermer le chenil proprement dit, la pièce dans laquelle les chiens sont rassemblés et qui ouvre directement sur la cour; deux autres pièces plus petites, l'une pour les lices pleines et nourries, l'autre pour les chiens qu'on veut faire maigrir, ceux qu'on dresse ou qui sont aggravés; enfin, isolé de toutes communications, un endroit disposé en niches et servant aux chiens malades et en traitement (1).

Comme annexes : une cuisine servant en même temps de boulangerie ; au-dessus du grand chenil une chambre à feu pour le piqueur, et une autre pour le boulanger; d'autres encore, s'il est besoin, pour les valets de chiens. Ouvrant sur la cour, enfin un champ d'ébat. Le plan suivant nous indiquera cette disposition relative :

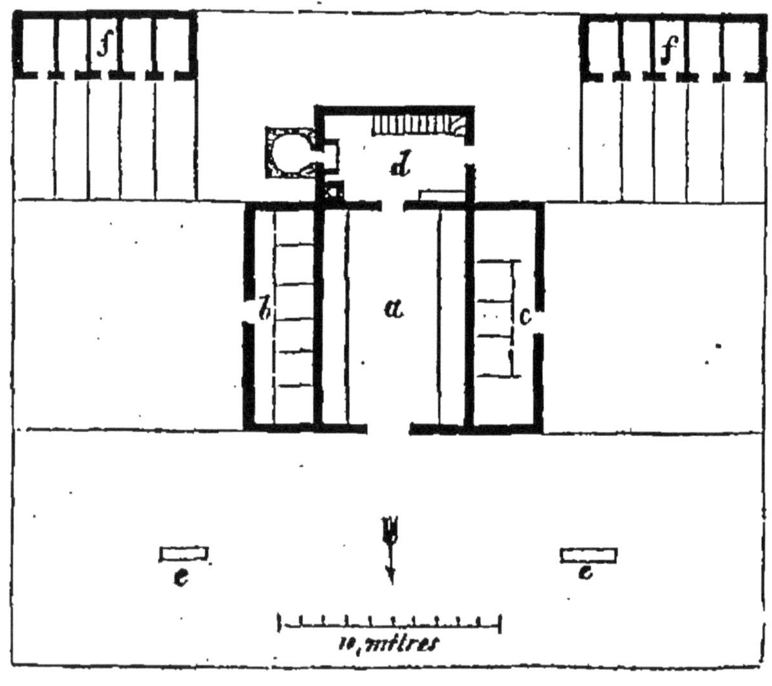


(1) Voir encore, pour la disposition du chenil, le *Traité des constructions rurales*, par Louis Bouchard; 3 vol. gr. in-8° avec planches. Paris, Mme Ve Bouchard-Huzard.

1° Le grand chenil, ouvrant au sud par deux portes à deux battants, communique directement avec la cuisine, afin de faciliter la distribution des aliments. Les angles de chaque porte doivent être arrondis, afin que les chiens ne puissent se blesser lorsqu'ils sortent en se pressant, soit pour aller manger, soit pour partir à la chasse, en promenade ou à l'ébat. Il est garni, tout à l'entour, de bancs en planches à claire-voie, retenus au mur par des charnières en fer, pour qu'on les puisse relever lorsqu'on veut balayer les ordures qui passent au travers et s'amassent dessous. Ces bancs, sur lesquels les chiens couchent, ont 1m,50 environ de largeur et sont placés de 0m,25 à 0m,28 au-dessus du sol seulement, dans la crainte que les chiens, en jouant, en se battant, ou en fuyant le fouet, puissent se blesser en se fourrant dessous, ou encore qu'ils ne s'estropient

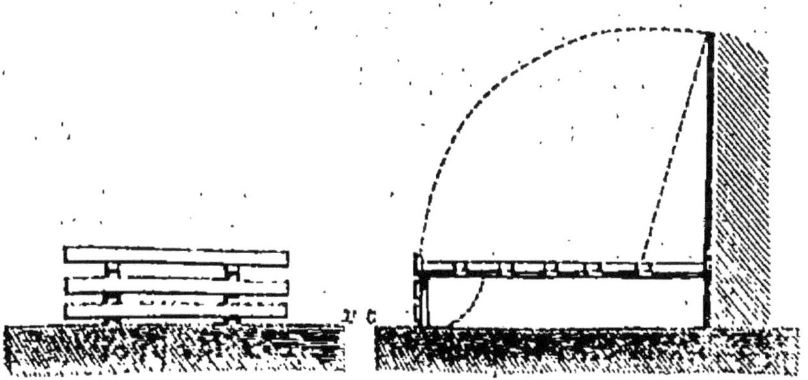

Fig. 9, banc de chiens d'après Stonehenge.

en tombant ou en s'élançant de dessus. En avant de ces bancs, doit être placé un rebord arrondi de $0^m$,03 environ, pour retenir la paille; le mur, au-dessus de ces bancs, doit être garni de lambris de bois, à la hauteur de 1 mètre environ, pour que les chiens ne puissent ni se coucher ni se frotter sur ce mur, ce qui causerait des rhumatismes, ou tout au moins l'usure du poil. Quelques piqueurs établissent des séparations sur les bancs, de manière à éviter les batteries, chaque chien ayant une place limitée; c'est une excellente précaution. En Angleterre, le banc, quoique mobile et à claire-voie, descend jusqu'à terre, ce qui empêche les chiens de s'introduire par le dessous.

Quant au sol du chenil, d'Yauville et Leverrier veulent qu'il soit dallé. M. Rousselon, tout en convenant que cette disposition facilite les soins de propreté, la regarde comme dangereuse pour les chiens qui, au retour de la chasse, trop fatigués ou trop paresseux pour sauter sur le banc, recherchant d'ailleurs le frais, se couchent sur le pavé, et il conseille le planchéiage. Nous ne saurions adopter sa manière de voir; les inconvénients du pavage peuvent être évités par la surveillance et les punitions; ceux du planchéiage, outre qu'ils ont peu de durée, seraient de répandre bientôt une odeur infecte et de pouvoir déterminer, par son insalubrité, des maladies dangereuses. En tout cas, le sol doit présenter à l'écoulement des urines une issue prompte et facile. Le dallage en ciment Coignet nous semble présenter la réunion des circonstances les plus favorables, étant moins froid que la pierre et complétement imperméable.

Une grande question, encore, est celle de savoir si le chenil doit être chauffé. D'Yauville regrettait qu'on eût supprimé, pour les chiens de la vénerie royale, une grande cheminée garnie d'un grillage devant laquelle, au retour de la chasse, les chiens venaient se sécher, se réchauffer et se délasser. « Il est vrai, dit-il, que les chenils d'à présent sont bien clos, et que les chiens, en se couchant les uns près des autres, se réchauffent mutuellement ; mais je n'en suis pas moins persuadé que du feu leur ferait grand bien, lorsque, après une longue chasse, ils rentrent mouillés et saisis de froid. » Leverrier est d'opinion toute contraire ; il condamne les poêles parce que les chiens accoutumés à cette espèce de chaleur mettent bas, l'hiver, dès qu'ils sentent une grêlée ou une giboulée. Il nous semble qu'ici, comme en bien d'autres questions, il ne s'agit que de s'entendre. D'abord, le chien est plus ou moins garanti contre le froid par son poil fin ou rude, court ou long ; le lévrier est plus frileux que le bull-dog ou que l'épagneul à long poil ; les animaux délicats, à poil court et soyeux, sont peut-être les seuls à souffrir du froid. Mais il n'en est pas de même de l'humidité, et les chiens à poil long sont, par elle, plus exposés aux rhumatismes que ceux à poil ras, parce qu'ils se sèchent plus lentement. D'un autre côté, il faut distinguer entre l'usage et l'abus ; nous serions loin de conseiller un chauffage continu en hiver, mais une température un peu élevée nous semble indispensable, pendant la saison d'hiver, pour sécher, réchauffer et délasser les chiens qui reviennent d'une chasse pénible, et leur éviter des rhumatismes ; c'est non-seulement de l'humanité, mais encore de l'humanité bien entendue.

2° Le chenil des lices est séparé du grand chenil par un mur plein, et divisé en niches garnies d'une abondante litière et fermées chacune d'une porte à claire-voie ; il ne faut pas que la chienne qui allaite soit inquiétée par le bruit ou par des visites importunes des autres chiennes, cause de batteries et de morsures sérieuses pour les mères, d'accidents pour la portée. On fait sortir et promener les lices, tandis que les chiens sont au chenil ou à la chasse. On y place aussi les chiennes en chaleur avant et après l'accouplement.

3° Le petit chenil des chiens fatigués ou aggravés sert aussi, comme nous l'avons vu, à séquestrer ceux qu'on aurait besoin de faire maigrir ; il est divisé en loges comme le précédent et doit être abondamment garni de litières ; mais chaque loge contient un banc, tandis que le sol du chenil des lices est seulement garni de paille de froment.

4° et 5° Il est indispensable, dans un chenil important, d'avoir deux infirmeries distinctes et privées de communications avec le grand chenil, l'une pour les maladies ordinaires, l'autre pour les maladies contagieuses. L'une et l'autre sont divisées en loges spacieuses, bien ventilées et ouvrant chacune directement sur la cour particulière à ces bâtiments. Dès qu'une loge devient libre, on la désinfecte avec du chlorure de chaux, des vapeurs d'acide phénique ou de soufre, et on en blanchit les murs à l'eau de chaux.

6° La cuisine et la boulangerie, dont la superficie doit être en rapport avec l'étendue du chenil et le nombre des chiens, est dallée, pavée ou carrelée ; elle est garnie d'un fourneau portant une large marmite, d'un pétrin et d'un four. Au-dessus, au premier, se trouve le logement du boulanger. A sa proximité, sinon dans la pièce même, se trouve une pompe. Une chambre voisine sert de magasin de provision.

7° Les auges en pierre, placées dans la cour, pour recevoir l'eau, servent à abreuver les chiens; elles peuvent être aussi longues qu'on veut, profondes de 0m,30 seulement, leur dessus à 0m,40 du sol, et percées d'un trou que ferme un tampon de bois et de linge, pour qu'on puisse les vider et les nettoyer souvent. On les remplit en pompant ou en puisant dans un puits, selon la disposition des lieux, mais il faut avoir soin qu'elles soient toujours pleines pendant la belle saison, afin que l'eau ait le temps de s'aérer et de s'échauffer avant l'heure où on abreuve les chiens; en hiver, au contraire, par les grands froids, on ne les remplit qu'au moment du repas.

Les chambres des piqueurs et valets de chiens sont situées, nous l'avons dit, au-dessus du chenil, et le premier valet peut voir, par une trappe, ce qui s'y passe. Le chenil doit être éclairé la nuit au moyen d'une lampe marine suspendue qui brûle constamment. On a dû ménager la ventilation, tant par les fenêtres que par des tuyaux d'appel qui traversent l'étage supérieur et viennent s'ouvrir, au dehors, un peu au-dessus du toit. Quand le terrain et les lieux le permettent, il est précieux d'avoir une petite pièce d'eau, un bassin peu profond, à fond de sable, afin d'y faire baigner les chiens en été, sans avoir besoin de les conduire à la rivière. Enfin Leverrier conseille de placer dans le chenil un piquet de bois de bon chêne, haut de 1 mètre environ, gros comme la jambe et arrondi, qu'on frottera de temps en temps de galbanum ou d'assa fœtida, pour les engager à pisser, parce que les chasses vives et rudes les réchauffent au point de leur causer des rétentions d'urine.

La cour au centre de laquelle se trouve le chenil sera plantée d'arbres sous l'ombre desquels les chiens peuvent s'abriter en été, et semée d'herbe pour qu'ils y puissent prendre le vert et se rafraîchir ; elle sera sablée pour leur entretenir les pieds propres, et fermée à hauteur de $1^{m},80$ ou 2 mètres par un treillage solide et serré, afin qu'ils ne puissent y passer leurs têtes, même les plus jeunes. Le champ d'ébat est voisin de cette cour et communique directement avec elle ; il doit être placé en terrain sec et plutôt sablonneux, d'une étendue proportionnée à l'importance du chenil, et semé d'herbes ou mieux encore enraciné de chiendent (*triticum repens*) dont les chiens mangent les feuilles pour se purger. On les y conduit deux fois par jour, le matin et le soir pendant l'été; une fois seulement dans le milieu du jour, en hiver et dans l'intervalle des chasses.

On comprend que nous ne nous occupions pas longuement ici des chiens isolés, de chasse ou de garde, qui logent à la maison ou dans une niche. Pour ceux-là, la propreté de la litière fraîche et un exercice modéré sont tout ce que nous devons recommander.

---

# QUATRIÈME PARTIE.

## LE DRESSAGE.

L'instinct, l'hérédité, les dispositions particulières sont bien quelque chose pour un chien de chasse, mais ces qualités ont besoin d'être confirmées, assouplies, modifiées par l'éducation : bon chien peut chasser de race, mais après seulement qu'il a passé par les mains d'un habile dresseur. Celui-ci doit posséder, à un haut degré, l'amour des bêtes, et connaître parfaitement la conformation spéciale à chaque aptitude, être doué d'une grande patience, d'un merveilleux coup d'œil, je dirais presque d'un instinct divinatoire, pour tirer parti de tous les chiens, suivant leur caractère ; il ne saurait, en effet, y avoir de méthode fixe et invariable, ou plutôt la méthode est toujours la même, mais elle doit varier avec chaque animal, à savoir : lui demander peu à la fois, ne passer à la leçon suivante que quand la première a été bien comprise ; ne s'entêter en aucun point, et savoir atteindre un même but par divers moyens; montrer une patience inaltérable et conserver toujours son sang-froid ; être indulgent pour les fautes légères ; corriger rarement, mais inexorablement, par des punitions morales et terrifiantes plutôt que corporelles et empreintes de cruauté ; enfin ne jamais exiger un travail au-dessus des forces du chien, ou, en d'autres termes, ne lui demander que ce qu'il peut faire.

Ces principes sont élémentaires de toute éducation, de celle de l'homme comme de celle du cheval, et la pratique en démontre, chaque jour, l'excellence, surtout quand le maître sait mettre l'exemple à côté du prétexte, et, mieux encore, quand il a su se faire aimer de son élève, dont il a pu apprécier, en même temps, les défauts et les qualités, dans le but de développer les unes et de corriger les autres.

## CHAPITRE I.

### Dressage du chien courant.

« Lorsque les chiens ont neuf à dix mois, dit d'Yauville, on les accoutume à aller au couple, on les promène dans le grand ébat, et on les y tient sous le fouet pour les préparer à l'obéissance ; on les mène couplés dans les rues et dans les champs pour les enhardir, en leur faisant voir différents objets. Lorsqu'ils ont un an, on les met dans la meute ; on les promène et on leur fait faire curée avec les autres ; mais on ne les mène à la chasse qu'à l'âge de dix-huit à vingt mois. Les lices sont ordinairement plus tôt formées que les chiens, et les chiens de moyenne taille le sont plus tôt que les grands ; mais, en général, on ne fait chasser les uns et les autres que lorsqu'ils sont en force et en bon état.

« Avant de découpler les jeunes chiens, on les promène plusieurs fois à la chasse, les tenant à la harde, tant pour les mettre en haleine que pour leur faire connaître le pays et le chemin de la maison. Plus les jeunes chiens ont d'ardeur, et plus on les ménage dans le commencement ; si on les laissait selon leur volonté, on courrait risque de les forcer et de les énerver. On les fait donc reprendre, autant qu'on le peut, dans le courant de la chasse, et on leur donne du repos quand ils ont couru trop longtemps. On ne découple pas plus de quatre jeunes chiens à la fois ; un plus grand nombre serait nuisible et ferait tourner la tête aux chiens dressés. Dans certains équipages, on met deux ou trois jeunes chiens à chaque relais, pour leur apprendre à chasser ; mais je ne puis approuver cette méthode, par la raison que ces chiens toujours fougueux, et qui ne savent pas ce qu'on leur demande, vont droit devant eux, courant après tout ce qu'ils trouvent, quelquefois même après rien, enlèvent les autres enfin, et font manquer le cerf. Je pense donc qu'en les découplant et leur laissant passer leur première fougue, avec les chiens de meute, ceux des relais les maîtrisent ensuite et les dressent, sans porter préjudice à la réussite d'une chasse.

« Les jeunes chiens, en général, sont assez obéissants avant que d'avoir goûté la voie de l'animal auquel on les destine ; mais aussi, quand ils commencent à être dedans, c'est-à-dire à connaître la voie et à chasser avec plaisir, ils deviennent alors moins dociles ; on ne doit, cependant, les corriger encore qu'avec précaution et ménagement, pour ne pas rebuter ceux qui seraient naturellement timides. Ce n'est donc que lorsqu'on s'aperçoit qu'ils font peu de cas d'une correction légère, qu'on doit la donner plus forte et la continuer jusqu'à ce qu'ils obéissent : un chien à qui, dans sa jeunesse, on a laissé prendre l'habitude de forcer s'en corrige difficilement dans la suite. » (*Ut suprà*, p. 225-226.)

A ces conseils généraux et si sensés que tous les cynégétiques modernes n'ont fait que reproduire, nous ajouterons qu'il faut, avant de découpler le chien, lui faire perdre la coutume de courir en plaine après les chevaux, les bêtes à cornes et les moutons ; à ne pas se rabattre de perdrix en courant après et donnant de la voix ; qu'il est prudent de les coupler d'abord, soit avec leur mère, soit avec un vieux chien qui les retiennent, les conduisent et leur enseignent l'obéissance et le devoir.

Reste l'éducation du chien courant pour les différentes chasses spéciales auxquelles on le destine, car, si on lui laisse goûter indistinctement toutes les voies, il tombera souvent en défaut. Il faut donc donner des soins particuliers au limier, au chien de cerf, de sanglier, de loup, de renard, de lièvre, de blaireau, etc. Ce sont ces notions spéciales que nous allons tenter de développer avec le secours des classiques.

### § I. — Dressage du limier.

Lorsqu'on mène pour la première fois un limier, dit d'Yauville, que nous abrégerons, et qu'il ne veut pas se rabattre (porter le nez à terre pour trouver la voie et s'élancer au bout de son trait pour la suivre), il faut lui faire voir des animaux, aller dans la voie, et, s'il s'en rabat, le laisser suivre et le bien caresser. Si, après l'avoir mené plusieurs fois, il ne veut ni suivre ni se rabattre, il faut le mener avec un limier dressé qui excitera son ardeur, et lui donnera envie de suivre avec lui ; mais, si cette épreuve ne réussissait pas, il faudrait lui avaler la botte (lui enlever la *botte*, sorte de *collier* de cuir auquel est attachée la *plate longe*, laquelle se termine par le *trait* ou corde de crin), et l'engager à aller après des animaux qu'on lui fera voir.

Quand il commence à se rabattre, il faut l'arrêter de temps en temps dans la voie pour l'y affermir et lui apprendre à suivre juste; quand il reste ferme dans la voie, on raccourcit le trait jusqu'à la plate-longe pour le bien caresser; il faut ensuite détourner les animaux et les lancer, pour lui donner du plaisir et le faire jouir : on ne doit pas lui donner de trop longues suites, parce que, n'étant pas encore en vigueur, il pourrait s'effiler.

Si un limier qu'on dresse pour le cerf se rabat d'un animal d'espèce différente, il faut le retirer des voies, le gronder et lui donner un coup de trait; on ne doit pas cependant le corriger rudement les premières fois qu'on le mène (ni surtout brutalement). Lorsqu'un limier commence à suivre, on doit éviter, autant qu'on le peut, de lui laisser voir des animaux et d'aller au vent, parce qu'il s'accoutumerait à aller le nez haut, et passerait par-dessus les voies sans s'en rabattre.

Quand on commence à mener un limier, il faut le laisser crier dans les voies, s'il en a envie;

mais, lorsqu'il est bien dedans et qu'il suit avec ardeur, il faut, quand il crie, le retenir et lui donner quelques saccades et même quelques coups de trait : on le caresse s'il s'apaise; mais on continue ou même on redouble la correction, s'il ne cesse pas de crier, parce qu'il est absolument nécessaire qu'un limier soit secret.

On doit donner au limier le temps de mettre le nez à terre, de tâter aux chemins et aux coulées, et, par conséquent, ne le point trop presser, pour qu'il puisse se rabattre ; mais il y a un défaut opposé contre lequel on doit se tenir en garde, c'est que souvent il s'amuse à flairer tout ce qu'il rencontre, et alors, au lieu de travailler franchement, il ne fait que muloter et perdre du temps.

Quelques dispositions qu'ait un jeune chien, il ne peut être dressé qu'après avoir été mené régulièrement pendant un an, une ou deux fois la semaine : tel chien travaillera bien pendant l'hiver et quand la terre sera bonne, qui fera des sottises et sur-allera (passera sur de bonnes voies sans s'en rabattre) dans les chaleurs ou quand il fera sec. Un veneur ne peut donc connaître son chien et y avoir un peu de confiance que quand il l'aura travaillé dans toutes les saisons, et qu'il l'aura éprouvé dans différentes circonstances. Il faut, autant qu'il est possible, commencer un jeune limier dans l'automne ou au commencement de l'hiver; comme alors il fait beau revoir (trouver l'empreinte du pied sur le sol), on est moins exposé à lui laisser suivre d'autres voies que celle pour laquelle on le destine.

Il faut être déjà bien instruit soi-même pour avoir le talent de bien dresser un limier; et on ne parvient à l'un et à l'autre qu'en se donnant beaucoup de peine (*ut suprà*, p. 9-15).

A ces excellents conseils nous ajouterons, avec M. Lecouteulx de Canteleu, qu'un des temps les plus contraires pour dresser un limier est la neige; d'abord à cause de la froideur des voies, et parce que, alors, le chien que vous voulez faire suivre a recours à ses yeux et finit par en contracter l'habitude. Un bon limier doit porter gaiement son trait et diligemment, mettre souvent le nez à la branche et visiter particulièrement les faux-fuyants et les rentrées.

« Pour loup, continue-t-il, il faut que le limier soit de vraie bonne race pour loup, qu'il ait la tête carrée, l'œil gros et plein de feu, qu'il soit naturellement ardent et pillard. Avant de lui passer la botte au cou, il faut lui faire chasser loup cinq ou six fois en meute, pour voir s'il s'y prend bien ; mais si, malgré cela, votre chien vous paraît froid sur une bonne voie, et qu'au lieu de sentir et de mordre la branche, lorsque vous lui retiendrez le trait, il ne fasse que suivre par manière d'acquit, il faut le remettre au chenil, attendu qu'il n'est pas né pour être limier de loup.

« La meilleure époque pour faire les limiers de loup est juin, juillet, août et septembre, époque des louveteaux, dont l'odeur n'est pas si intimidante, et qu'on peut suivre et lancer à son chien de deux jours en deux jours, sans lui faire quitter le pays ; quand il fait bien suite, on peut, le même jour, lui donner une double leçon, en lui faisant faire suite de vieux loups à leur retour, et rentrer au fort pour apporter pâture à leurs louveteaux ; par ce moyen, vous l'accoutumerez à se rabattre des voies de hautes erres (voies du relevé ou échauffées par le soleil) et à bien aller sur le loup. Il faut remarquer, outre la froideur naturelle d'un chien à se rabattre d'un vieux loup, que ceux qui en veulent le mieux sont sujets à sur-aller au bout de quatre ou cinq heures, s'il y a quelque temps qu'ils n'en ont eu connaissance. » (*La Vénerie française*, p. 98-99.)

Le cerf, le daim, le chevreuil se chassent ou

mieux se détournent avec les limiers dressés de semblable façon, mais chacun sur une voie spéciale et ne se rabattant d'aucune autre. Pour le sanglier, il faut des limiers très-robustes, très-hardis et ne se rebutant pas, et élevés toujours d'après les mêmes principes. Pour le renard, on le détourne avec un limier plus petit que celui pour loup et dressé comme celui-ci sur la voie. Il est rare qu'on emploie des limiers pour le lièvre.

§ 2. — Dressage du chien courant, lévrier ou chien pour le cerf (*deerhound*).

Demandons d'abord à M. Lecouteulx quelles sont les qualités que doit présenter un bon chien courant ; il va nous apprendre dans sa profonde expérience que :

Un bon chien courant doit bien quêter le nez près de terre, si ce n'est dans les endroits fourrés, où il y a des portées. Il doit être collé à la voie, c'est-à-dire la défiler bien droit et s'arrêter à l'instant même où il ne l'a plus entre les jambes, pour tourner à droite ou à gauche, ou reculer du côté où elle va. Il doit avoir le nez fin, c'est-à-dire ne pas passer les voies un peu froides, en remontrer, et mettre bien le nez à terre dans les chemins qui sont les endroits les plus ordinaires des défauts. Il doit n'être ni bavard, c'est-à-dire criant d'ardeur et le nez en l'air où la voie n'est pas, ni chiche de voix, c'est-à-dire disposé à s'en aller sans crier où va la voie. Dans un défaut, il doit travailler et prendre ses retours de lui-même, c'est-à-dire tourner circulairement le plus près possible du point où est le défaut, afin de retrouver la voie.

Il ne doit pas rebattre les voies, c'est-à-dire crier sur la voie déjà défilée, à moins que l'animal ne la double et qu'il n'ait reculé sur ses pas. Il ne doit pas muser, c'est-à-dire rester au bout de la voie, le nez en l'air, à regarder les autres; mais au contraire il doit travailler de suite, le nez à terre, pour relever le défaut.

Il doit avoir du fond, c'est-à-dire chasser longtemps sans se lasser et sans quitter. Il doit avoir de la tenue, c'est-à-dire rester toujours sur la voie sans la quitter, et toujours la travailler quand il l'a perdue. Il doit bien rameuter, c'est-à-dire qu'à l'instant même où le premier chien relève un défaut d'une manière positive et sûre il doit aller promptement à lui. Il doit être obéissant et bien créancé, c'est-à-dire revenir aisément à la voix du maître et au son de la trompe ; c'est la seule qualité qu'on puisse lui donner.

Il doit surtout ne pas être ambitieux, et ne pas couper la voie pour la reprendre en tête, ou ne pas la céler pour la dérober aux autres ; un tel chien mérite immédiatement la corde. Le chien courant qui n'aura pas toutes ces différentes qualités ne sera jamais que médiocre. (*Vénerie française*, p. 100-101.)

On voit, par ce qui précède, que, pour le chien courant, la nature, l'instinct, la race, l'hérédité sont bien plus puissants que l'éducation, qui doit être plutôt passive qu'active, en ce sens qu'on peut le corriger de ce qu'il fait mal, sans pouvoir presque lui enseigner ce qu'il doit faire ; ici l'exemple, la pratique, l'exemple des bons chiens bien dressés, la pratique des habiles chasseurs sont tout-puissants, surtout chez le lévrier qui ne chasse qu'à vue. Le chien de cerf, qui n'est souvent qu'un grand chien de renards ou un harrier, un ancien chien français plus ou moins croisé avec les précédents ou avec le limier, ne doit avoir été mené que sur les voies du cerf et de la biche, et on a dû le dégoûter de celle du lièvre surtout, qu'il goûterait avec plaisir ; enfin on l'accoutume à son service en le couplant pendant plusieurs chasses avec un vieux chien qu'il est obligé de suivre, qui l'encourage et le maintient; c'est là le meilleur dressage.

§ 3. — Dressage du chien à renards (*foxhound*).

La première chose à apprendre à de jeunes foxhounds quand ils entrent dans le grand chenil, c'est, dit Stonehenge, de leur apprendre à reconnaître leurs nouveaux maîtres et leurs propres noms qu'on a dû leur distribuer aussitôt. Pendant les premiers temps, ils refusent souvent de prendre la place qui leur a été désignée sur leur banc, et se retirent de mauvaise humeur dans un coin, refusant de manger et de suivre ni le valet ni le chasseur. Mais cette mauvaise disposition ne tarde pas à disparaître, et bientôt ils se mêlent aux autres chiens. Quand les chiens sont bien habitués au chenil, le valet doit les sortir, d'abord couplés, puis les habituer à le suivre et à courir en liberté. Pour commencer, il est prudent de n'emmener à la fois que six à sept couples; et, quand ils sont accoutumés à marcher ensemble sans jouer ou se disputer, on augmente successivement leur nombre sans dépasser celui qui aurait des inconvénients. Le chasseur doit faire sortir un, deux ou trois couples à la fois et s'enfermer avec eux dans un paddock; pour les accoutumer à sa voix et à l'obéissance, quand ils seront devenus dociles sur les chemins, il peut leur faire suivre les troupeaux et les bêtes fauves, couplés d'abord, n'en détachant qu'un ou deux à la fois; après que la meute entière paraît bien habituée à résister à la tentation, on peut commencer le dressage. Il est de toute nécessité que les fox-hounds soient tous rabattus sur la même voie, celle du renard, et insoucieux de celle du lièvre ou du lapin. Mais on ne doit pas trop tenter avec eux jusqu'à ce qu'ils soient dressés au renard, parce que leur feu et leur ardeur se décourageraient si le fouet ou les réprimandes leur arrivaient à contre-sens et à propos de quelque espèce de gibier.

La chasse du renardeau, qu'on choisit pour dresser les jeunes chiens, commence en août, aussitôt après la moisson, selon la saison et la contrée. Dans quelques pays, dans le *New-Forest*, par exemple, on ne le peut chasser à aucune époque, mais ce mois est assez hâtif. Il vaut mieux faire sortir les vieux chiens une ou deux fois, quand ils ont pris leur repos de l'été, pour donner aux jeunes chiens le meilleur des enseignements. Dès qu'on a entrepris le dressage de jeunes chiens, il est bon de le mener aussi vite que possible, et quelques chasseurs prudents conservent les leurs couplés, jusqu'à ce que les vieux chiens aient détourné le renard ; mais, s'ils sont soucieux de bruit, ils n'en trouvent là aucune occasion. Cependant, s'ils n'ont jamais été réprimandés pour leur vacarme, il n'y a pas grand mal à ce qu'ils chassent la première fois un lièvre ou autre, jusqu'à ce qu'ils s'aperçoivent qu'ils sont hors la voie ; ils s'y tiendront ensuite plus sûrement. Mais la chasse au renardeau n'a pas seulement pour objet de servir au dressage des jeunes chiens ; elle a encore pour but de disperser les renards dans les grandes forêts qui sont leurs principales demeures dans tous les pays. Ils peuvent offrir une chasse agréable pendant la saison, étant rassemblés en troupes avant qu'elle commence, pour entraîner les renards sous les grands couverts, en même temps que les chiens deviennent plus fermes et, par la pratique, capables de les détourner.

§ 4. — Dressage du chien pour lièvre (*harrier et beagle*).

Les chiens pour lièvre sont dressés d'après les

mêmes principes que pour le cerf et le renard; seulement on les dresse spécialement à être muets sur la piste du lapin et à s'en montrer insoucieux. Pour leur apprendre leur métier, dit Charles IX, s'il y a quelque gentilhomme qui ait une meute de chiens courants pour lièvre, on les lui doit bailler et laisser pour quatre mois, car il n'y a rien qui leur fasse sitôt le nez bon que chasser avec compagnie de bons chiens; ils apprennent à requêter; et d'autant que le sentiment du lièvre n'est si grand que celui du cerf, et qu'il ruse plus souvent, cela est cause de leur faire le sentiment meilleur, plus délié et subtil, aussi leur apprend-il à faire leurs raussins soudains, et prendre peine à trouver le bout de la ruse de la bête qu'ils chassent. Il faut aussi que le gentilhomme qui veut prendre la peine de mettre les jeunes chiens à la voie aille deux fois par semaine aux champs pour les voir chasser, qu'il les tienne sujets (soumis), et que pour ce faire il ait quelque valet de chiens à pied, qui, avec la gaule, les fasse tirer où il entend le son de la trompe, pour leur y faire prendre créance. Aussi ne faut-il qu'il sonne jamais à faute, c'est-à-dire que la bête ne soit passée, ou que ce ne soit pour leur faire avoir curée, car cela leur ferait perdre toute créance.

§ 5. — Dressage du chien pour blaireau.

On chasse le blaireau avec des terriers, des bassets ou des bassets griffons. « A force de persévérance, dit M. Le Masson (1), j'ai dressé des chiens à ne se rabattre que sur renard ou blaireau. Pour y parvenir, j'avais, pour faire face à tous les besoins, une nombreuse collection de renardeaux et de jeunes blaireaux ; je les faisais attaquer dans des terriers factices. L'exemple d'un bon vieux chien facilite beaucoup le dressage d'un élève. Mais, au début, on doit bien se garder de laisser pénétrer celui-ci, quelque envie qu'il en ait, à la suite de son mentor ; il lui faut un plus long stage. Deux chiens, surtout s'ils sont du même sexe, ne se souffrent pas facilement sous terre, la jalousie s'en mêle ; puis il est à craindre, se gênant mutuellement, obstruant le passage, qu'ils ne puissent effectuer leur retraite s'ils viennent à être chargés par l'ennemi.

« Un tout jeune chien qui attraperait quelque sévère dentée pourrait fort bien se dégoûter du métier, où se rencontrent plus d'épines que de roses.

(1) *Traité de la chasse souterraine du blaireau et du renard.* Paris, 1865, Mme Ve Bouchard-Huzard.

« Tenez votre élève au trait, approchez-le graduellement de la bouche où les aboiements se font le mieux entendre ; excitez-le, tout en le retenant, à couler. Mais du moment que la bête est prise, et que vous l'avez mise hors d'état de nuire, soit en la comprimant contre terre, au moyen d'une fourche qu'on lui passe sur le cou, soit en lui serrant la mâchoire inférieure dans les pinces, c'est alors qu'à grand renfort de caresses vous devez encourager le jeune chien à mordre, ce qu'il ne manquera pas de faire, s'il est ardent, à l'instar de son précepteur.

« Il est des chiens qui ont de la peine à se déclarer ; il en est d'autres qui ne se déclarent jamais, ou mettent bas à la moindre démonstration hostile. Un bon terrier est un trésor ! Ce qui paraîtra peut-être une anomalie, c'est que, plusieurs fois, j'ai vu des chiens qui n'avaient pas voulu se déclarer, ou qui s'étaient montrés quinteux dans leur adolescence, devenir tout à coup, par résipiscence sans doute, et dans un âge déjà avancé, d'excellents serviteurs. L'inexpérience d'un jeune chien peut lui devenir funeste. »

## CHAPITRE II.

### Dressage du chien d'arrêt.

---

Le dressage du chien d'arrêt est incontestablement plus difficile que celui du chien courant ; il suppose dans l'instituteur moins de connaissances cynégétiques peut-être, mais, à coup sûr, plus de patience, de douceur et de sang-froid. La colère est, là surtout, mauvaise conseillère, et bien des mauvais chiens ne sont devenus tels que par la faute de celui qui avait tenté de les dresser. Celui-ci doit toujours être guidé par cette sage maxime, que

Patience et longueur de temps
Font plus que force ni que rage.

Le premier dressage, le dressage élémentaire, celui qui se fait tandis que le chien s'élève, a dû tendre à lui enseigner à arrêter ; beaucoup de chiens possèdent naturellement cette qualité, chez les autres on la peut développer par l'éducation; à avoir la dent légère, ce qu'on lui enseigne insensiblement en l'habituant à rapporter différents objets légers et de texture molle; enfin à être obéissant. Ce n'est que quand le chien a traversé la maladie et qu'il est âgé de douze à quatorze mois, qu'on doit commencer le dressage.

On a imaginé bien des systèmes de dressage dont plusieurs sont entremêlés de pratiques d'une inutile barbarie, comme le collier de force en France, et le *puzzele-peg* (bâton d'embarras) en Angleterre, instruments qui, dans des mains impatientes et irascibles, sont la cause, pour l'animal, de cruelles douleurs ou d'une gêne bien faite pour le dégoûter. Les moyens les plus simples, les plus doux sont ordinairement les meilleurs et les plus expéditifs ; ce n'est pas que nous refusions d'admettre les corrections sévères, pourvu qu'elles soient justes, opportunes, proportionnées à la faute et surtout appliquées de sang-froid.

Nous conseillerons d'abord au chasseur de dresser lui-même son chien ; l'homme et l'animal doivent se connaître, être faits à leur manière de chasser; le chien doit connaître la voix du maître, le maître les manies, les qualités et les défauts de son chien. C'est en s'amusant qu'il lui a appris à rapporter, surtout s'il suit la méthode indiquée par M. d'Houdetot, et qui consiste à lui jeter d'abord de petits morceaux de viande que, naturellement, il va chercher pour les manger; puis un gros gant de peau dans lequel on a fourré un morceau de viande qu'on lui donne lorsqu'il l'a rapporté; peu à peu, on substitue au gant un lapin, un lièvre, une perdrix. C'est ainsi que, en jouant, le chien apprendra tout ce qu'on voudra se donner la peine de lui enseigner.

Le chien, en général, a une aversion instinctive pour tout le gibier d'eau connu sous le nom de *sauvagine*. « C'est pour combattre cette fâcheuse disposition, dit M. d'Houdetot, que j'engage à faire rapporter à un chien, dès son jeune âge, tous les oiseaux d'eau connus sous le nom générique de sauvagine, qu'il est facile de se procurer dans les marchés. J'ai vu (singulier effet produit par le contact de ce gibier) des chiens qui avaient la dent dure au suprême degré se corriger tout à fait de cet épouvantable défaut, non-seulement à l'égard de certain gibier d'eau qu'ils rapportent d'ordinaire du bout des lèvres, et dont ils ne mangent jamais, lors même qu'il serait accommodé de la manière la plus succulente, mais à l'égard de tous les autres (1). »

Pour dresser le chien à aller à l'eau, on doit profiter de la belle saison, choisir un ruisseau peu rapide, à fond plat et sableux, dans lequel il ait pied partout; jetez-lui un morceau de pain d'abord, puis un autre au bord de l'eau, un troisième un peu plus loin, jusqu'à ce qu'il traverse l'eau pour aller chercher le pain sur l'autre rive; bientôt vous alternerez les morceaux de pain avec de petits morceaux de bois tendre qu'il vous rapportera pour être récompensé de caresses. « Quand il entrera franchement dans l'eau sans la tâter du bout de la patte, comme les jeunes chats, qui n'ont garde de s'y exposer, conduisez-le à un coude du ruisseau qui ait vers le milieu quelques brasses de plus de profondeur, afin que le chien puisse reprendre pied aussitôt après l'avoir perdu. Plus tard, entraîné par la passion communicative de la chasse, vous le verrez se précipiter de lui-même, du haut d'une berge escarpée, plonger à la poursuite d'un canard, d'une poule d'eau,

(1) *Le Chasseur rustique*. Paris, 1855, p. 94.

d'une judelle, etc. (Ad. d'Houdetot, *ut suprà*, p. 96-97). » Il ne serait pas moins absurde que cruel de jeter son jeune chien à l'eau plutôt que de l'inviter à y aller lui-même, et surtout de faire cette éducation pendant l'hiver. Il ne faut pas non plus abuser des dispositions de l'élève et lui faire faire, sous prétexte de dressage, une collection de fraîcheurs et de rhumatismes. Dans tous les cas, le chien qui revient de la leçon doit trouver une bonne litière sèche dans son chenil, et celui qui revient de la chasse au marais, en hiver, un bon feu pour se sécher.

Quand le chien va à l'eau, qu'il sait rapporter et arrêter, il reste encore, pour le perfectionner, à lui apprendre à connaître le gibier, régler les allures, quêter en battant les champs, suivre la piste du gibier démonté, etc.

La quête est l'acte le plus important de la chasse à l'arrêt, celui qui exige le plus de soin, d'attention. Le chien doit parcourir, à bon vent, en zigzags, le champ dans lequel entre son maître, de manière à n'en laisser aucune bande inexplorée; pour cela, il doit courir d'un côté à l'autre des bordées, éloignées l'une de l'autre de 12 à 15 mètres au plus, à une allure assez, mais non trop vive, le nez tantôt à terre, tantôt au vent, pour recueillir la piste et les effluves ; en plaine, il ne faut pas qu'il s'écarte trop de son maître (50 à 60 mètres au plus) ; s'il rencontre, il s'arrête comme cloué à la même place, l'une des pattes de devant levée, la queue horizontale, tout le corps immobile, moins la tête qui se tourne vers le chasseur pour attendre son signe ou ses ordres ; celui-ci s'approche en parlant à demi-voix à son chien, qui, sur un signe de lui, force son arrêt et fait lever la pièce. Il est indispensable alors de ne pas la manquer, ou d'employer au moins une supercherie, c'est-à-dire de laisser tomber, selon le cas, derrière soi, soit un lapin, soit une perdrix, dont on avait muni son carnier, et qu'on fait chercher et rapporter à l'élève. Des arrêts non suivis de mort le décourageraient. Si c'est une bande de perdrix qu'il a arrêtée, il faut le rappeler pour qu'il ne les suive pas en donnant de la voix ; s'il a bien arrêté et rapporté, il faut le caresser, ou le gronder légèrement en cas de faute. Sur le lièvre, il faut empêcher qu'il ne s'emporte, à moins que vous n'ayez tiré et blessé ; s'il se laissait entraîner, on le rappellerait et on le gronderait ; en cas de récidive, une légère correction, mais ce n'est que pour des fautes réitérées et après de nombreux avertissements qu'il faut employer les punitions sévères.

Nous ne nous étendrons pas plus longuement sur un sujet que peu de personnes compétentes ont osé traiter, chacun ayant son système de dressage particulier, et persuadé que nous sommes que tous sont bons si le dresseur est bon chasseur, patient, doux, et s'il aime surtout les chiens.

---

## CHAPITRE III.

### Dressage du chien de berger.

---

Un bon chien de berger, bien dressé, vaut, pour les soins d'un troupeau important, dans certains pays surtout, son poids d'or. Tantôt il appartient au cultivateur, d'autres fois au berger lui-même, qui fait entrer son aide à quatre pattes pour une part plus ou moins importante dans ses gages, selon ses qualités. En effet, dans les pays morcelés, dans les pays de petite culture, où les pièces de terre sont très-étroites et enchevêtrées les unes dans les autres, où les chemins peu spacieux sont bordés de moissons de chaque côté, le parcours du troupeau deviendrait impossible sans de bons chiens.

M. le docteur Bixio, dans un excellent article, a résumé ce que Daubenton avait dit touchant le dressage du chien de berger ; nous ne croyons pouvoir mieux faire que de lui emprunter ce fragment : « Pour obtenir des chiens de berger un service convenable, il faut leur apprendre à s'arrêter, à se coucher, à aboyer, à cesser d'aboyer, à se tenir à côté du troupeau, à en faire le tour, à aller et venir sur un même côté, et à saisir un mouton par l'oreille ou par le jarret, au commandement que lui fait le berger, de la voix et du geste.

« Pour apprendre à un chien à *s'arrêter*, il faut, en prononçant le mot : arrête! lui présenter un morceau de pain, l'arrêter de force et brusquement au moyen d'une ficelle et d'un collier à pointes, en prononçant toujours le mot : arrête! En répétant cette manœuvre, on l'accoutume à s'arrêter à la voix du berger.

« Pour lui apprendre à *se coucher*, on le caresse quand il s'est couché de lui-même, sur un geste ou un ton menaçant, ou après l'avoir fait coucher de force, en le prenant par les jambes : dans les deux cas, il faut prononcer fortement le mot : couché!

« Pour faire *aboyer* un chien lorsqu'on le

veut, on imite l'aboiement du chien en lui présentant un morceau de pain qu'on lui donne lorsqu'il a aboyé; ensuite on prononce le mot : aboie! On l'accoutume aussi à cesser d'aboyer, lorsqu'on prononce le mot : paix-là! On menace le chien et le châtie quand il n'obéit pas; on le caresse et on le récompense lorsqu'il a obéi.

« Pour apprendre à un chien à *faire le tour du troupeau*, il faut jeter une pierre en avant pour le faire courir après et la jeter encore successivement de place en place, jusqu'à ce qu'on ait fait avec le chien le toûr du troupeau, toujours en prononçant le mot : tourne! C'est aussi en jetant une pierre en avant et ensuite en arrière, que l'on dresse le chien à *côtoyer le troupeau*, en prononçant le mot : côtoie! On dit : va! pour le faire aller en avant; reviens! pour le faire revenir.

« Pour apprendre à un chien à *saisir un mouton par l'oreille*, pour le ramener lorsqu'il s'égare ou l'arrêter au milieu du troupeau en attendant le berger, on fait tourner un chien autour d'un mouton qui est seul dans un enclos, ensuite on met l'oreille du mouton dans la gueule du chien, pour l'accoutumer à le saisir par cette partie, ou on attache un morceau de pain à l'oreille du mouton qui est au milieu du troupeau; alors on anime le chien à courir à l'oreille de la bête : il s'accoutume ainsi à le saisir, à fixer le mouton que le berger lui désigne. Les chiens peuvent aussi arrêter les moutons en les saisissant avec la gueule par une jambe au-dessus du jarret.

« Il faut moins de temps pour former un jeune chien, lorsqu'il en voit un déjà instruit. Lorsqu'un chien est issu d'un père et d'une mère parfaitement dressés à la conduite des troupeaux, on le dit *chien de race*. On croit qu'il devient plus facilement que les autres bon chien de berger. Lorsqu'on est obligé d'employer un chien mal discipliné à la garde du troupeau, il faut lui scier ou lui casser les dents canines ou crochets; ce sont elles seules qui entrent profondément dans les chairs lorsque le chien mord les moutons. » (*Maison rustique du* XIX^e^ *siècle*, t. II, p. 547.) Nous ajouterons que tous les mots de ce vocabulaire du dressage varient nécessairement selon le patois ou la langue du berger; mais ici le mot n'est rien, et l'idée est tout.

# CHAPITRE IV.

## Dressage du chien de vacher.

Le chien de vacher appartient souvent à la même race que le chien de berger, celle de Brie; mais, comme lui aussi, il descend maintes fois de cette variété mélangée, abâtardie, formée d'éléments divers depuis le lévrier jusqu'au chien de chasse, en passant par le dogue et le mâtin, qu'on appelle chiens de ferme. Pour le chien de vacher comme pour tous les autres chiens de service, l'hérédité rend le dressage plus facile et plus prompt; il en est de même de l'exemple des vieux chiens bien instruits.

Le service du troupeau de moutons diffère sensiblement de celui d'un troupeau de vaches, mais il n'est pas plus important; les bêtes à laine sont plus nombreuses, les bêtes à cornes vont bien plus rapidement en dommage; celles-ci, en outre, ne marchent point aussi régulièrement en troupes et poussent souvent des pointes à travers les champs ensemencés, les taillis ou les jardins.

Il faut que le chien du vacher soit un peu plus fort que celui du berger, vigilant, agile comme lui, obéissant surtout et toujours prêt à partir au premier commandement, pour ramener l'animal qui s'écarte du champ ou du chemin. On le dresse à aboyer à la tête en esquivant les coups de cornes, à mordre à l'oreille, aux jarrets et à la queue, par les mêmes moyens qu'on accoutume le chien de berger à exécuter les mêmes ordres, c'est-à-dire en l'exerçant et l'excitant sur de jeunes animaux tenus captifs. Comme lui encore, s'il mordait trop fort, il faudrait lui casser ou lui scier les crochets. Enfin on le dresse surtout à courir après toute bête qui s'éloigne du troupeau, qui entre dans les récoltes, qui se jette sur les autres, et à la ramener en la poursuivant de ses cris et de ses morsures.

Il en est de même du dressage des chiens de toucheurs de bœufs, qui doivent surveiller tantôt la bête, tantôt la queue ou les flancs de la colonne en marche, le long des chemins, pour veiller à ce que nul animal n'entre dans les champs en culture, pour faire ranger le troupeau devant les voitures, l'arrêter, le faire entrer dans les auberges, lui faire franchir les barrières d'octroi, etc. C'est un service pénible et qui réclame beaucoup d'intelligence ; il est le plus souvent rempli par des animaux appartenant à la race de Brie et spécialement dressés dans ce but. C'est une bonne pratique de tondre ces chiens en été, pour les débarrasser du poids de leur lourd pelage qui les écrase et nuit à leur énergie comme à leurs bons services.

---

## CHAPITRE V.

### Dressage du chien de garde.

---

Le chien de garde, auquel nous confions la sûreté de notre vie, de nos troupeaux, de nos maisons, de notre fortune enfin, doit recevoir aussi une éducation particulière qui consiste à le rendre méchant pour les gens malintentionnés, défiant, soupçonneux pour tous, hormis pour son maître et sa famille ; en un mot, une éducation qui lui apprenne à reconnaître, à la vue, à l'odorat, à la démarche, les amis des ennemis, à bien accueillir les uns, à se précipiter sur les autres, ou du moins à avertir, par ses aboiements, de leur présence.

M. Bixio, dans l'article déjà cité, va nous retracer les préceptes de cette éducation aussi simple qu'indispensable. « Le chien de garde se forme seul, dit-il ; son instinct lui suffit; s'il a de l'oreille, du nez, de la voix, de la vigueur, il est parfait dans son espèce. Un chien de basse-cour qui, le jour, est errant de tous côtés et se familiarise avec les hommes est un mauvais gardien de nuit. Il perd la perfection de son odorat, accoutumé à flairer trop de personnes. Il vaut donc mieux le tenir enchaîné ou dans une loge grillée pendant le jour et ne lui donner sa liberté que le soir : afin qu'il connaisse tous les gens de la maison, il faut le lâcher au moment où ils sont à table; il les flaire, et, s'ils sortent la nuit, il ne leur dit rien. Une attention utile est de placer la loge du chien de manière qu'il voie tout ce qui entre dans la maison. Il peut ainsi avertir de tout ce qui se passe.

« Il y a des chiens de petite taille plus actifs et plus vigilants que des chiens de haute taille, parce qu'un rien les excite à aboyer. A vigilance égale, les grands et forts chiens doivent être plus recherchés; quoique quelques-uns ne soient pas courageux, la plupart sont en état de se battre contre des voleurs qui ne seraient armés que de bâtons. D'ailleurs les voleurs les craignent, et cette crainte est salutaire. Il est donc nécessaire de ne se pourvoir que de chiens de bonne race ; mâtins, dogues et bouledogues ou croisés de ces trois espèces. Les bouledogues sont excellents pour la défense personnelle, principalement dans les courses ou rondes de nuit et dans les visites sous bois. Il faut les habituer à l'attaque en leur criant : à moi ! les encourager en leur disant : tiens bon ! et leur faire lâcher prise par les mots : à bas !

« Il est bon qu'une ou deux personnes au plus, toujours les mêmes, donnent à manger aux chiens de garde, afin qu'ils prennent l'habitude de n'en pas recevoir des autres ; car les chiens qui prennent de la nourriture de toutes les mains en prennent aussi de celles des voleurs qui les apaisent facilement en leur donnant quelque substance narcotique mêlée à des aliments. Pour donner plus de défiance aux chiens de garde sur la nourriture qui leur est présentée par des inconnus, on peut charger des mendiants ou des étrangers de leur donner du pain et de la viande dans lesquels on aura mis une bonne dose d'extrait de coloquinte : un chien ainsi trompé cinq ou six fois se gardera bien désormais de recevoir aucun aliment offert par d'autres personnes que celles de la maison. » (*Maison rust. du* XIX^e^ *siècle*, t. II, p. 547.)

Nous ajouterons qu'il est prudent de pousser le dressage plus loin encore au moyen d'un mannequin qu'on attache à une corde et qu'on fait descendre par-dessus un mur, et contre lequel on excite le chien, en lui criant : pille! pille! et qu'on lui laisse mordre et déchirer quelquefois, le montant et descendant alternativement : quand le chien s'est bien montré, on le caresse et on lui donne une ration supplémentaire. Si, en même temps qu'on promène le mannequin, on frappe par-dessus le mur le chien avec une gaule, la leçon n'en sera que plus complète et se gravera mieux encore dans sa mémoire. En même temps, il faut recommander aux habitants de la maison, pour plus de sécurité, de ne jamais sortir la nuit sans appeler le chien, lui parler et le caresser.

---

# CINQUIÈME PARTIE.

## HYGIÈNE ET MALADIES DU CHIEN.

## CHAPITRE I.

### Hygiène du chien.

M. Elzéar Blaze, dans un long chapitre de son livre rempli de verve et d'esprit qu'il a intitulé : *Histoire du chien* (1), a traité ce sujet avec le style et l'érudition qu'on lui connaît ; malheureusement

(1) Paris, 1856, 1 vol. in-8, p. 400-420.

ce travail est trop étendu et trop incomplet pour que nous puissions, malgré notre désir, le reproduire ici. Nous nous bornerons donc à lui faire quelques emprunts et à le compléter autant que nous le pourrons.

« Le chien est gourmand, dit-il ; n'est pas gourmand qui veut. Bien des gens méprisent cette qualité parce qu'ils ne peuvent pas jouir des plaisirs qu'elle procure ; ils font comme le renard de la fable. Le chien est doué d'un grand appétit ; il est même si vorace, qu'en mangeant il grogne ses meilleurs amis, ses enfants, sa femme ; il ôte un os de la gueule de sa mère. Dans l'état de nature, il fait comme le loup, il mange énormément lorsque l'occasion s'en présente, car il n'est pas sûr d'une semblable aubaine pour les jours suivants : en domesticité, il mange trop, si on le laisse faire ; quoique certain de sa pitance pour demain, il ne manquera jamais de se bourrer jusqu'au gosier s'il rencontre aujourd'hui une pâtée succulente. La facilité qu'il a de se vider l'estomac en vomissant est cause qu'il ne calcule par s'il prend trop de nourriture. Et puis, cet estomac est doué d'une grande puissance, il ramollit les os, en extrait les sucs nourriciers et les digère complétement. »

Non-seulement le chien est vorace, mais encore il a conservé, dans la domesticité, une sorte d'instinct précautionneux qui lui fait enfouir dans la terre, sous la paille de sa niche ou dans les trous d'un mur, le superflu de son repas, qu'il oublie presque toujours de revenir chercher plus tard; et il n'est pas moins gourmet que gourmand, si bien que, quand il sent des mets meilleurs, il refuse ceux qui lui semblent moins appétissants, jusqu'à ce qu'il ait reconnu l'inanité de ses désirs et de ses demandes, ou jusqu'à ce qu'il soit contraint d'obéir aux lois de la nécessité.

Le chien chez lequel une ration abondante, mais peu nutritive surcharge l'estomac de travail, celui qui a une digestion difficile est somnolent, lourd et paresseux; celui qui est trop bien nourri devient lent, obèse, et, s'il ne perd de la finesse de son odorat, l'exerce en tous cas avec moins d'ardeur. Nous avons dit plus haut que nous ne pensions pas que la viande émoussât le nez des chiens, et M. Blaze nous en fournit une nouvelle preuve en nous apprenant qu'un illustre chasseur breton, M. du Botdéru, nourrissait sa meute de Kerdréo d'un cheval que, chaque jour, on venait, à midi, abattre dans la cour, et qu'on lui laissait ronger en entier, après l'avoir dépouillé. Il ne faut donc rien pousser à l'excès parce qu'un animal obèse chasse sans énergie, sans plaisir ; qu'un chien de garde trop gras dort presque toujours ; qu'un chien de berger trop lourd devient paresseux et lent ; mais aussi, un chien étique manque de forces et d'énergie, dévore parfois le gibier dont il s'empare et chasse souvent pour son propre compte.

Tous les écrivains cynégétiques, tous les chasseurs s'accordent à reconnaître que deux repas par jour sont suffisants, du pain le matin et la soupe le soir ; quelques-uns n'en veulent qu'un hors la saison des chasses, mais nous croyons qu'ils poussent trop loin l'économie, et que l'estomac, surchargé d'un trop long travail en une fois, se trouverait mieux si la ration se trouvait divisée en deux ; on peut faire la ration suivant l'état du chien, la saison, l'exercice, mais il est préférable de la donner en deux repas.

Nous avons dit aussi que la cour du chenil devait être enherbée, pour que la meute y pût prendre le vert, c'est-à-dire manger des feuilles de graminées, particulièrement du chiendent (*triticum repens*), qui a la propriété de purger les chiens tantôt par le haut, tantôt par le bas. Si cette condition ne pouvait être remplie par un motif quelconque, il faudrait, chaque matin, et au printemps surtout, conduire la meute au vert, le long des chemins, dans un champ d'ébat, dans les prairies, afin que chaque animal pût suivre en liberté l'instinct naturel qui, suivant ses besoins, le porte à prendre une purgation bénigne et hygiénique. C'est là, pour ces animaux, un grand point de santé, et l'art vétérinaire des Anglais en tient grand compte, nous le verrons, non-seulement dans la thérapeutique des chiens, mais encore dans celle de tous les animaux et même de l'homme.

« Jusqu'à l'âge de six mois, dit M. Blaze, le chien pisse en se tenant accroupi comme une chienne; mais alors, doué de toutes ses forces, il relève une jambe et pisse debout. De là vient le proverbe : il fait comme les grands chiens, il pisse contre les murs. Cependant on voit quelquefois des chiennes relever la cuisse pour pisser. Pourquoi le chien relève-t-il la jambe en pissant? parce qu'il ne veut pas se mouiller. Pourquoi pisse-t-il contre un mur? parce que, habitué à marcher à quatre pattes, dès qu'il en relève une l'équilibre est rompu, et il prend des précautions pour ne pas tomber. Pourquoi tourne-t-il longtemps sur lui-même avant de se coucher? parce que sa colonne vertébrale ne se plie pas facilement, ni sans douleur.

« Le chien pisse souvent : laissez-le libre dans une cour, il pissera quand l'envie lui en prendra ; mais, du moment que vous ouvrirez la porte, il cherchera de nouveaux endroits pour pisser. On dirait que ces animaux ont quelque chose qui les empêche de lâcher toute leur urine ; à chaque borne ils rencontrent de nouvelles odeurs qui les excitent, et ils ont encore toujours une goutte à répandre. On a dressé les chiens à faire bien des choses, mais on n'a jamais pu leur apprendre à pisser dans un vase à ce destiné.

« Le chien a presque toujours de la peine à se vider ; cette opération naturelle se fait chez lui avec effort ; il va, il vient, il cherche un endroit propice ; il préférera un rocher pointu, des chardons, des épines qui le chatouillent quelque part, produisent une surexcitation momentanée dans le rectum. »

Le chien doit toujours avoir de l'eau à sa disposition ; il boit souvent, quoique peu à la fois, si ce n'est pendant les grandes chaleurs, après une chasse ou une longue course pendant lesquelle il a perdu, par la transpiration linguale, une notable partie de l'humidité du sang. On a souvent dit que la privation d'eau pouvait déterminer l'apparition de la rage. On a dit aussi, car on a dit bien des choses, qu'on pouvait préserver les chiens de la maladie en laissant constamment infuser, dans l'eau qui sert à les abreuver, un bâton de fleur de soufre. Pour être convaincu de la complète inutilité de ce moyen prophylactique, il suffit de savoir que le soufre est complétement insoluble dans l'eau, et qu'il est, en conséquence, parfaitement inutile.

On doit faire sortir les chiens tous les jours, avons-nous dit, et cette mesure hygiénique remplit des buts variés; outre que les animaux peuvent ainsi se purger d'eux-mêmes, ils se vident mieux. C'est d'ailleurs, pour eux, un exercice salutaire qui entretient l'activité des systèmes musculaire et nerveux, excite le cours du sang, les tient en haleine et en santé, les empêche d'engraisser et les prépare aux fatigues de la chasse. Quand la saison de celle-ci approche, on augmente la longueur et la durée des promenades afin de préparer petit à petit les animaux à passer de l'exercice au travail; c'est une sorte d'entraînement analogue à celui que l'on fait subir aux pugilistes, aux jockeys et aux chevaux.

Mais, s'il est essentiel de graduer l'exercice, il

faut aussi graduer le repos, et, après la saison des chasses, il ne faudrait pas renfermer la meute dans le chenil, mais bien lui continuer, en les diminant insensiblement de durée et de longeur, les promenades, jusqu'à ce qu'on soit revenu à l'état normal. Il ne faut ni tendre ni détendre l'organisme par secousses, mais procéder toujours par transition ; de même aussi pour l'augmentation ou la diminution du régime. En outre, dans le travail non plus que dans le repos, il ne faut jamais pousser jusqu'à l'excès, et ménager ses animaux si on veut les conserver en santé et en services. Deux jours de chasse par semaine est tout ce qu'on peut et doit leur demander ; encore supposons-nous que, pour les grandes chasses, on a préparé le nombre de relais suffisant afin de ne pas les écraser de fatigues, et même les dégoûter de la chasse. Un bon chasseur sait ménager ses plaisirs en ménageant sa meute.

C'est surtout pour les lices qui nourrissent leurs chiens qu'un exercice régulier est indispensable à la santé, pour éviter les maladies nerveuses comme les convulsions ou l'épilepsie. Aussi faut-il augmenter la durée des promenades à mesure qu'on s'éloigne de-l'époque de l'accouchement ; outre que cette précaution, réglant mieux les heures d'allaitement, prépare aussi le sevrage, elle donne à la chienne un exercice salutaire qui la met en bon air, détend tout l'organisme, la fait se vider, et lui permet de se purger.

L'hygiène des chiens de garde et d'appartement, tenus renfermés ou attachés, nécessite quelques précautions particulières : ceux-là ne peuvent prendre le vert, et il faut le remplacer par des purgations légères et périodiques à l'aloès ou au sirop de nerprun. Autant qu'il sera possible, on les conduira dans les champs, pourtant, et on leur fera faire de l'exercice; on les privera de toutes ces friandises sucrées qui surchargent l'estomac et causent l'obésité; on les fera marcher au lieu de les porter dans un manchon; on les tiendra à une température modérée, au lieu de les endurer constamment couchés devant le feu; le sucre, le lait, les gâteaux, la viande leur seront supprimés et remplacés par de la soupe et du pain; on leur évitera souvent ainsi les rhumatismes, les asthmes, les maladies de poitrine qui souvent les atteignent dans un âge peu avancé. Ces diminutifs de chiens sont une dégénérescence de la race, et plus on les rapproche de l'état de nature, plus on a de chances d'assurer leur santé et leur longévité.

Ceci ne veut point dire qu'on doive laisser errer les chiens en liberté pourtant; on doit surveiller les chiens et les chiennes, à la saison du rut ou chaleur, surtout pour empêcher les fugues des premiers, la fécondation des autres; le chien qui s'enfuit pour courir les chiennes reste souvent deux ou trois jours absent du logis et peut s'égarer ou être volé; tout au moins peut-il se battre et être mordu par des chiens enragés et rapporter à la maison cette épouvantable maladie. Il faut donc, à défaut de chenil, avoir une basse-cour fermée, dans laquelle le chien peut prendre l'air et l'exercice, en dehors des heures de promenade ou de chasse, sous l'œil de son maître; et de même, naturellement, des chiennes. L'attache à la chaîne a l'inconvénient d'user les poils du cou, de déparer l'animal, de le rendre méchant, et d'ailleurs et surtout de le priver d'exercice.

Gaîté, doux exercice et modeste repas,
Voilà trois médecins qui ne se trompent pas.

Et cet aphorisme n'est pas moins vrai pour le chien que pour l'homme; nous y ajouterons un autre point fort important selon nous, celui de fournir de temps en temps, à chaque sexe, l'occasion de se reproduire. La continence absolue, dans toutes les espèces, est une cause fréquente, quoique souvent méconnue, de maladies sérieuses et, dit-on, même de rage pour le chien.

---

## CHAPITRE II.

### Signes généraux de santé et de maladie.

---

La thérapeutique des chiens, négligée pendant longtemps, a suivi désormais les progrès de l'art vétérinaire qui a relevé une foule d'erreurs propagées jusqu'au commencement de ce siècle par les auteurs cynégétiques, les chasseurs et les piqueux. Plusieurs vétérinaires instruits, MM. Clater, Hartwig, Prud'homme, Mariot Didieux, en Angleterre, en Allemagne et en France, ont entrepris cette tâche et l'ont conduite à bonne fin ; c'est donc à leur expérience que nous aurons recours.

Mais, avant d'étudier les symptômes généraux des maladies, il est logique de scruter les signes de la santé.

Dans le chien bien portant, toutes les fonctions s'exécutent rationnellement; l'attitude est gaie, souple, facile, l'œil vif et doux à la fois, les muqueuses rosées, le nez frais et recouvert de petites gouttelettes d'humidité; l'animal est attentif à ce qui se passe autour de lui, il vient à l'appel, son oreille se dresse au moindre bruit; son appétit est régulier, ses défécations faciles et fréquentes; il urine souvent; la température de son corps est peu différente de celle de la main de l'homme; son pouls indique, suivant l'âge et la taille, de 90 à 100 pulsations; il exécute de 12 à 15 respirations complètes par minute. Le chien dort souvent, mais d'un sommeil léger, dont le tire le premier appel; en rentrant au chenil ou dans sa niche, et avant de se coucher, il tourne plusieurs fois sur lui-même, pour arrondir son nid dans la paille, et cherche plusieurs places avant d'en choisir une. Il étend souvent son corps en avant et en arrière, dans des pandiculations qui n'ont rien de douloureux et ne sont accompagnées que d'un bâillement ou d'un léger bruit de plaisir; quand il se relève, il secoue souvent tout son corps dans un rapide balancement de droite à gauche; enfin, quand on le détache ou qu'on le sort du chenil, il gambade, saute autour de son maître, court vers la porte, puis revient avec des hurlements de joie, surtout lorsqu'il voit, selon sa race, le fusil ou le troupeau.

Dans le cas de maladie, au contraire, l'animal paraît, le plus souvent, triste et abattu; son caractère devient sombre, hargneux; il est indifférent à ce qui se passe autour de lui; il recherche la solitude et l'obscurité, se montre insensible aux caresses, mange peu ou point, boit plus abondamment que de coutume, semble dédaigner la promenade, porte la queue et les oreilles bas; ses défécations sont ou abondantes et liquides ou rares et dures; son mufle est chaud et sec; son œil vif et brillant ou terne et triste; les oreilles très-chaudes ou froides; le pouls fréquent et vif ou lent et court; les muqueuses rouges ou pâles; le poil se hérisse.

Les maladies inflammatoires générales se reconnaissent à ce que l'haleine expirée est chaude, la température de la peau élevée dans toutes les régions au début, très-basse plus tard; le pouls est accéléré, plein et dur; l'animal est somnolent, ne quitte sa litière qu'avec peine; ses déjections sont rares, sèches et dures, noires et moulées; l'animal recherche le vert.

Les maladies anhémiques, au contraire, se distinguent à la pâleur des muqueuses, la température basse du corps, la fréquence des déjections diarrhéiques; l'œil est terne et vitreux, le pouls ordinairement lent et mou, les extrémités froides; l'animal est lent dans ses mouvements, abattu, insoucieux du bruit qui l'environne; il mange souvent beaucoup et boit peu; on entend souvent, dans l'abdomen, des bruits intestinaux (*borborygmes*).

Chaque maladie présente une série de symptômes particuliers que nous décrirons en traitant de chacune d'elles; mais nous devons dire ici qu'en général les excréments coiffés, c'est-à-dire recouverts d'un enduit muqueux ou glaireux, dénotent un état fébrile; que les déjections diarrhéiques indiquent plus spécialement une affection du tube intestinal; que des vomissements fréquents sont le principal symptôme d'une inflammation de l'estomac; qu'une respiration fréquente, haletante doit faire présumer une inflammation des poumons; que la coloration jaune des muqueuses peut faire préjuger une affection du foie; la maigreur , la rudesse du poil, l'appétit anormal, sont les signes de la présence des entozoaires, etc.

Quant aux maladies externes, elles se reconnaissent assez facilement, et influencent plus ou moins l'organisme.

---

## CHAPITRE III.

### Des remèdes et des moyens de les administrer et de les préparer.

---

Le chien, malade ou bien portant, n'est pas toujours patient, et, comme il est armé de puissants moyens de défense, il est prudent de prendre contre lui des précautions lorsqu'on veut le médicamenter; il est souvent dangereux pour lui, d'ailleurs, que les remèdes soient détournés de leur vraie voie par ses mouvements de défense, il est souvent urgent pour sa guérison que la dose entière du médicament soit absorbée et non répandue par terre. On a donc dû rechercher les moyens les plus prudents et les plus sûrs pour lui faire absorber les breuvages, les pilules, les lavements, etc.

« Pour donner des breuvages aux chiens, dit M. Delafond, ceux de moyenne grosseur, on les accule dans une encoignure, on place la tête entre les jambes et on la maintient solidement et modérément élevée. On écarte alors une commissure des lèvres en la portant au dehors, de manière à former au dedans de la gueule une espèce d'entonnoir, dans lequel on verse le liquide à petites gorgées, en laissant entre elles un certain intervalle. Le chien tousse souvent lorsqu'on lui administre le liquide; alors il faut cesser momentanément de le verser jusqu'à ce que l'animal ne tousse plus.

« La plupart des chiens boivent facilement les breuvages lorsqu'on les donne ainsi; mais quelquefois ils se défendent, se livrent à des mouvements désordonnés et cherchent à mordre; dans ce cas, pour les gros chiens, il faut lier la gueule avec une corde ou un ruban de fil, attacher les quatre pattes et les coucher sur une table. On place ensuite dans la gueule un morceau de bois de la grosseur d'un doigt pour la tenir entr'ouverte, et on assujettit la mâchoire avec la corde ou le ruban, de manière à lui permettre encore quelques petits mouvements, à l'effet qu'il puisse avaler. On écarte alors la commissure d'une lèvre après avoir levé la tête, et on fait parvenir le breuvage au fond de la gueule.

« Quant aux petits chiens, s'ils sont doux, on les met entre les jambes et on leur donne le breuvage; mais, s'ils sont méchants, vifs, et se livrent à des mouvements désordonnés, il est difficile de les maintenir et de leur ouvrir la gueule; cependant on y parvient comme nous venons de le dire pour les gros. Souvent il vaut mieux, et il est plus facile, d'associer le médicament aux boissons qu'ils appètent, comme le lait, le bouillon, l'eau sucrée. Si ces moyens sont insuffisants, on a recours à des lavements, dans l'eau desquels on ferait dissoudre le médicament. »

Pour donner des lavements aux chiens, on emploie le plus généralement une seringue en étain de la contenance de 4 à 5 décilitres; la dose ordinaire d'un de ces remèdes est de 1 à 2 centilitres pour les petits animaux, et de 4 à 5 décilitres pour les gros. La plupart des chiens supportent patiemment ce remède, pourvu qu'on les tienne avec un collier près de la tête; s'ils se défendaient, on leur entortillerait la tête dans un linge solide retenu sur le collier, et on les ferait tenir à la queue par un second aide. Les lavements doivent être donnés à la température moyenne du corps, 30 à 33° C., et poussés assez vigoureusement, soit pour délayer les matières qui font obstruction dans certains cas, soit afin qu'ils pénètrent plus loin dans la muqueuse intestinale et produisent un effet plus complet.

A défaut de seringue, on peut employer une vessie de cochon, à laquelle on adapte une petite canule de bois; le liquide étant introduit dans la vessie, et la canule placée dans l'anus du chien, on presse des deux mains sur la vessie de porc, en chassant le liquide qu'elle renferme par la canule. Enfin, à défaut encore de cet ustensile, on se contente d'élever le train postérieur du chien, de tenir ouverte avec deux doigts l'ouverture anale, dans laquelle on verse, avec un petit pot à bec, le liquide médicamenteux; une bouteille à goulot étroit, une corne même peuvent fort bien servir.

Pour faire prendre une pilule à un chien, s'il est de petite taille, on l'enveloppe dans un drap ou une couverture, et, s'asseyant, on le place sur ses genoux ; s'il se défend avec ses pieds, on les lui fait tenir et on le renverse sur le dos ; de la main gauche on lui saisit le museau, en même temps qu'on introduit le pouce d'un côté, et l'index de l'autre, entre les mâchoires, entre les dernières incisives et les premières molaires, afin de tenir la bouche ouverte et sans qu'il la puisse refermer.

Dès lors et sans perdre de temps, on introduit, de la main droite, la pilule dans la bouche, et on la pousse avec l'index droit dans le fond de la bouche, la conduisant, par-dessus la glotte et l'épiglotte, jusque dans le pharynx et l'œsophage. Lorsqu'elle est arrivée à ce point, on retire la main droite d'abord, puis la main gauche, on caresse l'animal, on le lâche, et on lui offre à boire quelques gorgées d'un liquide qu'il aime.

Avec les animaux de haute taille, il faut user de ruse ; ils sont méfiants cependant, trient leur nourriture, et, à moins que le médicament ne soit d'un volume très-faible, ils l'avalent rarement avec les aliments auxquels on l'a mêlé ; ils avalent avidement les morceaux les plus appétissants, et on peut cacher et envelopper une pilule dans un morceau de viande gros et savoureux ; mais on ne peut administrer ainsi que les médicaments dépourvus d'odeur et d'une saveur sensible, parce que le chien flairerait le piége. Le chien, gravement malade, refuse presque toujours aussi toutes sortes de médicaments. Il est vrai que quelques-uns de ceux-ci peuvent être dissous dans l'eau et introduits dans le corps sous forme de breuvage ; d'autres peuvent être mêlés à la nourriture ; d'autres enfin peuvent être donnés sous forme de lavements.

Les bains froids ne sont pour le chien un moyen hygiénique, nous l'avons dit, qu'à la condition de ne pas trop le prolonger ni le répéter et de sécher ensuite l'animal le plus rapidement possible ; nous avons dit comment on pouvait habituer le chien à prendre le bain de lui-même, à la chasse ou à la promenade ; nous ajoutons que, durant la belle saison, il se sèche rapidement lui-même, en courant, se roulant sur l'herbe et dans la poussière. On emploie parfois aussi le bain comme médicament : c'est ainsi que, dans les parturitions difficiles, on plonge souvent le train postérieur de la chienne dans un bain émollient et tiède. D'autres fois on se sert de bains composés d'eau froide ou tiède, selon la saison, contenant en dissolution ou en suspension certains sels médicamenteux qu'on veut faire absorber par la peau et introduire ainsi dans l'organisme ou qui sont destinés à agir sur le système cutané lui-même et directement. Rien n'est plus facile alors que de faire entrer et retenir l'animal, pendant le temps voulu, dans un bassin d'une capacité proportionnée à sa taille. Les bains simples, froids ou chauds, sont employés à la guérison de quelques blessures et de quelques maladies des membres (aggrave) ; ils sont généraux ou locaux.

Les douches sont peu employées dans la médecine des chiens ; on pourrait en faire usage pourtant dans certains cas d'inflammation cérébrale, de tétanos, de fourbure, de blessures graves ou d'opérations dangereuses, pratiquées pendant les grandes chaleurs. Elles consistent à tenir le chien, ou du moins la région malade, sous un robinet d'eau fraîche tombant d'assez haut.

Les affusions peuvent souvent remplacer plus ou moins complétement les douches ; elles consistent à jeter de l'eau froide, à la main et à intervalles assez rapprochés, sur la partie qui est le siége de la maladie ou de la blessure, et sont souvent aussi suppléées par une application de glace sur ces parties. Le chien est ordinairement couché et maintenu sur le flanc ou sur le dos.

Les lotions consistent à humecter de temps en temps une partie malade avec un liquide médicamenteux ; elles ont lieu sur diverses régions, tantôt à l'œil, tantôt aux blessures qui peuvent occuper différentes parties du corps. Le plus souvent, on est obligé, quand le chien est gros et fort, de le museler, de le faire retenir au collier et de le faire coucher et maintenir, de façon à pouvoir agir sur la région malade.

Les fomentations se font en entourant la partie qu'on veut traiter de substances spongieuses, comme des éponges ou des étoupes qu'on imbibe fréquemment d'un liquide médicamenteux ; ici encore il est indispensable que l'animal soit muselé, parce qu'il arracherait le pansement et pourrait fort bien avaler les éponges ou les étoupes.

Les frictions supposent de grandes précautions tant pour l'animal que pour celui qui le soigne, quelques-uns des médicaments employés de cette façon jouissant d'une énergique action irritante, vésicante, corrosive, soporifique, etc., et souvent même de propriétés vénéneuses qui agiraient puissamment sur la peau nue de l'homme. Après avoir coupé le poil sur la partie qu'on veut frictionner, on agit d'abord avec un morceau de laine et à sec sur cette région, pour exciter et irriter légèrement la peau en stimulant ses propriétés absorbantes ; on y étend ensuite l'onguent par fractions minimes et successives, s'il y a lieu de pratiquer des onctions ; si ce n'est qu'une simple friction, on frotte avec le linge de laine humecté du liquide ordonné, eau-de-vie camphrée, ammoniaque, essence de térébenthine, etc. Les onctions se pratiquent soit avec des fondants, soit avec des caustiques irritants, appliqués sous forme d'onguents.

Les embrocations consistent dans l'application, à la main, sur une partie douloureuse, de pommades adoucissantes ou d'huiles calmantes ou sédatives, ayant pour but d'assouplir la peau et d'exciter ses propriétés absorbantes pour les médicaments ; les charges sont l'application extérieure, à chaud, de médicaments de consistance moyenne entre le cataplasme et le liniment. Les cataplasmes sont des médicaments ayant la consistance d'une pâte molle, qu'on applique, chauffés à la température du corps, sur une région malade, et qu'on y maintient par des bandes et des cordons, après avoir muselé le chien afin qu'il ne puisse les arracher et les manger. Les sinapismes sont des cataplasmes irritants préparés avec de la farine de moutarde.

Les collyres sont des médicaments tantôt secs et tantôt liquides, d'autres fois demi-solides et pâteux, destinés à agir sur l'œil ou sur les paupières. Les liniments consistent dans l'application, en frictions sur la peau, de médicaments destinés soit à agir sur son tissu même, soit à être absorbés par lui pour entrer dans la circulation.

Les fumigations consistent en des expansions de gaz ou de vapeur que l'on répand dans l'atmosphère, ou que l'on dirige sur quelques parties du corps ; elles sont irritantes ou adoucissantes, et s'obtiennent en faisant chauffer, jusqu'à évaporation, de l'eau dans laquelle on a versé le médicament ordonné ; on tient au-dessus de ce vase la tête ou le corps entier de l'animal en traitement.

On appelle infusion l'opération qui consiste à verser de l'eau bouillante sur des plantes vertes ou sèches, pour leur enlever certains sucs ou principes actifs dont l'eau se charge ; l'infusion constitue ensuite des breuvages qu'on fait prendre de la façon que nous avons indiquée plus haut. La décoction s'obtient en faisant bouillir les plantes médicinales dans de l'eau qu'on laisse réduire au tiers ou à la moitié, suivant la dose de principes actifs dont on veut la charger ; la décoction est également donnée en breuvages.

---

## CHAPITRE IV.

### Des médicaments les plus usités pour les chiens.

---

Le propriétaire d'une meute doit toujours confier à son premier piqueur une petite pharmacie de secours, dans laquelle on conserve les médicaments les plus usités, afin de les avoir sous la main dans les cas pressants. Il suffit, pour l'installer, d'une armoire fermant solidement à clef, placée en lieu sec, et dans laquelle, sur des tablettes, sont rangés les pots de grès et les fioles en verre dans lesquels sont déposés les liquides, poudres, onguents, sels, etc., parmi lesquels nous citerons, en les faisant suivre de la dose moyenne et maximum, suivant la taille de l'animal :

*Aloès succotrin* ou *des Barbades* (purgatif), de 1 à 10 grammes.

*Alcali volatil* ou *ammoniaque liquide* (employé à l'intérieur), 10 à 12 gouttes dans un verre d'eau.

*Assa fœtida* (antispasmodique), 2 à 4 grammes.

*Belladone* (extrait de) (narcotique), 4 centigr. à 1 gramme.

*Camphre* (antispasmodique), 50 centigrammes à 2 grammes.

*Cannelle* (écorce de) (stimulant), 5 à 10 gr.

*Emétique* (purgatif vomitif), 2 à 10 centigrammes.

*Ergot de seigle* (emménagogue), 2 à 4 grammes.

*Ether sulfurique* (antispasmodique), 10 à 12 gouttes dans un verre d'eau.

*Gentiane* (poudre de) (tonique), 2 à 20 gr.

*Grenadier* (écorce de) (vermifuge), 4 à 20 gr.

*Huile de ricin* (purgatif), 10 à 50 grammes.

*Laudanum de Sydenham* (calmant), 6 à 12 gouttes en lavement ou en breuvage.

*Laudanum de Rousseau* (calmant), 4 à 6 gouttes en lavement ou en breuvage.

*Mercure doux* ou *calomel* (altérant, fondant, purgatif, vermifuge), 2 à 25 centigrammes à l'intérieur.

*Nitrate de soude* (diurétique), 2 à 10 grammes au maximum.

*Quinquina calisaya* (poudre de) (tonique), 5 centigrammes à 1 gramme.

*Quinine* (sulfate de) (tonique-fébrifuge), 5 centigrammes à 1 gramme.

*Rhubarbe* (poudre de) (purgatif), 5 à 10 gr.

Id. id. (tonique), 5 centigr. à 1 gramme.

*Sous-carbonate de fer* (tonique), 5 à 10 centigr. par jour.

*Sous-carbonate de potasse* (diurétique), 2 à 10 grammes.

*Sulfate de soude* (purgatif), 10 à 100 gr.

*Tabac* (feuilles de) (en infusion contre l'ascite), 1 à 2 grammes et demi dans 100 grammes d'eau.

*Teinture d'iode* (altérant, fondant), 4 à 60 gouttes dans un verre d'eau.

*Térébenthine* (essence de) (anthelmintique), 1 à 10 grammes.

*Turbith minéral* (sous-deutosulfate de mercure) (altérant), 2 à 20 centigrammes.

*Valériane* (poudre de racine de) (antispasmodique), 5 à 20 grammes.

A la pharmacie doivent être joints divers petits

ustensiles de chirurgie, savoir: ciseaux courbes et droits; bistouris à coulants; aiguilles à sétons; plusieurs aiguilles à sutures grandes et petites, droites et courbes; fil ciré; bandes, compresses, ligatures, étoupes entières et hachées; lancettes à saigner; seringues; mesures de capacité; balances et série de petits poids.

Ce qu'il faut bien savoir, c'est que certains médicaments pris à haute dose sont des poisons pour le chien, le nitrate de soude par exemple, la belladone, le laudanum, le camphre, etc.; que plusieurs autres produisent des effets différents, selon qu'on les donne en doses faibles ou élevées, en une seule ou en plusieurs doses fractionnées. La plupart des substances astringentes, toniques et excitantes, par exemple, lorsqu'on les donne à petites doses, n'ont guère qu'une action locale, tandis qu'à doses élevées elles étendent leur influence sur toute l'économie. Il est aisé d'en conclure que les ordonnances du vétérinaire doivent être suivies ponctuellement, et que les médicaments doivent être exactement pesés.

---

## CHAPITRE V.

### Des opérations chirurgicales pratiquées sur le chien.

---

Il est quelques opérations que les piqueurs ou les propriétaires doivent savoir pratiquer eux-mêmes, soit parce qu'elles sont très-simples, soit parce qu'elles sont urgentes et ne sauraient être remises, sans danger pour l'animal, à l'arrivée d'un vétérinaire. Nous croyons donc devoir les décrire dans leurs détails, tant pour mettre le propriétaire à même de les pratiquer que pour lui permettre d'y aider avec intelligence, et de remédier à leurs suites et aux accidents qu'elles peuvent déterminer.

#### § 1er. — De la saignée.

Une première précaution de la saignée, c'est

qu'on ne doit la pratiquer que sur l'animal à jeun depuis cinq à six heures au moins ; on l'opère, suivant les cas, à la jugulaire (veine du cou), à l'angulaire (veine de l'œil), à la sous-cutanée de l'avant-bras, à la veine du jarret, à la queue, aux oreilles, et en général à toutes les veines extérieures, là où la peau est fine et le poil peu abondant. On se sert, pour la pratiquer, d'une flamme pour les grands animaux, ceux qui ont la peau épaisse et dure, d'une lancette pour les petits.

« Pour saigner le chien, dit M. Prud'homme, ancien chef du service des hôpitaux à l'école vétérinaire d'Alfort, on le musèle, on le couche sur le flanc, et on ouvre avec une lancette la veine du cou ou celle du jarret que l'on choisit de préférence à toutes les autres (pour les saignées qui doivent avoir un effet général). Mais, auparavant, il faut avoir soin de faire gonfler ces vaisseaux en les étreignant par un lien circulaire que l'on place entre le point où l'opération doit être faite et le cœur de l'animal. Ainsi comprimées, les veines deviennent très-apparentes du côté de leur origine jusqu'à l'endroit où se trouve l'obstacle à la circulation : au delà de cet obstacle, leur calibre est complétement effacé.

« L'opérateur, après avoir coupé les poils, s'ils

sont trop longs, tâche de maintenir entre le pouce et l'index de la main gauche le vaisseau dans l'intérieur duquel il fait pénétrer d'un seul coup ou en deux reprises la pointe effilée de la lancette, qu'il retire aussitôt en décrivant un léger mouvement de bascule. Si la veine n'a pas fui sous l'instrument, comme cela arrive quelquefois, à cause de la laxité des tissus qui l'environnent, le sang s'échappe de l'ouverture par un jet petit et continu.

« Dans la plupart des cas, il suffit, pour arrêter l'hémorragie, de faire cesser la compression ; mais il est plus sage de fermer avec une petite épingle ou un point de suture l'ouverture faite aux téguments par l'instrument dont on s'est servi. » (D'Houdetot, *le Chasseur rustique*, appendice, p. 586.)

Il faut avoir soin, après la saignée et pendant l'écoulement du sang, de maintenir exactement les rapports entre l'ouverture de la veine et celle de la peau ; sans quoi, la saignée baverait, c'est-à-dire que le sang s'épancherait dans le tissu cellulaire sous-cutané et y produirait une inflammation suivie d'abcès (*thrumbus*). Dans ce dernier cas, il faudrait employer les affusions d'eau froide, et, si elles ne suffisent pas, recouvrir la tumeur d'une pâte faite de blanc d'Espagne et de fort vinaigre. Dans tous les cas, il faut avoir soin encore de ne pas retirer subitement le lien qui a servi à établir la compression, parce qu'il pourrait arriver qu'une aspiration se produisant à l'ouverture pratiquée à la veine, et l'air s'y introduisant, l'animal tombât roide mort.

Suivant la taille du chien et les indications fournies par les symptômes, on peut tirer de 5 à 300 grammes de sang à l'animal en une seule fois, et répéter cette saignée le lendemain ou plusieurs jours de suite, selon les indications. Il est bon de savoir qu'un petit chien a, circulant dans les vaisseaux, de 500 grammes à 1 kilog. de sang; un chien de moyenne taille, de 1 à 2 kilog.; et un chien de grande taille, de 2k,500 à 3k,500; qu'une saignée préventive peut s'élever au dixième du sang total, une saignée moyenne au sixième, et une forte saignée au quart environ. S'il se produisait des syncopes, il suffirait, pour les faire cesser, d'arrêter la compression et l'écoulement du sang.

On remplace parfois, chez le chien, la saignée locale par des sangsues ou par les ventouses. Pour appliquer les sangsues, on coupe le poil bien ras avec les ciseaux et on savonne parfaitement la peau, qu'on lave ensuite à l'eau tiède, qu'on essuie parfaitement, et qu'on bassine de lait tiède et sucré ; on applique ensuite les sangsues contenues dans un petit verre à liqueur, jusqu'à ce qu'elles se soient attachées. Il est bien entendu que le chien, muselé, est couché sur le flanc et maintenu. Pour appliquer les ventouses, on coupe aussi le poil, on opère quelques légères scarifications à l'endroit malade, on y place ensuite un petit verre à liqueur au fond duquel sont maintenues des étoupes enflammées ; le vide se produit, et le verre se remplit de sang.

Le sang du chien a, en plus ou moins grand nombre, des animalcules microscopiques que MM. Gruby et Delafond qui les ont découverts ont nommés *filaires*. Le nombre de ces filaires, dans certains chiens, a pu être évalué approximativement de 11,000 à 224,000. La moyenne de ces animalcules, dans 20 chiens, a été trouvée de 52,000. Le chyle et la lymphe, ni aucun liquide sécrété n'en renferment. Même au nombre de 224,000, ils n'altèrent pas les facultés instinctives de l'animal, ni son énergie musculaire. Un chien à sang vermineux donne, avec une chienne à sang non vermineux, des descendants dont les uns appartenant à la race du père n'en ont pas, tandis que ceux tenant de la race de la mère ont des filaires dans le sang. Si les deux parents en ont, tous les produits en auront. Dans le sang des descendants, les filaires n'ont été découverts qu'à l'époque où les chiens ont atteint l'âge de 5 à 6 mois. Peut-être cette question, plus complétement étudiée dans toutes ses phases, mettrait-elle sur la voie étiologique de la maladie particulière à ces animaux. (*Économie du bétail*, t. Ier, p. 41.) On rencontre les filaires du sang sur 4 à 5 pour 100 des sujets sains qu'on examine, sans que leur santé en paraisse altérée en rien ; les médicaments vermifuges les plus puissants ne paraissent avoir aucune action sur les filaires.

### § 2. — Hémorragies.

L'hémorragie est l'écoulement du sang hors des vaisseaux destinés à le contenir, avec ou sans rupture de leurs parois ; elle peut résulter soit d'une opération, soit d'une blessure, de la castration, de l'amputation de la queue ou des oreilles, d'un accident de chasse, etc. ; rarement elle se déclare spontanément chez le chien.

Il y a un grand nombre de moyens d'arrêter l'hémorragie ; quand elle provient de la rupture d'un petit vaisseau, elle s'arrête le plus souvent d'elle-même après plus ou moins de temps, ou cède à l'emploi de la compression avec le doigt ou un tampon d'étoupes entre le siége de l'écoulement et le cœur, à l'affusion d'eau froide, à l'emploi des hémostatiques (résine en poudre, perchlorure de fer, eau de Rabel, alcool, etc.), qui coagulent le sang et obturent la plaie par le caillot qu'ils ont formé.

Quand elle provient d'un vaisseau offrant un certain volume, il faut recourir à la cautérisation dont nous parlerons plus bas, à la ligature ou à la torsion de ce vaisseau, opérée par un vétérinaire, surtout s'il s'agit d'une hémorragie artérielle, ce qu'on reconnaît à ce que le sang, de couleur rosée, s'échappe par jets saccadés et périodiques, tandis que dans l'hémorragie veineuse le sang est noir et son écoulement continu.

Il est opportun, dans tous les cas, de remédier aux pertes de sang qui épuisent promptement l'animal et peuvent amener une mort rapide, d'appliquer les premiers soins, un pansement provisoire, et de prévenir l'homme de l'art. Les hémorragies résultent souvent de blessures, d'éventrations abdominales, à la chasse du cerf ou du sanglier ; nous en traiterons dans le paragraphe suivant.

§ 3. — Plaies. — Sutures abdominales. — Éventrations.

Les plaies accidentelles ont pour résultat ordinaire une hémorragie plus ou moins considérable et un écartement plus ou moins prononcé des lèvres de la blessure. Quand la division est bien nette, que la réunion des lèvres peut avoir lieu sans solution de continuité, qu'aucun vaisseau important n'a été atteint, qu'aucun corps étranger n'a été mêlé ou introduit, que les parties endommagées sont préservées du contact de l'air, la plaie tend à la guérison et se cicatrise par première intention.

Lorsque, au contraire, la plaie est large, à bords irréguliers, qu'elle intéresse des tissus doués de peu de vitalité, comme des tendons, des cartilages, des aponévroses, que des corps étrangers se sont mêlés aux tissus, que le contact de l'air n'a pas été assez promptement intercepté, il y a inflammation notable, tuméfaction, suppuration, et la cicatrisation ne s'opère que par seconde intention.

Lorsqu'un chien, donc, a été blessé, il faut,

avant tout, arrêter l'hémorragie qui affaiblit l'animal, mouille tous les tissus et empêche d'étudier et d'apprécier la plaie; on nettoie ensuite la blessure avec de l'eau tiède, sans frottements, mais par affusions, puis on cherche à rapprocher les bords de la plaie et à les maintenir par des sutures.

Quand un chien a été éventré, on le met sur le dos, et on lui fait tenir la tête et les pattes; on arrose les intestins, s'ils sortent de l'ouverture, avec de l'eau tiède à laquelle on ajoute un peu d'eau-de-vie; on examine s'ils ne sont point crevés, ce qui entraînerait la mort de l'animal; puis on les fait, avec de grandes précautions, rentrer dans l'abdomen en agrandissant l'ouverture au bistouri si elle paraissait trop étroite; enfin on procédera aux sutures.

Les points de suture s'exécutent avec les aiguilles à suture dont le piqueur doit toujours être muni, et du gros fil ciré. On coud en zigzag, passant le fil d'une lèvre à l'autre, sans le serrer, afin de laisser de la marge tant à la tuméfaction des tissus qu'au passage du pus; on recouvre d'étoupes hachées et d'une bande de toile. Si l'inflammation est violente et qu'on soit dans la saison des chaleurs, on la calme par des compresses d'eau froide, et on saupoudre la plaie de chlorure de chaux ; en même temps on purge légèrement le chien avec du sel de Glauber (sulfate de soude). Ordinairement, six à huit jours après, on peut enlever les fils de suture, les étoupes et la toile.

Les plaies ordinaires se pansent comme les plaies abdominales, c'est-à-dire qu'on les lave, on les rapproche par des points de suture ou l'application d'une bande ; on les recouvre d'étoupes fines et d'un linge formant une légère compression et qu'on maintient en place par des cordons disposés suivant la région du corps, ce qui est le plus difficile chez le chien, à cause de l'étendue, de la souplesse et de la vivacité de ses mouvements. On ne lève ce premier pansement que lorsque la suppuration est bien établie ; on humecte alors la plaie avec de l'eau tiède, et on la débarrasse, sans tiraillements, des brins d'étoupe qui s'y sont collés ; on nettoie doucement les bords pour enlever le pus, et on remet des étoupes et la toile.

### § 4. — Cautérisation.

La cautérisation consiste dans l'application du feu ou de certains médicaments sur les tissus organisés et vivants, tantôt pour arrêter une hémorragie, tantôt pour dériver une inflammation, d'autres fois pour détruire un virus introduit dans une plaie, enfin pour réveiller la vitalité de certains tissus, modifier leur nature et leur aspect.

La cautérisation actuelle, ou par le feu, se pratique avec des fers de diverses formes qu'on fait chauffer au rouge-cerise clair et qu'on applique ou promène pendant un temps plus ou moins long, et en appuyant plus ou moins sur la plaie ou la tumeur. On cautérise les plaies pour y arrêter l'hémorragie, parce que cette opération a pour résultat d'obturer la lumière des vaisseaux par une escarre; de même, les plaies qui résultent de morsures ou de piqûres d'animaux venimeux, pour y détruire le virus. Dans ce dernier cas, on commence par presser la plaie de manière à la faire saigner, l'arroser ou l'injecter d'eau contenant de l'ammoniaque, l'essuyer, puis appliquer le feu dans tous les sinus, assez profondément pour atteindre le poison partout où il a pu pénétrer.

La cautérisation potentielle, à l'aide de substances chimiques ou de médicaments, s'opère de différentes manières, selon la nature même des caustiques ; ainsi on remplace souvent le feu par la pierre infernale (pierre à cautère, nitrate d'argent) qu'on promène en tous sens dans la plaie, exactement comme le cautère chauffé ; les uns sont des poudres (chlorure ou beurre d'antimoine, sulfate et acétate de cuivre, acide arsénieux, etc.) qu'on insuffle dans la plaie ; les autres sont des liquides (ammoniaque, chlorure de zinc) qu'on y injecte.

§ 5. — Amputation de la queue et des oreilles, du pénis.

Si l'amputation de la queue et des oreilles a parfois un motif pathologique, elle se pratique bien plus souvent pour obéir à la mode. Elle peut être nécessitée par la présence de chancres à l'oreille ou la carie des os coccygiens ; elle peut être justifiée, dans certaines races de combat, pour soustraire ces parties à des morsures fréquentes et cruelles ; partout ailleurs, elle ne ressort que d'une mode stupide comme toutes les modes et variable comme elles.

C'est ordinairement dans la jeunesse de l'animal (de 2 à 6 mois) qu'on coupe les oreilles ; pour cela, on le couche et on l'assujettit sur une table ; l'opérateur se place derrière la nuque et, la main droite armée de ciseaux tandis que la gauche étend l'oreille, il en retranche ce qu'il juge convenable ; le difficile est d'obtenir pour les deux oreilles une coupe semblable et des dimensions pareilles. Aussi a-t-on inventé un capuchon en cuir ou en tôle, qui placé sur la tête, tient les oreilles rigides, et permet de calculer l'étendue de la partie à retrancher. L'hémorragie qui résulte de cette opération s'arrête ordinairement d'elle-même, ou cède aux ablutions d'eau froide ou à une légère cautérisation actuelle. On loge ensuite la tête de l'animal dans un béguin en filet pour l'empêcher de secouer ses oreilles ou de les frotter, ce qui finirait par produire une plaie dangereuse.

L'amputation de la queue se fait, le plus souvent, en même temps que celle des oreilles ; cependant on peut la pratiquer, comme elle, à tout âge. « Les instruments nécessaires pour cette opération sont, dit M. Prud'homme, des ciseaux, un bistouri ou un bon couteau, une pelle rougie au feu ; quelquefois, lorsque les animaux sont de forte taille, on se sert du coupe-queue à cheval ou d'un billot et d'une hachette ; on tire la peau du côté de la croupe et l'on tâche de diriger l'instrument entre deux os coccygiens, afin d'aller plus rapidement et de faire moins souffrir les animaux. L'hémorragie qui en résulte est d'autant plus forte qu'on s'est plus rapproché de la croupe, mais elle n'est point dangereuse, et cède facilement aux moyens hémostatiques indiqués plus haut. Il faut avoir soin de laisser au moins à la suite du sacrum deux vertèbres, c'est-à-dire 5 centimètres de tronçon. Un chien dont la queue serait coupée au ras des fesses serait disgracieux, et courrait de grands dangers s'il survenait des complications. Quand l'opération est terminée, la plaie se cicatrise d'elle-même et rapidement, à moins que les animaux n'empêchent cette cicatrisation en y portant constamment la dent. » On peut remédier à cet accident en mettant à l'animal, en arrière des épaules, une ceinture de cuir à laquelle viennent s'attacher de chaque côté les longes d'une muserolle à têtières dont on entoure le crâne et le museau et qui ne l'empêche point de manger.

L'amputation du pénis n'est jamais pratiquée que dans un but pathologique. L'accouplement, très-long et souvent tourmenté, les tiraillements violents auxquels il est fréquemment exposé, amènent souvent un relâchement du pénis qui pend hors du fourreau et devient le siége d'une sécrétion morbide, ulcéreuse, infecte, qui affaiblit l'animal et le rend dégoûtant. Lorsqu'on a employé sans succès les lotions toniques et astringentes, ce qui est le cas le plus ordinaire, il faut recourir à l'amputation totale ou partielle de l'os pénien, long et cannelé, qui occupe la verge depuis son extrémité jusqu'aux boules érectiles. Mais cette opération assez délicate ne peut être pratiquée que par un vétérinaire ; elle est rarement dangereuse.

### § 6. — Ablation des chancres, kystes, polypes, cancers, etc.

Sur les chiens à poils ras, ceux qui sont exposés, pendant la chasse, aux piqûres d'épines, ceux qui, attachés tout le jour, sont, pendant les grandes chaleurs, exposés aux piqûres des mouches, on voit souvent se produire une inflammation d'abord du cartilage conchylien de l'oreille, puis une ulcération qu'on appelle chancre extérieur de l'oreille ; c'est ce qui, souvent, détermine à faire amputer ces parties, soit préventivement, soit comme moyen pathologique.

Les jeunes chiens sont souvent atteints de verrues à la gueule, ou plutôt aux lèvres; on peut sans danger les couper chacune en une ou plusieurs fois, suivant leur volume, avec des ciseaux peu tranchants, de façon à tordre et obturer les vaisseaux et n'avoir qu'une hémorragie peu intense, puis laver la plaie avec de l'huile de chènevis, deux fois par jour, pendant trois ou quatre jours.

Les polypes sont des végétations fongueuses qui, dans le chien, se développent tantôt dans le nez, dans l'oreille, sur le prépuce ou le fourreau; chez la chienne, dans la matrice ou le vagin. Ces excroissances sont tantôt molles et charnues, d'autres fois plus dures et comme cartilagineuses, d'une couleur rouge plus ou moins foncée et recouvertes par les muqueuses. Quelquefois les polypes cèdent à l'action prolongée des fondants, mais souvent ils leur résistent et gênent tellement l'animal, qu'il faut procéder à leur ablation. Voici le procédé opératoire indiqué par Hertwig pour le polype de l'oreille : « On fait, avec un fort fil de soie, un nœud coulant qu'on pousse avec une fine baguette autour de l'excroissance jusqu'à la racine. Là on serre fortement le nœud, ce qui produit la dessiccation et la mortification de la tumeur, qui tombe ordinairement au bout d'une huitaine de jours. S'il existe alors encore un peu de suppuration à la racine, on la combat par de légers astringents, comme l'eau de Saturne, les solutions d'alun, de vitriol blanc, etc. Mais, si la masse recouvrait toute l'entrée du conduit de telle façon qu'on ne pût pas faire arriver le nœud coulant à la base de la tumeur, il faudrait d'abord détruire le polype en partie, en le cautérisant avec la pierre infernale. » (*Les maladies des chiens*, traduit par Ad. Schœler; Paris, 1860, p. 128.)

Pour le polype du nez, on l'arrache avec une pince, on le coupe avec des ciseaux, ou on fait, dans les os de la face, au moyen du trépan, une ouverture qui permette d'aller saisir l'excroissance à sa racine avec un nœud coulant; on arrête l'hémorragie en cautérisant avec un fer rouge. Dans le vagin et la matrice, on cherche à détacher le polype à son point d'attache, soit avec le bistouri, soit avec les ciseaux, soit à le détruire par des ligatures, mais jamais avec les caustiques. Quand on coupe ou arrache, on arrête l'hémorragie soit avec le feu, soit avec des tampons d'étoupes saupoudrées de substances styptiques, colophane ou résine, gomme arabique et charbon. Pour tous les polypes, quel que soit l'endroit qu'ils occupent, il est indispensable de les extirper tous jusqu'à la racine, si on veut en débarrasser l'animal, parce qu'ils se reproduisent promptement. Aussi est-on souvent obligé de détruire dans son entier la muqueuse vaginale de la chienne lorsqu'elle est recouverte de ces végétations.

Les chiennes très-âgées sont parfois atteintes de cancer à la matrice, mais l'ablation de cette tumeur est très-difficile, très-dangereuse et très-rare; nous ne nous en occuperons donc point. Quant au cancer des mamelles, l'opération en est plus facile; suivant le volume de la tumeur, on fait à la peau une ou deux incisions, on saisit la glande cancéreuse avec une petite pince, on la soulève en la dégageant de tous les tissus environnants, en enlevant avec elle toutes les parties indurées, et on l'attire au dehors. La peau a dû rester adhérente sur la région occupée par la tumeur; on rapproche par des points de suture les lèvres des incisions qu'on y a pratiquées, et on injecte, dans la cavité produite, de la teinture d'aloès; il est rare qu'il se produise, à la suite de l'opération, une hémorragie sensible; elle céderait du moins à l'application de l'eau froide, à la cautérisation ignée ou à la ligature. On panse ensuite comme une plaie simple.

### § 7. — Ouverture des abcès, kystes, etc.

On nomme abcès tous les amas de pus formés

à la surface du corps sous la peau, ou plus ou moins profondément au milieu des parties charnues; les abcès peúvent provenir de coups, de congestions sanguines ou laiteuses, parfois encore de transitions brusques de température. Ils sont froids ou chauds ; les premiers consistent dans une tumeur arrondie, peu résistante, peu douloureuse et sans augmentation de chaleur; les seconds, dans une tumeur arrondie également, mais accompagnée de gonflement des tissus adjacents, de tension, de douleur et de chaleur. Les uns et les autres, après s'être accrus plus ou moins rapidement pendant un temps variable, restent stationnaires, puis leur sommet se ramollit, la peau s'amincit et blanchit, les poils tombent, la fluctuation du liquide intérieur devient sensible au doigt qúi s'y appuie légèrement, et le pus finit par se frayer un passage à travers la peau et vers le sommet de la tumeur.

Mais il n'est pas toujours prudent d'attendre la formation de cette ouverture naturelle, parce qu'une portion du pus peut être résorbée à l'intérieur et infecter le sang et les tissus voisins. Des cataplasmes maturatifs peuvent être employés d'abord pour stimuler, s'il est besoin, la liquéfaction du pus, et quand la fluctuation est devenue bien manifeste, on procède à l'ouverture. Pour les abcès froids, mieux vaut employer les fondants.

Les abcès chauds s'ouvrent à l'aide d'un bistouri dont la lame est entourée d'étoupes, hors la partie de la pointe à laquelle on veut limiter la profondeur de l'introduction suivant celle de l'abcès. On plonge cette lame de telle façon que le tranchant regarde les parties que l'on veut exciser. Si la tumeur a un certain diamètre, on peut ou l'inciser en croix, ou passer à travers une mèche de séton qui donnera écoulement au pus, à mesure de sa formation, mais toujours de façon à ce que l'un des cordons se trouve à la partie la plus déclive de l'abcès. On panse la plaie avec de l'onguent digestif simple, après l'avoir bien vidée ; si l'ouverture était étroite et l'abcès profond, il faudrait y introduire une petite mèche d'étoupes on entretient ensuite avec une grande propreté. On ouvre les abcès froids soit au moyen d'un fer rouge que l'on y plonge, soit au moyen d'un caustique comme la pierre à cautère (nitrate d'argent), le sublimé corrosif, etc. ; le feu est préférable, en ce qu'il ranime la vitalité de la région et y provoque un travail inflammatoire favorable à la cicatrisation. Les abcès peuvent se présenter sur toutes les parties du corps, surtout celles où abonde le tissu cellulaire.

On appelle kystes des sacs ou cavités membraneuses, sans ouvertures, qui se montrent accidentellement dans l'intérieur des tissus, et renferment un liquide dont la nature et la composition présentent de notables différences. A la suite de coups ou de morsures, se développe parfois, chez le chien, le kyste de l'oreille; c'est une tumeur molle qui renferme de la sérosité. On fait, au moyen d'un petit trocart, la ponction de cette tumeur à sa partie la plus déclive, et on injecte, dans sa cavité, de la teinture d'aloès.

### § 8. — Castration.

Ce n'est presque jamais que dans un but pathologique qu'on fait subir au chien cette opération, à la suite d'induration, d'abcès, d'hydrocèles, de plaies, etc., du testicule. Elle peut s'exécuter de deux manières différentes : par ligature, par torsion et arrachement.

Ce système de la ligature est préférable pour les chiens un peu âgés déjà; après avoir muselé l'animal et lui avoir mis un collier solide par la boucle duquel on le fait tenir, on l'étend sur le dos et on fait tenir les pattes; on prend une ficelle assez forte, de celle dite fouet, on la garnit, à ses deux extrémités, d'un morceau de bois de 20 à 25 centimètres de long, on y fait un nœud de saignée dans lequel on passe les deux testicules, qu'on rapproche autant que possible du fond des bourses, en ayant soin que la ficelle porte bien haut et ne comprenne pas les épididymes; puis on fait tirer les deux bouts de bois par deux aides, en sens contraire, sans secousses, et en arc-boutant leurs pieds; lorsque les cordons sont suffisamment serrés, on fait un second tour que l'on arrête avec un nœud droit et on coupe les bouts de la corde. Trois ou quatre jours plus tard, les bourses et les testicules mortifiés ont pris une teinte noire; on peut les couper à $0^{m},025$ de la corde, sinon ils tomberont d'eux-mêmes. Quelques vétérinaires font une ouverture à la peau des bourses, isolent le cordon testiculaire de toute adhérence et appliquent sur lui seul la ligature; ce mode est préférable pour les animaux âgés.

La castration par torsion et arrachement ne doit s'employer que pour les animaux jeunes et de petite taille; elle se pratique de la manière suivante : on fait à la peau de chaque bourse une incision par laquelle on fait descendre le testicule dont on isole bien le cordon ; on tord ce cordon plusieurs fois sur lui-même, en tirant légèrement le testicule, jusqu'à ce qu'il tombe de lui-même, et ainsi pour chacun. On nettoie ensuite la plaie avec de l'eau tiède, et on met l'animal dans un chenil tempéré, plutôt chaud que froid, et à une demi- diète. S'il se produisait une hémorragie, nous connaissons déjà les moyens de l'arrêter.

### § 9. — Du séton, du trochisque et de la rouelle.

On nomme séton un corps étranger qu'on engage sous la peau, dans le but d'y déterminer une irritation, et plus tard de la suppuration. Pour cette opération, on emploie une aiguille à séton un peu plus petite que celle qui sert au cheval et au bœuf, et dans laquelle on a enfilé un ruban de fil large de 1 à 1 et 1/2 centimètre. On pince la peau sur la région que doit traverser le séton, et on y enfonce d'un seul coup l'aiguille qui doit passer sous la peau sans attaquer les tissus sous-jacents autres que le cellulaire, et ressortir à la distance de 12 à 14 centimètres plus loin. On retire alors l'aiguille, on réunit les deux rubans par un nœud, ou mieux on arrête chacun d'eux en le repliant sur lui-même et le nouant de façon à représenter plusieurs bourdonnets. On anime la mèche, s'il est besoin, avec de l'onguent-vésicatoire ou un autre révulsif.

Le séton donne peu de sang; deux jours après l'opération, il sort par les ouvertures de la sérosité, et le troisième jour la suppuration s'établit; dès lors, chaque jour, matin et soir, il faut presser avec la main sur le trajet de la mèche pour faire sortir le pus qui s'y accumule quelquefois, faire voyager le ruban, laver avec de l'eau grasse et tiède les parties environnantes, et enduire à nouveau le ruban de révulsif, si l'inflammation et la suppuration ne sont pas suffisamment établies. On laisse le séton en place pendant quinze jours à un mois en moyenne.

Dans le chien, on place ordinairement le séton à la partie supérieure du cou, en arrière de la nuque; dans toute autre place, l'animal l'arracherait : quelquefois on en place un de chaque côté du cou.

Le trochisque est un séton dont la matière est une substance végétale ou minérale douée de propriétés très-irritantes ou même escarotiques, comme la racine d'ellébore noir, du vératre ou ellébore blanc (varaire, pied-de-griffon), l'écorce ou les rameaux du daphné bois-gentil, du daphné-lauréole et surtout du daphné-garou, de la clématite blanche (viorne, herbe-aux-gueux), le sulfate ou le deutoxyde d'arsenic, le sublimé corrosif, etc. Les substances végétales, divisées en petits fragments et réunies en petits paquets, sont introduites sous la peau ; les substances minérales, enveloppées dans un petit linge clair, y sont placées de même; on retire les unes et les autres quand, par leur présence, on juge qu'elles ont produit un engorgement suffisant.

La rouelle, appelée aussi cautère, ortie, séton anglais, est une rondelle de cuir ou de feutre, percée, à son centre, d'une ouverture assez large et portant dans son plus grand diamètre 3 à 4 centimètres. Par sa seule présence elle produit un engorgement, une inflammation locale moins intense pourtant que celle déterminée par le séton et le trochisque. Pour l'introduire on fait, avec un bistouri, une incision à la peau, puis avec des ciseaux courbes et fermés, une spatule ou une sonde, on soulève la peau en détruisant ses adhérences avec le tissu cellulaire pour préparer le logement du disque qu'on plie en deux sur lui-même, et qu'on déplie dans la cavité lorsqu'on l'y a fait pénétrer, ayant soin que le trou central de la rouelle soit placé au-dessus de l'incision cutanée, afin que le pus trouve un écoulement facile.

Le trochisque et la rouelle se pansent comme le séton, et on les enlève comme lui, après un temps variable et dès qu'ils ont produit tout l'effet qu'on en attendait.

### § 10. — De la trachéotomie.

Il arrive parfois que le chien, naturellement vorace, avale des corps volumineux qui s'arrêtent dans l'œsophage, compriment la trachée dans sa partie antérieure et rendent la respiration difficile, sinon impossible; dans ce cas, et pour éviter la mort, on doit pratiquer la trachéotomie. Le manuel de cette opération, dit M. Prud'homme, n'offre pas de difficultés : après avoir coupé les poils à l'endroit où on veut inciser les téguments, on tend la tête sur l'encolure et l'on attaque successivenent, de dehors en dedans, avec le bistouri, les tissus peu nombreux et surtout peu épais qui recouvrent la trachée. Cette dernière une fois mise à découvert, on l'incise avec ou sans perte de substance dans le sens de sa longueur, et l'opération est terminée. L'ouverture trachéale doit rester libre jusqu'à ce que l'obstacle à la respiration ait disparu (*loco citato*, p. 591). Nous nous bornerons à ajouter que, pour maintenir libre cette ouverture, on peut écarter les lèvres de l'incision faite à la peau, au moyen de deux points de suture, ou placer dans l'ouverture même un petit tube en plomb muni de deux languettes qui servent à le contenir en place. Il est bien entendu que la trachéotomie doit être appliquée sur un point médian entre l'obstacle qui comprime le canal et la poitrine, ordinairement vers le tiers supérieur de l'encolure.

### § 11. — De l'œsophagotomie.

L'œsophagotomie est une opération qui consiste à pratiquer une ouverture aux parois de l'œsophage pour extraire un corps qui, par sa forme ou son volume, se trouve arrêté dans ce conduit et que le chien est impuissant à rejeter, ordinairement un os.

Dans ce cas, l'œsophage fait presque toujours saillie dans la gouttière de l'encolure, si l'obstacle s'est arrêté dans la région comprise entre le gosier et la poitrine. Il est facile alors de pratiquer sur la peau correspondante une incision proportionnée au volume de ce corps, de séparer attentivement le tissu cellulaire environnant, la jugulaire, la carotide et les nerfs qui les accompagnent, afin de ne les point offenser, d'inciser ensuite l'œsophage lui-même, longitudinalement, et de saisir soit avec les doigts, soit avec une pince, le corps qui fait obstacle. Il ne reste qu'à rapprocher les lèvres de la plaie faite à l'œsophage d'abord, puis à la peau, au moyen de quelques points de suture, et à panser comme une plaie simple. Mais, le plus souvent, il reste une fistule qui persiste plus ou moins longtemps. Il faut mettre l'animal à une demi-diète avec des aliments liquides (bouillon) ou tout au plus semi-fluides (soupe, bouillie, etc.).

§ 12. — Réduction des fractures, luxations.

Les fractures sont des accidents fréquents chez le chien de chasse et de garde, et résultent le plus souvent de chocs ou de coups, de chutes, de morsures, etc.; elles peuvent avoir pour siége les os de toutes les parties du corps, mais particulièrement ceux des membres et de la poitrine (côtes), à cause de leur situation et de leur forme d'os longs.

Les fractures peuvent être transversales, obliques ou en bec de flûte, longitudinales, à esquilles ou comminutives; elles sont simples, c'est-à-dire sans autres lésions accessoires, ou compliquées, lorsqu'il y a en même temps contusion, plaie, luxation, extravasation sanguine, ou que plusieurs os sont fracturés. Les fractures sont, le plus souvent, accompagnées d'un gonflement inflammatoire des tissus environnants qui ne permet pas d'abord de les apprécier, jusqu'à ce qu'il ait disparu ou qu'on ait pratiqué une incision à la peau. Il faut donc, dans ce cas, s'attacher d'abord à calmer l'inflammation et à diminuer le gonflement.

« Quand une fracture est reconnue, dit M. Prud'homme, la première chose à faire, c'est de remettre en place, si toutefois elles ont été entraînées l'une dans un sens et l'autre dans un autre, les parties de l'os divisé. Voici comment s'exécute cette manœuvre : on étend le membre en le tirant par son extrémité inférieure, tandis qu'un aide le retient par sa partie supérieure. Quand on est parvenu, à l'aide de ces mouvements combinés d'extension et de contre-extension, à placer sur le même niveau les fragments osseux, on les met en contact, et on les y maintient à l'aide d'un bandage agglutinatif, qui est le plus convenable, et celui qui compte aussi le plus de succès. On enduit le membre fracturé d'une solution concentrée de gomme arabique ou de dextrine ; on le recouvre ensuite d'une couche d'étoupe et de filasse. On applique sur cette première couche deux ou un plus grand nombre d'attelles, qu'on a eu soin d'envelopper de chanvre, d'étoupe ou de vieux linge, et on les assujettit par une longue bande imbibée à chaque tour de la matière emplastique dont on s'est servi. » (*Loco citato*, p. 404.)

L'appareil doit rester en place pendant un temps suffisant à la réunion ou à la soudure des os, de vingt à trente jours, selon que le chien est jeune ou vieux. Il est essentiel de veiller à ce que l'animal ne dérange point l'appareil de pansement, et à ce que, les attelles enlevées, il ne prenne qu'un exercice modéré, surtout si la fracture avait eu lieu aux membres. Enfin on a dû prévenir ou combattre les complications qui se sont présentées.

On appelle luxation la cessation des rapports entre les surfaces qui concourent à former les articulations mobiles (hanche, épaule, rotule, etc.), et résultent, le plus fréquemment, de sauts, de chutes ou de coups. La luxation se reconnaît au gonflement et à la douleur dont l'articulation lésée devient le siége, à la gêne dans les mouvements de la région, et à la déformation extérieure qu'elle présente. Le traitement des luxations est à peu près le même que celui des fractures ; il consiste à calmer l'inflammation d'abord, puis à rétablir les rapports des surfaces articulaires par des mouvements d'extension et de contre-extension, enfin à maintenir ces rapports par un bandage solide qu'on conserve pendant le temps nécessaire au rétablissement des ligaments articulaires ordinairement distendus ou même rompus.

### § 13. — Parturition chirurgicale.

La parturition (part, accouchement) est l'expulsion du fœtus ou des fœtus hors de la cavité (matrice) dans laquelle il s'est ou ils se sont développés. Elle s'accomplit d'ordinaire avec les seules forces de la nature, mais parfois aussi elle requiert l'aide de l'homme ; c'est quand l'un des fœtus occupe une position anormale au moment où il va franchir l'orifice de la matrice, quand il est monstrueusement conformé, quand l'utérus est atteint de lésions profondes ou quand le bassin de la mère est trop étroit ou encore le fœtus trop volumineux.

Tant que le part s'effectue normalement, la seule chose à faire est de le surveiller sans s'y mêler activement. Lorsqu'il est long et pénible, et que le fœtus paraît trop volumineux pour franchir le passage, on peut l'y aider en couchant la mère sur le côté gauche et en pressant de la main sur l'abdomen pour refouler le fœtus vers le bassin, en même temps qu'on cherche à l'aider du doigt indicateur introduit dans le vagin.

Lorsque ces efforts sont infructueux, il faut choisir entre la mère et les jeunes chiens; quand on préfère sauver la mère et que la difficulté provient de l'étroitesse du bassin, on cherche à passer un ruban autour des pattes ou de la tête du fœtus, et par ce moyen on aide, sans secousses, les efforts de la mère; en cas d'insuccès encore, on emploie le forceps ou un crochet qu'on fixe dans le crâne ou dans le corps du fœtus, ou enfin, et surtout quand il est déjà mort, on le divise avec un bistouri-serpette à lame protégée, et on l'extirpe par fractions. Quand on tient plus aux fils qu'à la mère on pratique l'opération césarienne.

Pour cette opération, on couche la chienne sur une table; le côté abdominal sur lequel on sent le plus distinctement les jeunes chiens est maintenu supérieurement, et on y coupe les poils des cuisses aux fausses côtes sur une longueur de $0^m,06$ à $0^m,08$, et sur une largeur de $0^m,03$ à $0^m,04$;

ayant fait à la peau un pli transversal, on y pratique une incision de $0^m,05$ à $0^m,10$ de longueur, suivant la taille de l'animal ; on incise soigneusement ensuite les muscles abdominaux et le péritoine; écartant avec précaution les intestins, on ouvre la matrice, on en retire les petits, et on se hâte de fermer les plaies de la matrice, des muscles abdominaux et de la peau avec des points de suture assez rapprochés, mais tenus un peu lâches, et coupant très-court les bouts de fil. Cette opération assez simple n'est pas cependant sans danger pour la mère. On la place dans un lieu tranquille, on la met à une demi-diète, et au bout de six à huit jours la mère est guérie, ou la péritonite est déclarée. Le petit est traité et allaité comme s'il était né normalement.

### § 14. — Réduction des hernies.

On appelle hernie une tumeur formée à la circonférence d'une cavité, par un organe qui s'en est échappé, en totalité ou en partie, à travers une ouverture naturelle ou accidentelle, ou même à travers un point affaibli de ses parois. Les hernies peuvent être congéniales ou accidentelles, et provenir de la faiblesse générale de l'animal, de coups, de sauts, d'efforts violents ou de chutes élevées; elles se présentent, dans le chien, à l'ombilic (nombril), à l'aine, à la cuisse (en dedans et en haut), au flanc ou sur le ventre ; elles consistent dans l'éruption des intestins, de l'épiploon et de la matrice (chez la chienne) par des ouvertures naturelles ou accidentelles des tissus chargés de les maintenir en place, soit que ces tissus se soient relâchés, ou qu'ils aient été violemment déchirés.

Les hernies, en général, sont peu douloureuses et gênent peu l'animal, tant qu'elles n'ont qu'un développement normal et qu'il ne survient pas de complication ; mais, s'il survient étranglement, il y a danger de mort. Il est donc prudent de chercher à réduire, aussitôt que possible, toute hernie qui se présente. Le mode d'opération varie un peu selon la région qu'occupe la hernie. Quand la hernie est ombilicale et que le chien est jeune, elle cède souvent à l'application, sur la peau, des astringents ou des révulsifs (décoction de noix de galle ou de créosote, lotions acidulées, bains froids, teintures de cantharides, etc.) ; sinon, on procède à la réduction : l'animal est couché sur le dos, et on refoule doucement, avec l'extrémité des doigts, les parties herniées dans l'abdomen par l'ouverture qui leur a livré passage ; on entoure ensuite la partie de la peau qui formait le sac herniaire d'une ficelle ronde qu'on serre assez pour mortifier la peau; celle-ci ne tarde pas à tomber, laissant une plaie ordinaire qu'on soigne ainsi que nous avons dit.

Pour réduire une hernie inguinale, on couche l'animal sur le dos, le train postérieur plus élevé ; on fait tenir les jambes de derrière écartées, on saisit le scrotum et on refoule doucement les intestins vers l'anneau inguinal. « Lorsque de cette manière, dit Hertwig, le contenu de la hernie est entièrement réduit, on incise le scrotum du côté où la hernie existe, on dégage entièrement la face externe de la membrane vaginale jusqu'à l'anneau inguinal, et, après s'être assuré de nouveau, par un examen attentif du cordon spermatique, que la membrane vaginale ne contient plus aucune partie de viscères abdominaux, on applique le plus près possible de l'anneau inguinal, autour de la tunique vaginale, un nœud coulant composé de 8 à 12 fils juxtaposés et enduits de cire, et on le serre assez pour produire la mortification des parties situées à l'extérieur (tunique vaginale, cordon spermatique et testicule). Ensuite on coupe, à un demi-pouce (0$^{m}$,013) de la ligature, le cordon spermatique, et on l'enlève ainsi que le testicule. » (*Loco citato*, p. 294.)

Pour réduire la hernie crurale, on place le chien sur le dos et on refoule les intestins herniés, puis incisant la peau de la tumeur avec précaution, afin de ne point offenser les vaisseaux fémoraux, on réunit par deux ou trois points de suture le ligament de Poupart avec les muscles fémoraux, de façon que le ligament soit placé en contact immédiat avec la cuisse. Il ne reste plus qu'à réunir les lèvres de la plaie cutanée par quelques points. On tient, pendant six à huit jours l'animal au repos, les jambes liées avec une large bande de toile, et on panse la plaie ainsi qu'il est dit plus haut.

Les hernies abdominales et ventrales se traitent comme la hernie ombilicale.

Les hernies de la matrice, quand cet organe est vide, se traitent comme les hernies intestinales et épiploïques (ombilicale, inguinale, crurale, etc.) ; mais, quand l'utérus est en gestation, il faut élargir au bistouri l'ouverture herniaire, replacer l'organe dans sa situation normale et fermer l'ouverture herniaire d'abord , puis la plaie cutanée, par des points de suture.

Il y a étranglement d'une hernie lorsque l'ouverture herniaire, se resserrant, comprime les organes herniés ; la conséquence naturelle, c'est la gangrène et la mort, si on n'apporte remède à cet état de choses. Pour réduire une hernie étranglée, on couche l'animal de telle façon que la région herniée occupe le point culminant du corps, et on tente de refouler avec le doigt les organes herniés par l'anneau herniaire ; quelquefois et afin d'opérer plus librement, on narcotise l'animal, afin d'obtenir le relâchement des muscles abdominaux et d'éviter les mouvements de défense et les efforts du chien. Lorsque ce moyen n'est pas suivi de succès, il faut recourir au débridement de la hernie.

« Pour cette opération, on couche l'animal sur une table, sur le côté opposé à celui affecté de la hernie et on lui fait tenir convenablement les jambes et la tête. Ici encore il est bon de narcotiser d'abord l'animal; on commence par couper les poils qui se trouvent sur la tumeur herniaire, et on a soin de bien les enlever pour qu'il n'en parvienne pas dans la plaie ; on fait alors un pli à la peau ; on l'incise avec précaution pour ne léser aucune partie contenue, et alors, après avoir essayé encore une fois la réduction, on introduit avec la plus grande précaution une sonde cannelée entre les parties herniées et l'anneau herniaire, la cannelure dirigée vers ce dernier, et avec le bistouri boutonné on incise le bord de l'anneau à une profondeur de 2 à 3 lignes ($0^m$,005 à $0^m$,007). La meilleure place pour cette incision est celle où il n'y a pas de vaisseaux sanguins. La petite incision produit immédiatement un tel élargissement de l'ouverture, que l'étranglement cesse et qu'on peut réduire les parties herniées. Quand cela est fait, on coud l'anneau herniaire avec fil et aiguille, et on en fait autant à la plaie de la peau. » (*Loco citato*, p. 298.) Les soins qui suivent l'opération sont les mêmes que ceux consécutifs à la hernie crurale et au pansement des plaies simples.

---

# CHAPITRE VI.

## Maladies générales (affectant tous les organes ou plusieurs organes à la fois).

### § 1er. — Fièvres générales.

Le chien est particulièrement exposé à des attaques fébriles qui ont toujours de la tendance à prendre une forme chronique, semblables, en bien des points de leur nature, à la fièvre typhoïde de l'homme. Cela est si vrai et si connu, que chaque chien a la fièvre à quelque époque de sa vie, qu'on a donné à cette affection le nom même de maladie (*distemper*) chez les Anglais. Ainsi la maladie peut débuter par un refroidissement général ou une inflammation des poumons, des intestins, etc., mais elle tend à prendre la forme chronique et à devenir un cas de véritable fièvre typhoïde ;

cependant, il ne s'ensuit pas nécessairement qu'elle doive prendre cette terminaison ; et un chien peut avoir une simple fièvre connue sous le nom de refroidissement, ou de tout autre genre, sans être exposé à la véritable fièvre typhoïde. Les Anglais divisent les fièvres qui peuvent attaquer le chien en : 1° fièvre simple et éphémère, communément appelée refroidissement ; 2° fièvre simple et épidémique, ou influenza ; 3° fièvre typhoïde (*distemper*) ; 4° fièvre rhumatismale, attaquant les fibres et le système musculaire ; et 5° la petite vérole. (Stonehenge, *the Dog*, p. 364. London, 1859.) On voit que cette classification repose plutôt sur des mots que sur des distinctions scientifiques, aussi ne la suivons-nous pas.

1° Les *fièvres inflammatoires générales* se présentent, quoique rarement, sur les chiens les plus robustes, les bouledogues, mâtins, limiers, terre-neuve, etc. L'animal est triste, endormi, lent et paresseux dans ses mouvements, sans appétit ; il a le poil hérissé, son corps est parcouru par des frissons, les oreilles deviennent froides, le museau sec et chaud, au début ; bientôt la réaction se produit, une très-grande chaleur se développe sur tout le corps, la respiration s'accélère, le pouls donne 100 à 110 pulsations par minute ; ces symptômes durent pendant deux à trois jours, accompagnés d'une soif ardente, d'excrétions alvines rares, noires, dures et fétides ; l'urine, d'abord claire, devient ensuite trouble et abondante ; vers le quatrième jour, tous les symptômes disparaissent peu à peu : on aide au retour de la santé par une légère saignée, une purgation au sel de nitre, et des lavements d'eau savonneuse.

2° La *fièvre rhumatismale* (*ou le rhumatisme*) est commune chez les chiens de chasse, et surtout chez ceux qui vont à l'eau, comme l'épagneul, le barbet, le terre-neuve, etc. Le rhumatisme se reconnaît aux signes suivants : fièvre sensible, mais sans aucun caractère particulier ; pouls plein, mais assez régulier, avec frisson et torpeur, à moins qu'on ne touche ou menace l'animal ; dès qu'on l'approche, il jette des cris, évidemment dans la crainte des douleurs qu'on lui pourrait causer ; le chien se retire toujours dans un coin dont il est difficile de le tirer ; le plus souvent il y a constipation, les urines sont foncées et peu abondantes. Le rhumatisme occupe tantôt la tête, tantôt les reins ou les membres ; dans ce cas, l'animal ne peut ou manger ou marcher.

Pour les rhumatismes musculaires, on est

d'accord pour conseiller une légère saignée et des purgatifs (émétique, jalap, rhubarbe, etc.). Stonehenge recommande de donner ensuite des pilules composées de calomel 5 centigr., opium purifié 5 centigr., poudre de racine de colchique 10 à 15 centigr.; sirop, ce qu'il en faut : telle est la dose pour un chien de taille moyenne. Un bain chaud peut souvent produire de bons effets, pourvu qu'on ait soin d'essuyer ensuite la peau devant le feu. On peut ensuite faire des frictions avec le liniment suivant : essence de térébenthine, ammoniaque liquide, laudanum, de chaque 15 grammes.

Contre les rhumatismes articulaires aigus, M. Mariot-Didieux recommande surtout la vératrine à la dose de 5 à 8 centigr. dans un verre d'eau sucrée, en doses espacées à cinq jours d'intervalle.

3° La *fièvre typhoïde* attaque souvent les chiens de tout âge et de toutes races, et vient souvent compliquer la maladie des jeunes chiens. Elle peut provenir de fatigues excessives avec alimentation insuffisante, de l'insalubrité du chenil, etc.; mais on la regarde aussi comme contagieuse, et on croit que son virus réside dans les sécrétions et les excrétions des animaux malades.

Les symptômes constants consistent dans une fièvre légère et insidieuse, avec prostration complète et amaigrissement très-rapide ; le frisson accompagné d'un pouls rapide, la respiration précipitée, la perte de l'appétit, et l'altération des sécrétions ; mais, en dehors de ces trois symptômes, il n'y en a pas d'autre qu'on puisse dire positivement invariable, quoiqu'on remarque souvent l'écoulement des yeux et du nez et une toux courte et rauque. Les symptômes accidentels dépendent des complications particulières qui peuvent survenir. L'un des traits les plus remarquables du typhus, c'est qu'aux symptômes invariables décrits ci-dessus peuvent venir se joindre ceux de congestion ou d'inflammation du cerveau, de la poitrine, des intestins ou de la peau. Ainsi, la maladie peut paraître exclusivement tantôt à la tête, tantôt à la poitrine, d'autres fois aux intestins ; mais elle reconnaît toujours le même principe, et demande le même traitement, modifié selon le genre de complication. (Stonehenge, *the Dog*, p. 368.)

La durée de la maladie varie de huit jours à trois semaines et plus, divisés en quatre périodes, d'incubation, de réaction, de prostration et de convalescence. Le traitement varie selon que la maladie se porte sur la tête, les poumons, les intestins ou la peau. Dans le premier cas, Hertwig recommande des compresses d'eau froide sur le crâne et, s'il y a stupeur, un séton à la nuque; quand il y a diarrhée, une émulsion de graine de lin avec un peu d'huile et 2,50 à 5 centigrammes de calomel par dose, tandis que, s'il y a constipation, on donnera le calomel à la dose de 10 à 15 centigrammes trois fois par jour. Dans le cas de complication sur la poitrine, Stonehenge dit qu'il suffit de faire prendre, matin et soir, la poudre suivante : 15 à 25 centigrammes poudre de nitre, 1 centigramme 25 d'émétique tartare. Quand la maladie se porte sur la peau qui se marbre de taches rouges plus ou moins durables, c'est un indice de guérison prochaine; mais tous les malades ne sont pas aussi favorisés.

La ventilation, le bon air, la diète sont d'excellents adjuvants; quand l'animal est entré en convalescence, il faut encore le tenir isolé pendant quelque temps, dans la crainte de la contagion; on a dû, chaque jour, enlever soigneusement et enfouir toutes les matières excrétées; la maladie terminée, il faut désinfecter le banc ou la niche qu'occupait l'animal. On a parlé de la vaccination des chiens comme préservatif du typhus, et on l'a expérimentée en grand dans des chenils de foxhounds et de lévriers, et sur des pointers et des setters ; le résultat, c'est que plusieurs la regardent comme un moyen préventif assuré, et il est certain que le typhus qui attaquait auparavant plusieurs chenils cessa d'y paraître après la vaccination. D'un autre côté, un plus grand nombre encore, n'ayant trouvé aucun changement dans la mortalité de leurs chiens, ont posé, en conséquence, des conclusions contraires. Raisonnant par analogie, il n'y a pas lieu de supposer que le virus ou petite vérole ou cow-pox puisse prévenir de l'atteinte d'une maladie aussi dissemblable. Mais, comme l'expérience est le meilleur guide, on doit faire appel à tous dans le but d'examiner cette question (Stonehenge). Il y a longtemps déjà que cette question a été vidée en France, et qu'on a reconnu comme inutile contre la fièvre typhoïde la vaccination qu'on avait déjà aussi proposée contre la rage.

### § 2. — Maladies du système nerveux.

1° *Apoplexie.* C'est une congestion avec rupture des vaisseaux et épanchement sanguin dans le crâne, ou une paralysie subite du cerveau avec abondante sécrétion séreuse dans ses cavités; dans le premier cas, c'est une apoplexie sanguine, et dans le second une apoplexie nerveuse. L'une et l'autre sont le plus souvent foudroyantes, c'est-à-dire que presque toujours l'animal tombe, dès le début de la maladie, privé de sentiment et des mouvements volontaires; la respiration et la circulation persistent, quoique moins libres.

L'apoplexie sanguine se distingue à la rougeur des muqueuses de l'œil, du nez et de la bouche, à la réplétion de tous les vaisseaux de la tête et de l'encolure; souvent il y a un écoulement de sang par le nez et la bouche; le pouls est faible et irrégulier; les battements du cœur sont peu sensibles; la respiration courte, les flancs battent très-vite. Dans l'apoplexie séreuse, les muqueuses conservent leur couleur ordinaire, il n'y a pas épanchement de sang; à part cela, les symptômes sont semblables.

Cette maladie réclame des soins immédiats; il faut commencer par porter l'animal dans un lieu frais; ensuite, si on diagnostique l'apoplexie sanguine, on saigne aux deux jugulaires, en même temps qu'on applique de la glace pilée ou des compresses d'eau froide sur le crâne et des révulsifs (frictions à l'essence de térébenthine) sur les extrémités ; lorsqu'on a obtenu un peu de mieux, on donne un léger purgatif pour assurer la liberté des intestins. Pendant les jours qui suivent, le repos et la diète favorisent la convalescence. Quand on diagnostique l'apoplexie séreuse, il faut mettre en œuvre simultanément des douches ou des affusions d'eau froide sur le corps, des frictions révulsives (ammoniaque, essence de térébenthine, etc.) sur l'encolure, des lavements excitants et aromatiques, mais jamais de saignée. La convalescence doit s'accomplir dans le repos et avec un régime très-nourrissant. Mais l'apoplexie est toujours une maladie grave, souvent suivie de paralysie et de mort.

2° *Paralysie.* La paralysie est l'abolition de la contractilité musculaire d'une ou de plusieurs parties du corps (hémiplégie-paraplégie), par suite d'un trouble nerveux. Elle peut résulter de coups ou de chutes, ou résulter d'autres maladies (constipation, empoisonnement, apoplexie, entérites, etc.). Elle est parfois locale et n'atteint qu'une oreille, une lèvre, un pied, un côté du corps (hémiplégie), d'autres fois une partie antérieure ou postérieure du corps (paraplégie); et tantôt complète. La paralysie prive le corps ou a région affectée de mouvements volontaires, émousse plus ou moins la sensibilité, abaisse la température de la peau; si elle persiste, l'émaciation de la région paralysée marche à pas rapides; si elle est générale, la mort survient assez rapidement.

Elle peut résulter de coups violents sur la tête ou la colonne vertébrale, d'une transition brusque de température, de l'ingestion de narcotiques, de la répercussion d'exanthèmes cutanés par des sels de plomb, de constipations opiniâtres, etc. Elle se déclare presque toujours subitement. Tantôt elle a pour effet un ramollissement du cerveau, tantôt une commotion cérébrale, d'autres fois une simple cessation, un arrêt de l'action nerveuse. Souvent elle est accompagnée, surtout lorsqu'il y a eu coups ou chocs, d'afflux du sang au cerveau ou à la moelle épinière, et dans ce cas il faut, si l'animal paraît un peu pléthorique, le saigner et le purger; s'il y a eu répercussion de la peau, on donne un vomitif, on applique des sétons et on fait des frictions irritantes. Contre l'empoisonnement narcotique, on emploie les vomitifs, les purgatifs salins et force breuvages acidulés alternés avec de fort café. Lorsqu'il y a eu constipation opiniâtre, on fait usage en même temps de purgatifs énergiques et de fréquents lavements, après qu'on aura vidé le rectum à la main. Enfin, si l'on suppose qu'il y a altération des centres nerveux, on emploie des pointes de feu sur le crâne ou le long de la moelle épinière, on applique des sétons et on fait des frictions irritantes. (Hertwig). La noix vomique, prise à l'intérieur par doses fractionnées de 5 à 10 centigrammes par jour, sous forme de pilules, produit souvent de bons effets.

3° L'*épilepsie* (mal caduc, danse de Saint-Guy, chorée) se manifeste par des accès plus ou moins rapprochés de mouvements convulsifs de quelque partie du corps. Elle est souvent une suite de la maladie particulière aux jeunes chiens, d'autres fois elle apparaît subitement à la suite de transitions brusques de température, d'une indigestion ; elle peut résulter aussi de vers intestinaux ou de la présence d'entozoaires dans les sinus frontaux. Tantôt elle attaque la tête, les mâchoires, les joues et les lèvres qui accomplissent convulsivement des mouvements de mastication à vide; tantôt les membres, qui s'agitent comme dans la marche, l'animal étant couché; en même temps le chien dénote sa souffrance par des cris plaintifs. L'accès dure plus ou moins d'une minute, puis l'animal tombe et se trouve plongé dans un anéantissement profond auquel succède une torpeur plus ou moins prolongée ; ces accès se renouvellent à des intervalles d'une heure à plusieurs mois.

Quand l'épilepsie dépend de la présence d'entozoaires, elle cède à l'emploi des vermifuges purgatifs ; quand elle est la conséquence d'une affection cérébrale, elle est incurable. Il est donc aussi aisé de la prévenir que de la guérir dans le premier cas. Contre les entozoaires des sinus frontaux (pentastome tænioïde) on fait des fumigations d'eau de goudron ou de goudron, ou d'ambre brûlé ; ou mieux encore, on trépane l'os frontal et l'on injecte pendant quelques jours une dissolution d'aloès et d'eau de goudron (4 grammes pour 30 grammes) trois à quatre fois par jour. Quant aux entozoaires de l'estomac et des intestins, on les combat par la poudre de racine de grenadier, l'assa fœtida, l'aloès et autres vermifuges.

La *chorée*, danse de Saint-Guy, danse de Saint-Vit, tic périodique, est souvent la suite de la maladie des jeunes chiens. D'après Clater, c'est un mélange de paralysie et de convulsion ; il la traite par l'opium à doses fractionnées (5 à 20 centigrammes par jour pendant dix jours), ou par le sulfate de morphine (2 à 10 centigrammes par jour pendant dix jours), ou enfin par les antispasmodiques. Mayhew la regarde comme une maladie de l'estomac, et conseille d'employer les sédatifs et les amers végétaux, la jusquiame, la casse, la gentiane, la noix vomique. Il donne la formule de pilules récemment inventées, savoir : potasse alcaline, 10 à 55 centigrammes; extrait de jusquiame, 2,50 à 20 centigrammes; poudre de casse, 15 à 30 centigrammes; noix vomique, 1,25 à 10 centigrammes ; extrait de gentiane, quantité suffisante. On fait de cette dose une pilule, et on en donne quatre par jour pendant une semaine. (*Dogs : their management*, p. 118. London, 1858.)

L'*éclampsie* des chiennes est une paralysie incomplète, une sorte de paralysie tétanique qui attaque parfois les femelles qui nourrissent, reçoivent un régime abondant et sont privées d'un exercice suffisant. Elle se dénote par la roideur des membres et du tronc, l'anxiété du regard, la respiration très-courte et accélérée, l'impossibilité de se tenir debout, le pouls petit, dur, irrégulier et très-vif, l'engorgement des mamelles. Les muqueuses conservent leur teinte rosée, le nez reste souvent frais; mais souvent, après deux jours, l'apoplexie et la paralysie amènent la mort. Elle est due à des refroidissements, à l'engorgement du lait, à une congestion sanguine et nerveuse causée par l'excès de régime et la privation d'air et de mouvement. Le premier traitement à employer est la saignée à la jugulaire (30 à 500 grammes), puis une purgation au sel de nitre (30 grammes pour 90 grammes d'eau) dont on donne une cuillerée à café ou une cuillerée à bouche toutes les heures, selon la taille de l'animal, pendant quatre à six heures. S'il n'était point survenu de selle spontanée, on donnerait un lavement d'eau savonneuse (Hertwig, p. 41).

4° Le *tétanos*. Les symptômes nerveux connus sous ce nom consistent dans des contractions spasmodiques et permanentes du système musculaire, et particulièrement des muscles extenseurs. Le froid humide paraît être la cause la plus fréquente de cette affection ; mais elle peut résulter aussi de coups et de morsures, et d'opérations graves, telles que la castration. Tantôt le tétanos n'attaque que la mâchoire, et prend le nom de trismus; tantôt il envahit une partie du corps seulement, et s'étend de là à toutes les autres. Les symptômes de cette maladie sont bien distincts, les muscles de la région atteinte étant tendus sans gonflement ni douleur. Elle se montre quelquefois aussi à la suite des empoisonnements par la noix vomique. C'est toujours une affection dangereuse, et elle entraîne souvent et assez rapidement la mort.

Dans le traitement, il faut tenir compte des causes qui ont pu déterminer l'affection : si ce sont des plaies, il faut s'attacher à calmer leur irritation en mettant l'animal dans une température moyenne, dans un endroit calme et obscur, nettoyer les blessures et y appliquer des cataplasmes mucilagineux et calmants; s'il paraît y avoir pléthore sanguine, on soigne et on purge, sinon on fait prendre à l'intérieur des narcotiques (opium, belladone). En même temps on donne des lavements mucilagineux, et, si la douleur persiste, on place un séton à la nuque et un autre à la poitrine. Il faut avoir soin de nourrir l'animal avec des aliments semi-fluides, lait, bouillon, bouillie, etc.

5° La *maladie des jeunes chiens*, qui paraît être une crise de développement, revêt divers caractères qui font qu'on la classe tantôt parmi les maladies nerveuses, tantôt parmi celles inflammatoires, selon qu'elle affecte une forme catarrhale inflammatoire, gastrique ou nerveuse. Elle est toujours contagieuse et souvent enzootique. Quoiqu'elle se déclare assez souvent sans causes appréciables, son éruption est souvent déterminée par une alimentation défectueuse, des refroidissements subits, etc. Elle atteint les animaux à tout âge, mais surtout à l'époque de transition de la jeunesse à l'âge adulte, se trouve retardée dans quelques races jusqu'à dix-huit mois ou deux ans, mais dépasse rarement cette époque, tandis qu'elle peut atteindre de jeunes chiens âgés d'un mois à six semaines. Ceux qui l'ont une fois subie ne la contractent plus que par exception. Ceux qui font peu d'exercice, reçoivent une nourriture succulente et sont en très-bon état, sont plus violemment atteints que ceux qui vivent en liberté et sont en médiocre état de chair. Quelques-uns en sont exempts, mais cela est rare, et ils payent presque toujours cette immunité par d'autres maladies graves.

On a vanté beaucoup de remèdes prétendus spécifiques contre cette maladie, mais il est parfaitement avéré qu'aucun d'eux ne justifie son titre, pas même la vaccination.

La maladie des chiens se déclare, en général, par les symptômes suivants : tristesse, nonchalance, diminution de l'appétit, soif ardente, amaigrissement rapide; quelques jours après, l'animal tousse et s'ébroue fréquemment, les yeux deviennent chassieux, il se déclare par le nez un écoulement de mucosités verdâtres, une légère diarrhée se manifeste, la respiration s'accélère; dans la troisième période, l'affaiblissement augmente et l'animal ne peut plus se soutenir sur le train postérieur, les yeux se creusent, deviennent ternes et s'ulcèrent parfois, une bave filante s'échappe de la gueule, la diarrhée devient presque continuelle, les mouvements convulsifs se manifestent, et l'animal meurt (Prud'homme).

La forme catarrhale se dénote par un ébrouement ou une toux rauque et courte, des frissons et la fièvre, l'écoulemeut muqueux par le nez, le larmoiement des yeux et l'inflammation de la conjonctive; souvent l'affection gastrique ou nerveuse vient s'y joindre. La forme inflammatoire vient souvent compliquer la précédente, à la suite de refroidissements nouveaux et répétés; la muqueuse du pharynx et du larynx, de la trachée et des poumons, souvent la conjonctive et quelquefois la sclérotique s'enflamment; une fièvre violente survient, et l'animal meurt dans de terribles souffrances. La forme gastrique se déclare par la perte de l'appétit, des nausées et des vomissements fréquents, souvent la diarrhée; puis se présentent les écoulements du nez et de la gueule; la faiblesse augmente ; les crampes, les convulsions ou la paralysie s'y ajoutent, et le mal devient alors très-grave. Enfin la forme nerveuse se caractérise par des spasmes, des crampes épileptiques et des paralysies, dès le début quelquefois, mais succédant le plus souvent aux affections catarrhale ou gastrique (Hertwig).

Le traitement varie naturellement aussi, d'après les symptômes et la forme que présente la maladie : dans la forme catarrhale, on emploie les vomitifs (5 à 20 centigrammes d'émétique tartrique en poudre, 4 grammes de poudre de racine d'ipécacuana dans 30 grammes d'eau distillée). Si la sécheresse du nez persiste et qu'il survienne une toux sèche et rauque, on fera prendre à de forts chiens une dissolution de 4 grammes de sel de nitre avec autant d'extrait de réglisse dans 30 grammes d'eau, une cuillerée à café ou à bouche toutes les deux heures, selon la taille du chien. Dans la seconde période de l'affection catarrhale, où la sécrétion muqueuse est plus épaisse ou plus abondante, on fait prendre 4 grammes de sel ammoniacal, 4 grammes d'extrait de réglisse dans 90 à 120 grammes d'eau, une cuillerée à thé ou à soupe toutes les deux heures. En même temps on fait prendre des bains de vapeur tièdes, deux ou trois fois par jour, avec de la fleur de foin ou des semences de fenouil (Hertwig).

Dans la forme inflammatoire, on débute par une saignée modérée à la jugulaire (30 à 300 gr., suivant la taille), puis on donne 10 à 20 centigr. de calomel par dose, trois ou quatre fois par jour, jusqu'à ce qu'il survienne des selles molles et verdâtres. Si l'inflammation persiste, on emploie les sétons, les sinapismes ou l'onguent de cantharides. Lorsque l'inflammation s'apaise, on donne un léger purgatif de 8 grammes sulfate de soude, 5 centigrammes d'émétique dissous dans 120 gr. d'eau, toutes les deux heures une grande ou une petite cuillerée.

Quand la maladie présente des symptômes gastriques, ou si l'animal, à côté des symptômes de catarrhe, a le ventre plein, arrondi, on donne des vomitifs et, si la diarrhée apparaît, on la traite par le jus de coing ou un mélange de rhubarbe et de gomme arabique. Quand les intestins sont très-relâchés, on fait prendre trois fois par jour une décoction de quinquina ou d'écorce de chêne, et en même temps on frictionne le ventre avec un liniment camphré auquel on ajoute parfois un peu d'essence de térébenthine. On tient les animaux chaudement et à une demi-diète liquide, bouillon faible, soupe de gruau ou dissolution d'amidon (Hertwig).

Dans la forme nerveuse et contre les convulsions, on fait prendre une décoction de 50 centigrammes de noix vomique dans 90 grammes d'eau, une ou deux cuillerées à thé toutes les trois heures. Lorsque les convulsions sont épileptiformes, on fait prendre 15 à 30 grammes d'huile de ricin par dose, répétée à intervalle de huit à douze heures, ou du calomel mélangé à de la gomme-gutte, 10 à 25 centigrammes de chaque. Dans tous les cas, il faut placer les malades dans une atmosphère moyenne, dans un endroit obscur et bien tranquille, sur une litière sèche et chaude, leur donner de temps en temps de l'eau fraîche et agir autour d'eux sans les tourmenter.

Clater recommande de donner, au début originaire de la maladie, et dès que les premiers symptômes se présentent, une pilule tous les trois jours, jusqu'à ce que le chien en ait pris trois, ainsi composée : émétique, 15 centigrammes; poudre de jalap, 50 centigrammes, dans quantité suffisante de conserve d'églantier (*le Chasseur médecin*, 3e éd., p. 54). M. Sanson conseille l'emploi du quinquina : Le moyen infaillible, dit-il, d'arrêter le développement de la maladie des chiens, c'est d'administrer tout de suite au malade, matin et soir, une cuillerée à café, chaque fois, de teinture de quinquina dans un verre de vin rouge. (*Notions usuelles de médecine vétérinaire*, p. 116.)

Comme moyen préservatif, M. Mariot-Didieux recommande, comme l'ayant employée avec succès, la composition suivante pour quarante pilules qu'on donne, une le soir, l'autre le matin, à deux jours d'intervalle : 30 grammes fiel de bœuf; 15 grammes aloès succotrin, 20 grammes camphre. En Russie, MM. Langenbacher et Busse, vétérinaires à Saint-Pétersbourg, guérissent les chiens, paraît-il, de la fièvre muqueuse-gastro-bronchite, ou maladie, en lavant les chiens sur la croupe et les membres avec un liquide composé de 60 grammes de poudre d'ellébore blanc bouillie dans un litre et demi de bière; les chiens ne tardent pas à se lécher, il en résulte des vomissements; cette décoction agit en même temps sur la peau comme excitant. La dose pour les gros chiens serait d'une bouteille en deux frictions à un jour d'intervalle; pour les petits, dose moitié moindre. Ils recommandent d'employer ce moyen dès le début de la maladie, avant qu'il ne soit survenu de convulsions (Scheler, *Notes sur Hert-*

*wig*, p. 67. — Mariot-Didieux, *Notes sur Clater*, p. 59).

6° La *variole ou petite vérole des chiens* est un exanthème pustuleux qui vient souvent s'ajouter à la fièvre muqueuse-gastro-bronchite, ou maladie proprement dite. Elle consiste en petites taches rouges arrondies qui deviennent, en vingt-quatre heures, plus proéminentes et plus foncées, produisent de petites vésicules arrondies qui renferment un liquide séreux trouble, puis sèchent, s'entr'ouvrent et disparaissent; cette éruption dure de deux à cinq jours et paraît contagieuse. Elle a été observée, en 1809, à l'école vétérinaire de Lyon; elle est ordinairement bénigne et cède à l'emploi de la diète, des boissons délayantes acidulées. Quand l'éruption a une teinte livide, quand il y a débilité et phlegmasie viscérale, on doit recourir aux décoctions de quinquina, au vin chaud et aux autres excitants. Les animaux doivent toujours être placés à une température élevée jusqu'à ce que l'éruption ait achevé son cours; le froid alors devient très-dangereux, mais la pièce doit néanmoins être suffisamment ventilée, parce que l'animal répand une odeur sensible (Youatt, *the Dog*).

7° La *rage ou hydrophobie*. On a donné ce

nom à un ensemble formidable de phénomènes morbides qui se développent spontanément chez certains animaux (chien-loup) ou qui résultent de la morsure faite par un animal enragé à un autre autre qui ne l'est pas. La rage, nommée à tort hydrophobie, peut donc être spontanée ou communiquée. L'animal atteint produit un virus contagieux pour l'homme et pour tous les animaux, et la maladie, une fois déclarée, est fatalement mortelle.

« Elle est annoncée par un ensemble de symptômes dont les principaux sont : au début, de la tristesse, de l'inappétence ; le chien recherche les lieux sombres pour s'y blottir ; son œil est plus brillant, plus rouge qu'à l'ordinaire ; quelques-uns passent la langue sur tous les corps durs qui se trouvent à leur portée, et le plus grand nombre vont flairer les autres chiens, et leur lèchent également les organes de la génération ; on les voit souvent lapper leur urine. Si la maladie a été communiquée par la morsure d'un autre animal, le chien qui est sur le point d'avoir un accès se gratte violemment la partie mordue ; il n'a pas, comme on l'a cru pendant longtemps, horreur des liquides ; mais la douleur qu'il éprouve à les déglutir fait qu'il n'y touche pas, malgré la soif ardente qui le tourmente et le désir qu'il a de l'apaiser. A cette époque, le caractère de l'animal change; il n'obéit plus aussi bien à la voix de son maître, il paraît maussade; son cri est rauque, incomplet, et tellement caractéristique qu'il suffit de l'avoir entendu une seule fois pour le reconnaître de loin et diagnostiquer la rage.

« Quand les premiers actes offensifs surviennent, le chien fuit son maître. Si l'on a eu soin de l'attacher solidement, à l'apparition des premiers symptômes il secoue violemment sa chaîne, la mord avec force et cherche à détruire sa loge. Cet état ne dure pas au delà de quelques jours, de trois à cinq au plus; l'animal tombe paralysé du train de derrière et succombe dans un accès. » (Prud'homme, *ut suprà*, p. 430.)

Tels sont les symptômes de la rage qu'on a appelée furieuse par opposition à la rage mue ou muette; celle-ci a pour symptôme principal une angine qui le rend muet et l'empêche d'avaler, et une paralysie de la gueule qui reste toujours ouverte. Cette rage, qui rend l'animal moins furieux et plutôt triste, quoique plus bénigne que la rage proprement dite, n'en est pas moins contagieuse et peut la produire.

On a proposé contre la rage beaucoup de moyens préventifs et curatifs. Parmi les premiers, il n'y a de reconnu que la cautérisation complète par le feu ou les caustiques; un fer rouge pour les morsures profondes, le chlorure de mercure (beurre d'antimoine) pour les plaies superficielles, et, à son défaut, l'ammoniaque liquide, le nitrate d'argent (pierre infernale). Mais ces moyens doivent être employés le plus rapidement possible et avant l'absorption du virus. Il faut donc, au plus tôt, débrider la plaie, la faire saigner, la nettoyer, puis la cautériser. En même temps on fait avaler à l'homme ou à l'animal un verre d'eau sucrée dans lequel on a versé quelques gouttes d'alcali volatil. Mais la cautérisation, et c'est là l'essentiel, doit atteindre les parties les plus profondes de la plaie pour y neutraliser complétement le virus.

Parmi les moyens curatifs auxquels on ne doit attacher, jusqu'à nouvel ordre, qu'une très-médiocre confiance, on a beaucoup vanté l'emploi de la poudre de cétoine dorée (cetonia aurata), coléoptère appartenant au genre melolontha (hanneton), qui vit dans les fleurs du rosier et du lis, de la mauve, etc., et qu'on donne à la dose de 1 à 2 grammes, incorporée à de la mie de pain pour former des pilules. Dans ces derniers temps, on a parlé beaucoup aussi de bains de vapeur successifs pris à une très-haute température.

On ignore quelles sont les causes déterminantes de la rage, mais on l'attribue en partie à la privation d'eau et à une continence forcée. On sait qu'elle peut couver pendant cent vingt jours avant de se déclarer, après avoir été communiquée; Youatt cite même un cas où elle ne se déclara chez un chien que sept mois après la morsure. On comprend combien il importe à la sécurité publique que tous les chiens soient sérieusement muselés, que les chiens vaguant sans muselière et sans collier soient occis, et qu'enfin ceux qui ont été mordus soient soumis à l'attache, à une quarantaine de cent vingt jours au moins d'observation.

---

# CHAPITRE VII.

## Maladies de l'œil.

### § 1er. — Ophthalmies.

On désigne généralement par ce nom toutes les affections inflammatoires du globe de l'œil, accompagnées de la rougeur de la conjonctive. Elles résultent de plaies, de refroidissements subits, de l'exposition prolongée à un vent froid, à la poussière ou à une lumière et une chaleur intenses.

1° L'*ophthalmie traumatique* est la conséquence de chocs, de morsures, ou de l'introduction de corps étrangers qui enflamment le globe de l'œil et les tissus environnants. L'œil est gonflé, chaud, douloureux, les conjonctives enflammées; si la plaie est profonde et a atteint le globe et surtout l'iris et le cristallin, il y a eu épanchement des liquides, suppuration, et l'œil est perdu. Si la plaie n'est que superficielle et n'atteint que la cornée, il y a remède. Il faut commencer par enlever, avec le doigt trempé dans l'eau ou mieux de l'eau mucilagineuse, les corps étrangers qui peuvent être demeurés entre le globe et les paupières; continuer des applications d'eau froide, saigner si l'inflammation est intense. L'eau froide peut être remplacée, s'il n'y a pas encore de trouble de la cornée, par de l'eau de Saturne affaiblie; s'il y a sensibilité et que l'œil soit sec, par du mucilage de coings ou de mauves; si l'œil est humide, mais très-douloureux, par une décoction narcotique à laquelle on ajoute du sucre de Saturne. L'animal est mis en lieu frais et obscur, les pattes de devant attachées (Hertwig).

2° L'*ophthalmie catarrhale externe ou conjonctivite* consiste dans l'inflammation de la conjonctive. Elle débute par le prurit et le larmoiement de l'œil malade et par la rougeur de la conjonctive; l'animal fuit la lumière, cligne les paupières ou les tient fermées; la vue est légèrement troublée par des mucosités qui tapissent le globe de l'œil; quelquefois la cornée devient bleuâtre et se trouble. Tantôt la maladie n'attaque qu'un œil, et tantôt les deux à la fois ; le plus souvent, elle est accompagnée d'une fièvre légère. Quand elle est bien soignée, c'est la plus bénigne des ophthalmies. Il faut placer l'animal dans un lieu chaud et bassiner l'œil toutes les heures avec un collyre d'infusion de fleurs de sureau ou avec le collyre suivant : teinture d'arnica des montagnes, 3 gouttes ; teinture opiacée, 6 gouttes ; eau distillée, 30 grammes (Mayhew), ou enfin avec celui-ci : eau de Goulard, 15 grammes ; esprit-de-vin, 8 grammes ; eau de roses, 120 grammes (Clater). Si l'inflammation était très-grave ou persistait, on pourrait appliquer des sangsues aux tempes ou saigner à la jugulaire ; on tient, en même temps, le corps libre par des purgatifs bénins et des lavements.

3° L'*ophthalmie rhumatismale* reconnaît sa cause principale dans des refroidissements, une exposition prolongée au vent froid ou à l'eau, ou au brouillard. Elle a son siége dans la membrane sclérotique, et quelquefois aussi dans la cornée transparente et la membrane choroïde. On reconnaît que la sclérotique, blanche d'habitude, est tapissée d'un fin réseau vasculaire rouge ; les paupières sont peu ou pas gonflées, et néanmoins leurs bords se collent souvent pendant la nuit ; l'œil est très-sensible ; deux à quatre jours après, la cornée transparente se trouble, et il apparaît dans son milieu une vésicule rougeâtre qui ne tarde pas à se changer en un ulcère à bord plus ou moins épais et à fond grisâtre et inégal (Hertwig).

L'animal doit être placé au repos, dans un endroit sec, chaud, obscur et paisible, mis à un régime végétal peu abondant, saigné s'il est pléthorique; un séton à la nuque et un autre à la poitrine ne peuvent que dériver l'inflammation; il en est de même de l'usage des purgatifs. Pour combattre les ulcères, M. Mariot-Didieux recommande de verser sur les parties malades quelques gouttes du collyre suivant : eau douce (de pluie), 125 grammes; teinture d'aloès, 10 gouttes; ammoniaque liquide, 4 gouttes; sulfate de cuivre, 5 centigrammes. Quand l'inflammation commence à disparaître, on bassine les yeux avec un autre collyre composé de : sulfate de zinc, 1 gramme; eau-de-vie, 10 grammes; infusion de sureau, 100 grammes. (*Notes sur Clater*, p. 100.)

§ 2. — Taie ou albugo.

On donne ce nom à une maladie de la cornée, dans laquelle cette partie de l'œil perd entièrement ou partiellement sa transparence, et prend une teinte plus ou moins foncée, blanche, grise, bleuâtre ou jaunâtre. Elles sont souvent la suite de coups, de chocs, ou de blessures; d'autres fois elles résultent d'une ophthalmie chronique. L'effet produit varie selon que les taches sont placées au milieu de la cornée et interceptent la vue, ou à sa circonférence et alors ne la troublent que peu. Les taches grises ou bleuâtres sont les moins tenaces, les jaunes et les blanches les plus persistantes.

Si l'œil est en même temps le siége d'une inflammation légère, mais habituelle, il faut commencer par attaquer cette ophthalmie au moyen de cataplasmes ou de lotions émollientes, d'un vésicatoire sur la nuque ou d'un séton; d'une saignée au cou, selon les indications. Quand l'inflammation a disparu, on recourt aux résolutifs et aux fondants; on peut employer un collyre sec composé de sucre candi réduit en poudre impalpable et mêlé avec un peu de nitrate de potasse, de sulfate de zinc ou d'os de sèche. Hertwig a eu souvent recours ensuite à l'onguent mercuriel seul ou avec addition d'un peu d'opium. On nourrit le chien de végétaux, on lui fait prendre de l'exercice en plein air et on le purge tous les huit à dix jours.

§ 3. — Cataracte.

Cette maladie consiste dans l'opacité partielle ou complète du cristallin ou de la capsule ou de ces deux parties à la fois, ce qui rend la vision impossible. Elle peut avoir pour cause de violentes ophthalmies chroniques, des coups sur l'œil, des blessures, des répercussions de la peau, enfin l'âge avancé. Au début, on remarque derrière la pupille une petite tache d'un blanc nuageux qui devient de plus en plus étendue et épaisse; la pupille devient de moins en moins dilatable et bientôt immobile; alors, le cristallin devient tout à fait apparent; il paraît recouvert de petits points blancs, de petites lignes en zigzag convergeant vers le centre, et d'autant plus visibles que le mal est plus avancé. On ne connaît point de traitement efficace dans cette maladie. Tous les soins doivent se borner à combattre les premiers symptômes. On met, dit Hertwig, les chiens à un régime très-maigre, on leur donne tous les trois ou quatre jours une purge, on leur passe un séton à la nuque, et on applique sur l'œil des collyres ou des pommades légèrement irritants, tels que, par exemple, des infusions de camomille, d'arnica, de valériane, etc., avec addition de potasse ou de carbonate d'ammoniaque, de camphre trituré avec de la gomme arabique, etc., ou des pommades de calomel et d'axonge, ou bien de carbonate d'ammoniaque et d'onguent mercuriel gris, etc. (*loco citato*, p. 111). Presque toujours et quoi qu'on fasse, surtout chez les vieux chiens, la cataracte est suivie de cécité.

### § 4. — Amaurose ou goutte sereine.

On désigne sous ces deux noms toute perte complète ou presque complète de la vue, avec immobilité de la pupille, qui ne dépend pas d'une altération appréciable de l'œil ou de diverses parties qui le composent. Elle est le plus généralement produite par une paralysie de la rétine ou du nerf optique, ou par l'atrophie de ce dernier. Mais elle dépend quelquefois aussi d'une congestion au cerveau, sanguine ou nerveuse. Les animaux y sont prédisposés par l'habitation dans un chenil humide et malsain, par l'usage de mauvais aliments ou d'un régime insuffisant et manquant de variété, par un âge avancé, par des répercussions de la peau quand on supprime trop rapidement une maladie cutanée ; elle apparaît chez les jeunes chiens pléthoriques, chez les chiennes auxquelles on n'a pas laissé assez d'élèves pour consommer leur lait.

Le traitement ne peut être suivi de succès que dans le cas où la maladie provient de congestions ou de coups, et où il est mis en œuvre dès le début; il consiste dans la diète, la saignée, les sétons, les purgatifs ; des lotions sur l'œil d'eau froide, de teinture d'arnica ; l'application de frictions irritantes sur les reins ou les côtes; parfois l'application d'un vésicatoire très-près de l'œil.

---

# CHAPITRE VIII.

## Maladies de l'oreille.

---

Les maladies des oreilles doivent être fréquentes chez le chien, ces parties étant le plus souvent, par leur longueur et par les services qu'on demande à l'animal, atteintes de piqûres, de chocs, de coups et de morsures; elles sont plus fréquentes en outre, dans les races à poil ras et fin, que dans celles à poil rude et abondant.

### § 1er. — Le chancre.

On désigne sous ce nom vulgaire des ulcères qui ont pour caractère commun de s'agrandir en détruisant ou rongeant les parties voisines. Le chancre des oreilles se développe presque exclusivement sur les chiens appartenant aux races à oreilles longues et pendantes, à poils rares et fins, employés à la chasse, qui, courant dans les chaumes, les bois et les buissons, peuvent s'y arracher, s'y piquer les oreilles, ou simplement y éprouver une démangeaison qui les porte à secouer violemment la tête, et à faire battre les oreilles l'une contre l'autre. C'est même cette dernière circonstance qui rend ces maladies si difficiles à guérir dans ces animaux. Dans le principe, le chancre n'intéresse que la peau et ne consiste souvent qu'en de petites gerçures ; la cause continuant d'agir, la peau devient saignante, et donne écoulement à une humeur qui, en se desséchant, forme croûte. La maladie, faisant des progrès, pénètre plus avant, attaque la conque de l'oreille et en occasionne la carie. Bientôt, le point attaqué est comme rongé ; il offre une échancrure qui s'accroît successivement, et d'autant plus aisément que l'animal est plus tourmenté, plus indocile et moins soigné.

La première précaution à prendre, lorsqu'on veut obtenir la guérison de ce chancre, est d'assujettir les oreilles de telle sorte qu'elles ne ressentent que la plus légère impression possible des mouvements violents de la tête, et qu'elles soient à l'abri des atteintes des pattes et du contact des corps extérieurs. On se sert ordinairement, à cet effet, d'un béguin, c'est-à-dire d'une espèce de coiffe en toile, pourvue de deux trous qui correspondent aux yeux. On passe le museau dans ce béguin qui maintient les oreilles appliquées sur la tête, et va s'attacher au collier. Si le chancre est récent et qu'il ne soit pas entouré de parties dures et calleuses, on se contente de le laver avec de l'eau tiède, de l'entourer avec des plumasseaux de charpie ou d'étoupes et de maintenir le tout avec le béguin. Ce simple traitement suffit ordinairement pour faire disparaître le chancre en peu de jours. Mais, dans le plus grand nombre de cas, on est obligé d'enlever, avec le bistouri ou avec les ciseaux, toute la portion malade, en ayant soin de brûler la plaie avec le cautère chauffé à blanc ou simplement avec la pierre infernale. Il se forme une escarre qui tombe au bout de quelques jours et laisse au-dessous d'elle une petite plaie vermeille qu'on panse avec de l'eau-de-vie ou la teinture d'aloès. Si l'indocilité de l'animal n'y apporte pas d'obstacle, la guérison est prompte. (*Dictionnaire usuel de chirurgie et de médecine vétérinaires.* — 1837, t. Ier, p. 160.)

Quand les chancres sont étendus ou nombreux, nous avons déjà vu (chap. V, § 6) qu'on devait amputer l'oreille afin de lui conserver des formes régulières, et dit comment se devait faire cette opération. Il en est de même des kystes de l'oreille, sur lesquels on fait la ponction suivie d'une injection de teinture d'aloès, ou qu'on incise longitudinalement. Mais, le plus souvent, on ampute l'oreille, non pas tant seulement pour détruire le mal que pour soustraire le chien à son retour.

§ 2. — Polypes.

Il est une autre maladie, une végétation fongueuse dont nous avons parlé déjà, le polype (chap. V, § 6), qui peut apparaître sur les chiens de toutes races, et qui a son siége dans le conduit auditif externe. Tantôt ces tumeurs sont molles, vasculaires, saignent au moindre contact et se déchirent avec la plus grande facilité, sans pour cela faire souffrir l'animal qui en est atteint; tantôt elles se présentent sous forme d'éminences piriformes de consistance et de volume variables, croissant avec une rapidité surprenante et obstruant plus ou moins complétement le conduit au-dessus duquel elles saillent. Au début, ce sont des espèces de petites verrues; bientôt c'est une tumeur qui produit une suppuration ichoreuse, une sorte d'ulcère qui porte l'animal à secouer fréquemment et violemment la tête.

Nous avons vu que le seul traitement possible consistait à ligaturer, couper ou arracher la tumeur, puis à cautériser la place qu'elle occupait, mais qu'il fallait que l'ablation fût complète, parce qu'il suffit d'une seule racine pour reproduire le polype. Si, après l'opération, la suppuration persistait, on emploierait de légers astringents, comme l'eau de Saturne (sous-acétate de plomb), les solutions d'alun ou de vitriol blanc (sulfate de zinc), etc.

## § 3. — Otite.

L'otite ou inflammation de la membrane muqueuse de l'oreille, nommée aussi catarrhe auriculaire, peut reconnaître plusieurs causes : la température froide et humide, l'exposition de la tête à un courant d'air rapide, la présence d'un corps étranger dans le conduit auditif, la disparition subite d'une ophthalmie ou d'un écoulement chronique, des coups sur la région de l'oreille.

On la voit souvent survenir dans le cours ou vers le déclin de certaines affections aiguës, et surtout vers la fin de la maladie des chiens; souvent aussi elle attaque, vers l'âge de deux à quatre ans, les animaux qui ont été exempts de cette affection critique.

Elle s'annonce par un prurit qui porte les animaux à se gratter avec les pattes de derrière, au point de la déchirer et de la faire saigner; à l'intérieur, on voit la membrane auriculaire rouge et tuméfiée; bientôt, elle laisse suinter un liquide grisâtre sanieux, puriforme, fétide et très-abondant; la base de l'oreille devient très-sensible; tantôt une oreille seulement est atteinte, plus souvent les deux à la fois.

Le traitement, assez simple et presque toujours suivi de succès, consiste en des injections émollientes d'abord, avec l'eau de guimauve ou de graine de lin, puis des injections astringentes ensuite, sulfate de zinc ou de cuir, sous-acétate de plomb, solution de nitrate d'argent, etc. On aide à la guérison par un séton placé à la nuque. Les astringents, décoctions d'écorces de chêne, de saule, de noix de galle, réussissent souvent aussi. Quand il se produit à la suite une adhérence ou un rétrécissement du conduit auditif, on introduit, ainsi que le recommande Hertwig, une corde à violon ou une petite éponge sèches, qu'on mouille ensuite, pour détruire l'adhérence ; quand il y a obturation complète, on pratique une petite incision crurale dans la masse, à peu près sur le milieu du conduit, et au moyen d'une sonde on introduit les corps sus-indiqués. Cette obturation arrive parfois aussi à la suite de l'amputation des oreilles lorsqu'elle a été pratiquée trop près de la base; on fait une incision crurale, on retourne les quatre lambeaux à l'intérieur et on les fixe avec des points de suture; on coiffe, dans ce cas, le chien du béguin. Quand l'inflammation est devenue chronique, Clater, qui regarde à tort l'otite comme due à des chancres intérieurs, conseille d'injecter un mélange de : huile d'olive 30 gr., calomel 6 grammes.

# CHAPITRE IX.

## Maladies du nez (cavités nasales et sinus frontaux).

### § 1er. — Ulcération de la muqueuse nasale.

Elle résulte le plus souvent, d'après Hertwig, de lésions mécaniques quand le chien se frotte le nez sur sa litière, ou suit, à la chasse, la piste dans des herbes roides, des broussailles et des épines ; parfois aussi de coups sur les naseaux, à la suite d'écoulement de mucosités dans des maladies catarrhales. Elle se reconnaît à ce que l'animal s'ébroue souvent, secoue vivement le nez et y porte la patte, et qu'il se produit un écoulement d'un rouge brun. On emploie, pour la combattre, des injections astringentes de tanin, des solutions d'alun (4 grammes dans 150 grammes d'eau), et, si l'écoulement est abondant et fétide, on fait des fumigations de chlorure de chaux. Les injections ne doivent être, on le comprend, ni trop violentes ni trop abondantes, sans quoi elles pénétreraient dans le larynx.

§ 2. — Polypes du nez.

Nous avons dit ce que sont ces végétations anormales, et décrit les moyens de les combattre et de les extirper. Leur présence n'est pas moins dangereuse dans le nez, où par leur volume elles peuvent obstruer le passage de l'air et produire l'asphyxie, que dans les oreilles, où elles peuvent causer la surdité; mais l'extirpation est plus difficile dans les cavités nasales que dans le conduit auditif.

§ 3. — Vers des sinus frontaux.

Parmi les entozoaires du chien, il en est un, le polystoma tænioïdes (*seu pentastoma tænioïdes*), appartenant au genre polystome de l'ordre des entozoaires tænioïdes, qui s'introduit quelquefois, seul ou en réunion, dans les sinus frontaux du chien de toutes races, de toute taille, de tout âge.

Nous verrons (chap. XVI, § 5, 7°) quelle peut être leur origine et comment ils ont pu être introduits dans cette région. Ils se fixent par une de leurs extrémités, la bouche, sur la muqueuse qu'ils titillent, irritent ou enflamment ; le chien s'ébroue souvent, prend son nez entre ses deux pattes, semble inquiet, devient parfois comme fou et est pris d'envie de mordre.

Quand on soupçonne la présence de ces entozoaires, on trépane l'os frontal et on injecte dans le sinus, à fréquentes reprises, des liquides amers, comme de l'eau de créosote, une dissolution d'aloès, etc.

---

# CHAPITRE X.

## Maladies de la bouche.

---

### § 1er. — Aphthes.

On donne ce nom à de petites ulcérations superficielles, blanchâtres, qui se développent parfois sur la muqueuse de la gueule ; elles peuvent se montrer seules ou n'être que la suite d'une affection du tube gastrique et intestinal ; quelquefois on les voit apparaître en même temps que des enzooties de même nature sur des animaux d'autres espèces. Elles sont contagieuses. Au début, elles se présentent sous la forme de petites éminences rougeâtres dont le sommet devient blanchâtre et se transforme en une vésicule qui s'ouvre bientôt et donne issue à de la sérosité; puis elles s'ulcèrent, se réunissent par leurs bords et forment une large plaie ; en même temps, l'haleine devient fétide, la fièvre se déclare ; la plaie, au bout de huit à douze jours cependant, commence à se cicatriser.

Quoique la guérison puisse se produire par les seules forces de la nature, il est bon de lui venir en aide par des soins de propreté, des gargarismes d'eau miellée et vinaigrée, qu'on peut remplacer par des lotions du même liquide étendues sur la langue avec un pinceau à poils longs, et deux, trois ou quatre fois par jour ; ou enfin par des injections d'une infusion de sauge (*salvia officinalis*) dans la bouche.

### § 2. — Scorbut.

Le scorbut est une maladie assez rare chez les chiens. Il est caractérisé par la coloration bleuâtre des gencives qui, au moindre attouchement, laissent suinter un sang noirâtre; les dents deviennent mobiles dans leurs alvéoles ; l'haleine devient très-fétide, la fièvre se déclare ; l'animal maigrit et s'affaiblit rapidement ; la mort peut survenir en quinze à vingt-cinq jours. Il peut résulter d'une alimentation insuffisante, du séjour dans un air impur, de fatigues excessives, de grandes pertes de sang à la suite d'opérations chirurgicales ou de plaies et morsures accidentelles.

Le traitement doit comprendre les amers, les astringents, les antiscorbutiques : dans le début, Hertwig conseille une infusion de jonc odorant qui suffit quelquefois à elle seule pour la guérison ; plus tard et quand l'affection existe à un degré plus fort, on joint à cette infusion du tanin (10 à 20 centigrammes pour 30 grammes d'eau), ou bien une décoction d'écorce de saule, de racine de tormentille, ou, mieux encore, de quinquina, et l'on ajoute l'acide hydrochlorique ou nitrique (6 à 10 gouttes dans 30 grammes d'eau). Dans ces circonstances, on peut aussi ajouter aux liquides aromatiques le sulfate de fer, le nitrate de fer, la créosote, le camphre, l'essence de térébenthine, etc., afin de relever davantage encore l'activité vitale. Localement sur les gencives, on emploie à peu près les mêmes moyens, surtout des lotions avec une infusion de sauge ou d'angélique avec addition d'alun. Dans tous les cas, une nourriture animale, une litière sèche et propre, et un air pur, sont les auxiliaires indispensables du traitement (*loco citato*, p. 138). On peut encore l'aider à l'intérieur par l'infusion ou le sirop de cochléaria ; on broie deux poignées de feuilles fraîches de la plante qu'on jette ensuite dans un litre de vin blanc, et on en fait prendre par jour du huitième au cinquième de ce litre.

§ 3. — Dents.

« Souvent, dit Mayhew, il se produit sur les dents du chien une incrustation (tartre), surtout sur les incisives. Il faut la détruire en grattant l'émail sans attaquer la gencive ; elle s'enlève souvent en larges plaques, et la dent, en dessous, reparaît blanche comme auparavant. Pour empêcher le retour du tartre et fortifier l'émail des dents, on prépare une faible solution de chlorure de zinc (5 centigrammes pour 30 grammes d'eau), et on aromatise le liquide avec un peu d'essence d'anil, et on applique ce liquide sur les dents du chien, chaque matin, avec un pinceau. » (*The Dog, management*, p. 79.)

Les dents du chien peuvent se carier et faire beaucoup souffrir l'animal ; il est prudent de les arracher pour éviter qu'elles ne se brisent ; on emploie, pour cela, soit une petite clef anglaise, soit de petites pinces spéciales.

§ 4. — Inflammation des parotides (esquinancie externe).

On nomme ainsi l'inflammation des glandes salivaires qui se trouvent situées sur les parties latérales et supérieures du cou, au-dessous de l'oreille, entre le rebord postérieur de l'os maxillaire et le bord antérieur de l'apophyse transverse de l'atlas. Elle se déclare parfois spontanément chez les jeunes chiens à la suite d'un refroidissement ; chez les adultes elle peut résulter de contusions dans cette région ; quelquefois encore, elle accompagne le coryza, l'angine et quelques affections gastro-intestinales, catarrhales ou gastriques ; elle est souvent enzootique, mais non contagieuse. Elle se reconnaît à l'engorgement de l'une ou des deux glandes qui deviennent chaudes et douloureuses, et va parfois jusqu'à rendre difficiles, sinon impossibles la déglutition et la respiration ; l'animal est triste et perd l'appétit ; ses yeux sont larmoyants, ses naseaux sont le siége d'un écoulement. Ordinairement, l'inflammation se calme d'elle-même après quatre à quinze jours.

Le traitement consiste à garantir l'animal du froid, à lui faire prendre un vomitif, à faire, sur la région malade, des onctions de fondants ou de calmants (onguent mercuriel et liniment camphré), et à tenir la tête enveloppée dans un linge de laine.

---

# CHAPITRE XI.

## Maladies du cou (encolure, gorge-gosier).

---

### § 1er. — Goître.

Le goître est une hypertrophie morbide des glandes thyroïdes, avec dégénération de leur tissu. Une seule, ou deux de ces glandes situées autour du gosier, sont atteintes, et leur tissu devient mou et rempli d'une sorte de lymphe jaune ou brune ; tantôt sa consistance et son aspect deviennent lardacés, et tantôt il se produit une ossification. Au dehors, l'inflammation forme une tumeur qui augmente insensiblement de volume, sans qu'il y ait ni douleur ni chaleur, et par son développement le goître peut occasionner la toux, le cornage, la difficulté de respirer.

Quand l'animal est sain et jeune, quand l'inflammation est récente, l'altération du tissu glandulaire peu avancée, on peut espérer de résoudre le goître. Dans ce but, on emploie les fondants (résolutifs) à l'intérieur et à l'extérieur. A l'intérieur : l'iode, à la dose de 60 milligrammes à 2,50 centigrammes, ou 5 à 10 gouttes de teinture par jour en deux fois ; l'iodure de potassium, de 2,50 à 10 centigrammes par jour en deux fois ; l'éponge brûlée, à la dose de 25 à 50 centigrammes par jour, en pilules ou en électuaires, et continuant ces doses pendant quatre jours. A l'extérieur, on emploie les frictions de pommade d'iode ou d'iodure de potassium (4 grammes) pendant quatre à six semaines. Quand la tumeur continue de s'accroître, qu'elle intéresse l'existence de l'animal, on peut tenter de la traverser par un séton ou même de l'enlever; mais cette opération est très-grave et souvent dangereuse, à cause des parties importantes qu'elle intéresse et qu'avoisinent de gros vaisseaux artériels et veineux, et des nerfs développés. (Hertwig, p. 148.)

§ 2. — Angine.

On désigne sous ce nom l'inflammation soit

générale, soit partielle de la muqueuse qui tapisse l'arrière-bouche (gorge). Elle est assez rare chez les chiens, et peut provenir soit de refroidissements, soit de l'introduction de corps étrangers irritants, comme la poussière pendant une longue chasse en plaine dans la saison des chaleurs. Elle affecte tantôt plus particulièrement le pharynx (gosier), tantôt le larynx (gorge); dans le dernier cas, le chien, en respirant, fait entendre soit un sifflement, soit un ronflement, et ouvre la bouche pour respirer; il tousse souvent, et sa toux, sèche d'abord, devient bientôt rude et rauque; il survient des nausées ou envies de vomir; à l'extérieur, la gorge est douloureuse. Dans le premier cas, la respiration ne présente rien de bien particulier; mais la déglutition, celle des liquides surtout, devient difficile et douloureuse, la bouche est filante à l'extérieur, la région de la gorge enflammée, chaude et douloureuse. Dans l'un et l'autre cas, l'inflammation gagne plus ou moins les muqueuses du nez et de la bouche, et parfois même la conjonctive; l'appétit diminue; il y a fièvre plus ou moins sensible et presque toujours constipation.

Le traitement consiste à combattre ces divers symptômes : envelopper la gorge chaudement, soit d'un linge de laine, soit d'un morceau de peau de mouton ; frictionner cette région une ou deux fois par jour avec un liniment volatil mercuriel formé d'huile d'olive 60 grammes, ammoniaque liquide 30 grammes, onguent mercuriel 10 grammes; s'il y avait tendance à abcès, on emploierait les cataplasmes émollients. En même temps on fait des fumigations émollientes, on gargarise ou on injecte une dissolution de miel dans du vinaigre étendu d'eau ; quand il y a fièvre inflammatoire, on la combat par une légère saignée; la constipation, par des purgatifs légers et des lavements. Quand il y a imminence de suffocation, on pratique la trachéotomie. Le plus souvent on se trouve bien de l'application d'un ou deux sétons sur le cou. La nourriture doit être liquide, lait ou mieux petit-lait, soupe ou bouillie claire.

## § 3. — Étranglement.

Par ce mot nous n'entendons parler que de la menace d'asphyxie causée par l'introduction, dans l'œsophage, de corps d'un volume trop considérable pour qu'ils y puissent circule ,ou de forme irrégulière, c'est-à-dire présentant des pointes, arêtes ou esquilles qui s'opposent à leur mouvement de descente vers l'estomac : ce sont des fragments d'os, des arêtes de poisson ou des esquilles de bois. L'œsophage, voisin de la trachée, et gonflé par la présence de ces obstacles, refoule le conduit aérien, gêne plus ou moins la respiration, provoque des nausées, de la toux, et peut souvent déterminer l'asphyxie. On s'en aperçoit à l'inquiétude du chien, qui change fréquemmeut de place, est triste, tousse, pleure, gémit, fait des efforts pour vomir, tente d'introduire ses pattes dans sa gueule ou prend son museau entre ses membres antérieurs.

La première chose à faire est de palper la gorge afin de s'assurer à quel endroit se trouve l'obstacle et d'apprécier son volume; selon ce volume, selon l'endroit occupé, les moyens doivent varier. Quand l'obstacle est peu volumineux et s'est arrêté à la partie supérieure de l'œsophage, on peut souvent le saisir par la bouche avec de petites pinces, s'aidant de légères pressions qu'on exécute de bas en haut extérieurement avec la main. Lorsqu'il est plus profondément situé, on peut essayer de faire prendre un vomitif qui sans doute provoquera l'expulsion du corps étranger, ou pourra du moins le ramener près du gosier. Si le corps était plus bas encore, à surface lisse et d'une digestion possible, on peut tenter de le faire descendre vers l'estomac avec une sonde huilée et garnie d'un petit tampon à l'extrémité, qu'on introduit dans l'œsophage jusqu'à l'obstacle sur lequel on foule légèrement. Enfin, si ces moyens étaient impuissants et qu'il y eût danger de suffocation, on emploierait l'œsophagotomie (voir chap. V, § 11). Si, par leur forme irrégulière, les corps étrangers avaient dû léser la muqueuse œsophagienne, on ferait prendre au chien un peu d'huile de lin et on le nourrirait pendant une huitaine de jours avec des aliments fluides, soupe, pâtée, bouillon, etc.

# CHAPITRE XII.

## Maladies de la poitrine.

---

### § 1er. — Pneumonie.

Cette maladie, qui consiste dans une inflammation du tissu pulmonaire, n'est pas rare chez les chiens. On peut l'attribuer à un refroidissement subit ou intense, comme lorsque, dans une chasse, le chien se jette à l'eau ou qu'on l'y précipite, ou encore lorsque, ayant tondu avant l'hiver un animal à longs poils, on l'expose, peu après, à un vent froid, à la pluie ou à la neige; ou enfin, lorsqu'au retour d'une longue chasse, par le mauvais temps, on renferme l'animal dans son chenil sans lui laisser le temps de sécher ses poils devant le feu.

Les symptômes de la pneumonie sont les suivants : l'animal paraît triste, abattu; il y a fièvre assez intense; il se couche, mais se relève bientôt pour changer de place; le lendemain ou le surlendemain, la respiration devient courte et difficile; il ne se couche plus et se tient assis seulement sur son train de derrière; il tient la tête tendue et ouvre la gueule pour respirer; une toux courte et douloureuse ne tarde pas à se manifester; quelques jours plus tard, les yeux s'enflamment, la langue pend hors de la bouche, il survient souvent un écoulement de mucus strié de sang par les naseaux. En même temps l'appétit a disparu, il y a constipation, les urines sont rares ; d'autres fois il y a diarrhée noire et fétide.

Le traitement doit commencer par une assez forte saignée proportionnée à la taille du chien (150 à 450 grammes), et la réitérer cinq à six heures après, si les symptômes n'avaient pas diminué d'intensité, et le lendemain encore, s'il y avait lieu, mais ces deux dernières saignées ne doivent être que de la moitié environ de la première. En même temps on purge légèrement avec le sel de nitre ou avec le sel de Glauber (50 centigrammes à 1 gramme) dissous dans l'eau; on applique des révulsifs, frictions à l'essence de térébenthine ou un liniment-vésicatoire sur les membres, le dos et les côtés de la poitrine, des trochisques au fanon avec sétons sur les côtes ou la nuque. Demi-diète, bouillon, bouillie et très-peu de viande.

### § 2. Pleuropneumonie.

On nomme ainsi l'inflammation de la séreuse qui tapisse la face interne des parois de la poitrine et du diaphragme, la face externe des poumons et des péricardes, et gagne le plus souvent le tissu pulmonaire lui-même. Elle devient souvent une complication du rhumatisme aigu, de la maladie des chiens et de la péritonite ou inflammation du péritoine. Elle peut avoir pour cause des refroidissements brusques et intenses, des contusions, des plaies pénétrantes à la poitrine, des répercussions de la peau, etc.

Les symptômes sont ceux de la pneumonie, mais les accès de fièvre alternent avec des frissons; l'animal ne se couche pas ou rarement, il reste assis sur les membres postérieurs; les côtes ne se soulèvent pas pour la respiration; l'extérieur de la poitrine est très-sensible, et le moindre attouchement fait tousser et gémir le chien; plus tard la respiration devient abdominale et les flancs sont très-agités. Tantôt l'inflammation se borne à un seul côté de la poitrine, le plus souvent elle les atteint tous deux.

Le traitement de cette maladie est exactement le même que celui de la pneumonie; cependant, lorsqu'il y a tendance à l'exsudation, c'est-à-dire quand on entend dans la poitrine un bruit de fluctuation dû à de la sérosité sécrétée plus ou moins abondamment, on administre de 50 centigrammes à 1 gramme de borate de soude. Comme dans la pneumonie, le chien doit être tenu dans une température modérée, et surtout dans un local tranquille, et à une diète liquide.

Lorsqu'à la suite de pleuropneumonie il y a eu exsudation et hydropisie de poitrine, ce qu'on reconnaît à l'auscultation, aux bruits respiratoires, à la difficulté de la respiration qui ne peut s'effectuer que la bouche ouverte et à l'aide de l'abdomen, à la toux fréquente et à des œdèmes qui se déclarent sur les membres antérieurs, la poitrine et le ventre, on emploie les révulsifs et les dérivatifs, onction d'onguent-vésicatoire ou frictions de teinture de cantharides sur les côtes, sétons animés d'onguent-vésicatoire, et, à l'intérieur, tartre stibié et calomel à petites doses. Selon l'état du chien, on purge plus ou moins énergiquement et plus ou moins fréquemment, et on administre l'iodure de fer ou le sulfate de fer. Quand il y a danger d'asphyxie, on pratique la ponction de la poitrine au moyen d'un petit trocart introduit entre la cinquième et la neuvième côte à partir du flanc.

### § 3. — Phthisie pulmonaire.

On donne ce nom à une maladie inflammatoire du tissu pulmonaire qui devient le siége de dépôts de matières tuberculeuses, sortes de tumeurs internes de couleur blanche ou grise, de consistance compacte, lardacée ou molle ; ces tubercules se ramollissent peu à peu et se transforment en un liquide épais, semblable à un mélange de pus et de caillé ; quelquefois ces tubercules s'incrustent de matière calcaire blanche et à contexture serrée ; le liquide purulent tend à s'écouler au dehors par les bronches et les cavités nasales. Elle se caractérise au dehors par ce jetage du nez et quelquefois de la bouche, jetage permanent ou alternatif ; par la fétidité de l'haleine, le bruit mat que rendent certains points de la poitrine à l'auscultation, la difficulté de la respiration et le bruit de ronflement qui l'accompagne, la diminution de l'appétit, l'amaigrissement rapide, une toux courte, sèche, étouffée, une fièvre légère, mais continue.

Comme traitement, Hertwig recommande les substances antiphlogistiques et calmantes, surtout le mucilage de guimauve et de graine de lin, une décoction de tussilage, de mousse d'Islande avec du miel ou du jus de carottes, avec de la digitale, de la jusquiame, du sucre de Saturne, etc. S'il y a absence de congestion et d'inflammation, on peut employer de légers aromatiques, l'alun, l'eau de goudron, la créosote, etc. On a quelquefois employé aussi l'huile de foie de morue dont on obtient souvent de bons effets chez l'homme. Quand le jetage a mauvaise odeur, on injecte du chlorure de chaux dans les naseaux et on en fait même prendre à l'intérieur 10 centigrammes à 1,50 centigr., dissous dans 8 à 16 grammes d'eau froide, quatre fois par jour. En même temps, sétons et révulsifs énergiques.

La phthisie n'affecte pas toujours la forme purulente ou tuberculeuse, elle se borne parfois à une sécrétion chronique et morbide de mucosités dans la muqueuse des bronches, suite fréquente de la maladie des chiens et des inflammations catarrhales. Il y a, dans ce cas, écoulement nasal d'un mucus blanc ou grisâtre, toux faible, maintien de l'appétit, puis, quelques semaines ou même quelques mois plus tard, amaigrissement rapide, presque subit, faiblesse, grande difficulté de la respiration, fièvre et frissons; les yeux deviennent chassieux, les muqueuses pâlissent, on perçoit un violent bruit respiratoire, la diarrhée se déclare et l'animal meurt.

Le traitement doit commencer par des adoucissants et des purgatifs, petit-lait doux, sel de Glauber (sulfate de soude) dans une infusion de réglisse; plus tard sel de Saturne (1,25 centigrammes à 10 centigrammes) auquel on ajoute de l'opium dans le cas d'une irritation à la gorge et de toux. En même temps on donne des fumigations aromatiques (d'infusions de baies de genièvre, de goudron, d'huile de pétrole ou de térébenthine versées sur des fers rougis au feu) deux fois par jour pendant un quart d'heure à une heure chaque fois. On tient les animaux dans une chaleur modérée, et on leur donne une bonne nourriture. (Hertwig, *ut suprà,* p. 164-169.)

### § 4. — Asthme.

L'asthme est une maladie fréquente chez les

chiens âgés et ceux qui vivent dans les salons; mais il est souvent aussi la suite d'une pneumonie chronique. Il consiste dans un spasme des tubes bronchiaux, et n'est plus curable dès qu'il est passé à l'état chronique, on ne peut alors qu'adoucir ses plus violents symptômes. Il commence insensiblement par la brièveté de la respiration, qui ne fait que s'accroître et redouble pendant la nuit, après le repas et lorsque l'animal est couché; il y a dès le début toux courte et rauque dont les accès deviennent de plus en plus fréquents; l'appétit et la gaieté restent les mêmes et l'animal tend à l'obésité.

Le traitement doit être surtout hygiénique: bon air, exercice fréquent et modéré, diminution de nourriture, régime végétal; on frictionnera souvent la peau, on fera coucher l'animal sur la paille. En même temps on emploie les sédatifs; l'opium, la belladone, la jusquiame, l'assa fœtida doivent être successivement essayés. Mayhew recommande des pilules composées d'un calmant avec une légère dose d'expectorant, trois fois par jour, et pendant l'accès; il a obtenu le plus grand bien de l'administration de l'éther et de l'opium. On peut aussi appliquer d'une à quatre sangsues à la poitrine, ou appliquer souvent de petits vésicatoires ammoniacaux sur les côtes. En même temps on administre, à l'intérieur, du vin d'antimoine ou d'ipécacuana, comme tonique et stomachique (*the Dog*, p. 101).

M. Mariot-Didieux recommande la poudre suivante de Blaine : émétique 1 gramme, nitre 10 grammes, digitale 2 grammes, le tout pour quarante paquets dont on donne un par jour.

---

# CHAPITRE XIII.

## Maladies de l'estomac et des intestins.

### § 1er. — Gastrite.

On appelle ainsi l'inflammation de la membrane muqueuse de l'estomac et des intestins (gastro-entérite). Elle a pour cause le régime suivi, quand il est échauffant, des refroidissements, des répercussions de la peau, l'ingestion de substances très-indigestes qui séjournent longtemps dans l'estomac et l'irritent. Ses symptômes sont faciles à reconnaître : au début, la soif est constante, et l'animal boit souvent et beaucoup à la fois, et il n'a pas plutôt dégluti le liquide qu'il le rejette ; l'appétit, qui était extrême auparavant, diminue sensiblement, et les vomissements suivent chaque repas ; le nez est sec et la respiration pressée ; l'haleine est chaude ; l'animal se couche haletant en dehors de la niche ; il répugne au mouvement et s'étend sur le côté ou sur le ventre ; quelquefois il fait entendre des gémissements plaintifs et rarement des cris ; il aime à lécher les corps froids comme le fer poli ; il y a presque toujours diarrhée plus ou moins abondante.

Le traitement de la gastrite est assez simple : l'estomac étant enflammé, il est difficile de faire absorber avec profit des médicaments solides ou liquides. On pose sur la langue 2,50 centigr. à 7,50 centigrammes de calomel mêlés avec la même quantité de poudre d'opium ; on donne, en outre, de 2 à 8 grammes d'éther sulfurique dans autant d'eau qu'il en peut dissoudre en vingt minutes environ ; ce médicament sera probablement rejeté, mais il en restera suffisamment pour calmer l'irritation spasmodique de l'estomac. On fera, toutes les heures, des injections éthérées, sans donner aucun aliment d'aucune espèce. En outre, on mettra sur la langue, toutes les heures, 1,25 centigrammes à 5 centigrammes d'opium, et on continuera l'éther jusqu'à la cessation des nausées, ou jusqu'à ce que l'animal présente des symptômes de narcotisme. Si les symptômes sont graves, on peut appliquer un vésicatoire ammoniacal sur le côté gauche; mais, dans les cas ordinaires, il suffit d'une énergique embrocation. On ne doit saigner que quand l'animal est d'une constitution vigoureuse, que le pouls est très-fort; mieux vaut encore appliquer de deux à douze sangsues vers le bas de la poitrine. On doit se garder de donner de l'eau chaude, mais on peut accorder un peu d'eau aussi froide que possible, ce qui est facile en entretenant un morceau de glace dans l'écuelle du chien.

Quand on a calmé l'estomac, on fait prendre : poudre de noix vomique 1,25 centigrammes à 5 centigrammes, sulfate de fer 5 à 20 centigr., extrait de gentiane quantité suffisante pour faire une pilule. On répète toutes les quatre heures tant que l'estomac le supporte, car il n'est pas toujours calme et les pilules peuvent réveiller les nausées; dans ce cas, on peut essayer de donner : acide hydrocyanique 1 à 4 gouttes, carbonate de soude 15 à 60 centigrammes, eau quantité suffisante. On continue l'emploi de l'éther et de l'opium. La nourriture doit être froide et liquide; on l'épaissit par degrés avec un peu de pain et de lait, mais sans viande ni graisse. (Mayhew, *ut suprà*, p. 112-113.) M. Hertwig ajoute à ce traitement des lavements mucilagineux et parfois des bains chauds d'une lessive de cendres.

§ 2. — Empoisonnement.

L'empoisonnement peut résulter de l'ingestion de substances vénéneuses solides ou liquides dans la bouche, le tube intestinal et l'estomac, et dans le sang par des morsures d'animaux possédant un virus contagieux, ou des piqûres de bêtes venimeuses.

Le *virus de la rage* doit être neutralisé dans la morsure elle-même par des injections ammoniacales et la cautérisation, et à l'intérieur par des breuvages ammoniacaux ou éthérés. Il en est de même des poisons animaux introduits dans l'économie par les piqûres de guêpes ou de vipères. Un chasseur doit toujours porter sur lui un petit flacon d'ammoniaque liquide ou d'acide phénique. Ce dernier médicament a été reconnu plus efficace encore que l'ammoniaque, tant à l'intérieur qu'à l'extérieur. On en verse quelques gouttes dans l'eau qui sert à laver et à lotionner la plaie, et on fait avaler à l'intérieur un verre d'eau sucrée dans laquelle on a mis une ou deux gouttes d'acide phénique. Contre le virus rabique, on cautérise avec l'acide phénique pur.

Les *poisons* végétaux ou minéraux doivent être combattus par les contre-poisons, savoir : les narcotiques, par des excitants et surtout le café et l'eau vinaigrée ; les acides concentrés, par la magnésie calcinée délayée dans de l'eau et administrée en grandes quantités, ou par de l'eau de savon ; les alcalis concentrés, par de l'eau fortement vinaigrée ou des œufs battus dans de l'eau ; les sels de mercure, sublimé corrosif, sels de cuivre, vert-de-gris, par des œufs battus dans de l'eau, du lait étendu d'eau, de la farine délayée dans de l'eau ; l'arsenic, par du peroxyde de fer hydraté, des œufs battus dans de l'eau, du lait, de l'eau de chaux, une décoction de quinquina ou de noix de galle ; l'émétique, l'antimoine, par une infusion de noix de galle, d'écorce de chêne ou de quinquina ; les sels de plomb, l'extrait de Saturne, par une limonade sulfurique (5 grammes d'acide sulfurique pour 2 kilogrammes d'eau), du sulfate de soude dissous dans l'eau, du carbonate de soude, ou des œufs battus dans l'eau.

Le premier traitement, lorsqu'on soupçonne un empoisonnement, consiste à faire prendre au plus tôt un vomitif; puis, quand les vomissements ont cessé, on administre 2 à 10 grammes d'huile de ricin ; donner le contre-poison si on connaît le corps qui a pu être introduit, et traiter selon les symptômes, car chaque poison donne lieu à une série de symptômes particuliers, engourdissement, coliques, convulsions, etc.

Malheureusement, il n'est pas toujours facile de deviner la nature du poison : il faut donc s'enquérir des vases dans lesquels a été préparée la nourriture de l'animal, vases qui pouvaient contenir des sels de cuivre ou de plomb ; des substances vénéneuses (couleurs, mort-à-rats, mort-à-mouches) qui ont pu être placées à sa disposition ; doses médicamenteuses qui ont pu être outre-passées dans le traitement d'une maladie, etc. Lorsqu'on connaît le poison, il est facile de le combattre, à moins qu'il n'ait des effets foudroyants comme l'acide prussique, contre lequel l'ammoniaque, l'eau de chlore, etc., sont presque toujours impuissantes.

## § 3. — Coliques.

Les coliques sont presque toujours les symptômes d'une autre affection qu'il faut traiter pour détruire leurs causes. Elles se manifestent par des mouvements désordonnés de l'animal, qui regarde souvent son flanc, par des bruits intestinaux (borborygmes) très-perceptibles à l'extérieur. L'animal est inquiet, se couche avec précautions, et se rélève souvent; l'appétit disparaît, la soif est faible, le regard est triste et anxieux; tantôt il y a fièvre et tantôt frisson, ou ces deux états alternent; les muqueuses conservent leur couleur d'un pâle rosé, la bouche reste humide; quelquefois il y a spasme et convulsions, ballonnement du ventre.

Il faut commencer par s'assurer s'il n'y a pas constipation, en sondant le rectum avec le doigt; dans l'affirmative on vide l'intestin, on donne un purgatif et on passe des lavements. Si on présume que les coliques proviennent d'indigestion, on administre un vomitif, puis on fait prendre une infusion de thé, de tilleul ou de camomille. Si on a lieu, enfin, de supposer qu'elles proviennent de la présence d'entozoaires, on donne de l'huile de lin ou d'olive, une cuillerée à bouche tous les quarts d'heure, et, si après 2 à 3 heures, on n'a pas obtenu de soulagement, on y ajoute une légère dose d'opium ou de noix vomique; quand la colique a disparu, on donne un vermifuge. Si on soupçonne que les coliques ne sont dues qu'à une paresse du tube digestif, on donne des purgatifs salins mêlés à de l'huile, ou seulement de l'huile de ricin (16 à 45 grammes) en deux ou trois fois. Si le ballonnement du ventre provient d'une sorte de météorisme, on donne de l'eau de chaux dans une infusion de camomille.

### § 4. — Constipations.

La constipation, comme les coliques, est souvent un symptôme seulement d'une autre affection. Qu'elle soit essentielle ou consécutive, sa guérison est toujours facile. On commence par sonder le rectum avec le doigt huilé, afin d'enlever les excréments qui peuvent s'y trouver amassés, ou les corps étrangers, esquilles ou fragments d'os ou de bois qui ont pu provoquer l'inflammation ; d'autres fois encore, des pelotes d'herbes et surtout de chiendent qui ont obstrué le conduit. Pour arriver plus sûrement à cette expulsion de matières, on couche l'animal sur le flanc droit et on presse légèrement l'abdomen d'avant en arrière avec la main à plat. On donne ensuite un lavement mucilagineux et calmant, s'il y a eu inflammation notable ; des lavements légèrement irritants au contraire, s'il y a atonie des intestins; puis on administre à l'intérieur un purgatif, l'huile de ricin ou le sulfate de soude. En même temps on fait prendre de l'exercice à l'animal, ce qui est le meilleur adjuvant. L'usage des purgatifs doit être continué pendant quelques jours, mais à doses légères, et particulièrement la crème de tartre et la manne.

### § 5. — Diarrhée-dyssenterie.

On nomme généralement diarrhée, ou dévoiement des évacuations alvines, des selles fréquentes, plus minces, plus molles que d'habitude, parfois même liquides, de couleur variant du jaune clair au brun foncé. La dyssenterie est une inflammation spécifique des muqueuses intestinales et, le plus souvent, du rectum. La diarrhée comme la dyssenterie accompagnent souvent d'autres affections dont elles ne sont que l'un des symptômes; dans ce cas, c'est la maladie qu'il faut s'attacher surtout à combattre.

On remédie à la diarrhée aiguë par des lavements mucilagineux, calmants ou astringents d'abord, en même temps qu'on fait prendre, à l'intérieur, des breuvages à l'eau de riz, des infusions toniques ou calmantes (fleurs de sureau avec quelques gouttes de laudanum, une infusion d'écorce de ratanhia). Si la diarrhée persiste malgré ces moyens, on donne 2 à 10 gouttes d'acide hydrochlorique dans 5 à 10 grammes d'infusion de graine de lin, trois fois par jour.

Contre la diarrhée chronique, M. Mariot-Didieux conseille d'essayer d'abord des pilules de sang-de-dragon en poudre, dans de la mie de pain, 50 centigrammes à 1 gramme le matin en une pilule et autant le soir jusqu'à guérison ; ou l'électuaire suivant : conserve de roses 5 grammes, tanin pur 50 centigrammes, laudanum de Sydenham 5 gouttes. (*Notes sur Clater*, p. 49.) Blaine avait composé les pilules astringentes qui suivent dont on donne deux à trois par jour jusqu'à guérison : cachou en poudre 5 grammes, gomme arabique 5 grammes, craie 10 grammes, conserve de roses quantité suffisante.

La dyssenterie est une évacuation fréquente, liquide et abondante de matières muqueuses souvent mêlées de sang ; elle prend parfois une forme épizootique. Elle débute parfois par la constipation ou par une diarrhée bénigne ; il se déclare souvent une fièvre faible et rémittente ; quelquefois il y a perte d'appétit et de gaieté, mais non toujours ; un peu plus tard, au contraire, le chien est triste, abattu, il a le dos voûté, la queue rabattue entre les membres postérieurs ; le nez et la bouche sont secs, l'amaigrissement est rapide, et souvent, l'animal meurt d'épuisement après huit à quinze jours.

Le traitement est à peu près le même que celui de la diarrhée aiguë : nourriture peu abondante, aliments de facile digestion, pas de viande ; infusion de fleurs de sureau ou de tilleul à laquelle on ajoute quelques centigrammes d'esprit de Mendérérus (acétate d'ammoniaque) alterné avec des décoctions de graines de lin laudanisées. Si les évacuations sont bilieuses, on donne 5 à 10 centigrammes de calomel, trois fois par jour, dans de l'eau de son, de mauves ou de graines de lin. En même temps on donne des lavements mucilagineux ou amidonnés et laudanisés ; on obtient de bons effets d'eau de son dans laquelle on a fait fondre de la graisse de rognons de veau ; on peut encore seconder ces médicaments par des cataplasmes émollients laudanisés sur le ventre, graines de lin, feuilles de mauve, son bouilli. Comme la dyssenterie est contagieuse, il faut séquestrer l'animal atteint, enfouir ses déjections et sa litière, et plus tard désinfecter sa niche.

### § 6. — Jaunisse, hépatite.

La jaunisse, qui consiste dans la coloration jaunâtre de toutes les muqueuses et même de la peau, n'est qu'un des symptômes de l'hépatite ou altération du foie ; elle peut cependant résulter d'un empoisonnement par l'opium, de fortes déperditions sanguines ou de piqûres d'animaux venimeux, comme la vipère. Elle est ordinairement accompagnée de fièvre, l'appétit est irrégulier, les déjections sont jaunâtres ; les muqueuses de la bouche et du nez, la conjonctive prennent une teinte jaune de plus en plus foncée ; quelquefois il se produit sur les fausses côtes du côté droit de l'animal des tumeurs irrégulières et résistantes ; tantôt il y a nausées et vomissements, tantôt coliques.

Il faut s'attacher d'abord à combattre l'affection du foie au moyen de l'iodure de potassium alternant avec l'extrait de belladone (60 milligrammes à 2,50 centigrammes, par dose trois fois par jour), des bains de lessive ou d'eau de savon, ou suivant l'indication de Mayhew par la composition suivante : iodure de potassium 2 grammes, liqueur de potasse 45 grammes, sirop simple 200 grammes, eau, 500 grammes ; donnez d'une demi-cuillerée à une cuillerée à thé trois fois par jour.

Quand l'ictère (jaunisse) est indépendant de l'hépatite, qu'il a été produit par un refroidissement ou une colère, on place le chien dans un local chaud et tranquille, on lui donne un vomitif d'abord, puis un purgatif, 15 grammes de crème de tartre par exemple, ou, quand il y a diarrhée, une infusion de camomille additionnée de 1 à 2,50 centigrammes d'opium.

### § 7. — Hydropisie abdominale.

On donne ce nom à l'accumulation de sérosité dans la cavité abdominale, sérosité sécrétée par la séreuse des intestins enflammés ; le plus souvent, elle n'est que le symptôme d'une affection des intestins ou du péritoine ; d'autres fois, elle provient d'un état de faiblesse générale ou du relâchement des fonctions du péritoine et de la peau. Il y a fièvre dès le début, tension et douleur de l'abdomen dont le volume augmente insensiblement et qui présente de la fluctuation sous le doigt ; quelquefois il se présente des œdèmes sous le ventre ; en même temps la respiration devient courte, le jeu des poumons étant comprimé, les excrétions solides et liquides sont rares et diminuées, les muqueuses prennent une teinte rouge et enflammée. Cet état arrive facilement et assez rapidement à l'état chronique ; la fièvre tombe, les muqueuses pâlissent, les œdèmes deviennent plus fréquents.

Lorsque l'hydropisie est essentielle, on emploie les excitants diurétiques, les baies de genièvre, l'essence de térébenthine, alternés avec les toniques, gentiane, écorce de saule, angélique, oxyde de fer ou sulfate de fer. Lorsqu'elle est symptomatique d'une inflammation des intestins ou du péritoine, il faut traiter d'abord la maladie principale (voir chap. XIII, § 1er).

### § 8. — Rectum. — Anus. — Glandes anales. — Hémorroïdes.

Le rectum est l'extrémité postérieure des intestins qui se termine par un trajet en droite ligne de 0m,06 à 0m,10 chez le chien. Cette région, à la suite de constipation ou de diarrhées opiniâtres, sort souvent de l'anus et fait saillie au dehors. Ce prolapsus est accompagné d'épreintes et de coliques ; l'intestin s'enflamme de plus en plus ; il y a bientôt fièvre générale, et la gangrène peut survenir.

Il faut soigner cet accident dès qu'il se manifeste, vider le rectum et le colon, avec le doigt huilé, de toutes les matières excrémentitielles qu'ils peuvent contenir, donner des lavements mucilagineux et tièdes, à l'intérieur une purgation légère à l'huile de ricin, nettoyer la partie herniée du rectum, la remettre doucement en place, et l'y maintenir quelque temps (quinze à trente minutes avec le doigt, placer les animaux sur la litière, le train postérieur plus élevé que l'antérieur, et dans le plus grand calme.

L'anus est l'orifice externe des intestins ; il est accompagné, chez le chien, de deux glandes anales ; la peau de l'anus, le tissu cellulaire avoisinant et les glandes anales sont assez fréquemment exposés à l'inflammation. Cette maladie gêne la marche du chien et le fait souffrir ; il se campe fréquemment pour fienter, mais sans résultats ; il est triste, ses mouvements sont roides et embarrassés ; il y a souvent fièvre légère et diminution de l'appétit. Le traitement consiste à presser légèrement les deux glandes pour en exprimer le pus et à oindre toutes les parties enflammées deux ou trois fois par jour avec du cérat ou de la pommade camphrée, enfin à donner des lavements mucilagineux et tenir l'animal à une demi-diète.

On nomme hémorroïdes une dilatation variqueuse des veines du rectum qui, par leur développement anormal, viennent faire saillie hors du rectum, donnent issue à du sang pendant l'évacuation des excréments, et gênent la marche de l'animal. C'est surtout chez les vieux chiens qu'elles apparaissent, sur ceux en particulier qui font peu d'exercice et sont abondamment nourris. Le chien qui est atteint de cette infirmité lèche souvent la région anale, se traîne à terre sur l'anus, a des épreintes comme s'il voulait déféquer, marche avec roideur du train de derrière. Les hémorroïdes peuvent provenir de superpurgations, de diarrhées violentes, et aboutir à une chute du rectum ; parfois, et chez les vieux chiens, elles proviennent de l'affaiblissement de la constitution. Il faut donc, dans le traitement, tenir compte de la cause occasionnelle et diminuer la nourriture pour les jeunes tandis qu'on la rend plus succulente pour les vieux ; éviter pour les uns et les autres les purgatifs drastiques, enlever les os de la viande qu'on leur donne, voilà pour l'hygiène. Pendant ce temps, on donne d'abord des lavements mucilagineux, et on applique à l'anus du cérat de Saturne ; quand l'irritation est calmée, on pousse dans le rectum des injections froides d'eau vinaigrée.

# CHAPITRE XIV.

## Maladies des organes génitaux et urinaires.

---

### § 1er. — Inflammation des reins (néphrite).

L'inflammation des reins, assez rare chez les chiens, provient le plus ordinairement de coups, de contusions appliquées sur cette région, ou de refroidissements subits, de l'ingestion de remèdes révulsifs imprudemment administrés ou à de trop hautes doses, particulièrement la cantharide; parfois enfin, de la présence de petits calculs dans la substance des glandes rénales.

On la reconnaît aux symptômes suivants : le chien paraît inquiet, il marche les reins voussés, roides et les membres postérieurs écartés; au lieu de lever la patte pour uriner, il s'accroupit comme la chienne; le poil se hérisse et devient rude; le pouls est plein et accéléré; la respiration est courte, mais tranquille; la fièvre alterne avec des frissons; les urines sont rares, foncées, sanguinolentes; parfois l'un ou l'autre des membres postérieurs, ou même tous les deux, sont frappés d'une sorte de paralysie incomplète et l'animal ne peut se tenir debout; l'appétit disparaît presque complétement et fait place à une soif continuelle; il y a constipation et coliques.

Le traitement doit être rapide et énergique, la mort survenant rapidement. Il consiste, d'abord et avant tout, dans une saignée assez copieuse et dans l'administration, à la fois, de breuvages et de lavements mucilagineux, d'eau de graine de lin surtout; pendant ce temps, on tient constamment appliquées, sur la région lombaire, des fomentations émollientes. Dès qu'une amélioration se manifeste, on donne une émulsion diurétique de sel de nitre (50 centigrammes à 10 grammes par dose) dans 30 à 150 grammes de décoction de racines de guimauve à laquelle on a ajouté deux jaunes d'œufs, et on renouvelle la dose toutes les deux heures. Quand l'inflammation provient de cantharides prises à l'intérieur ou à l'extérieur, c'est aux médicaments camphrés qu'il faut recourir. Si elle provient de coups ou de contusions, on la combattra efficacement par des compresses d'eau froide pendant les deux ou trois premiers jours, puis par des fomentations ou des cataplasmes émollients narcotisés. Dans tous les cas, s'il y a constipation, on donne une purgation de calomel à petites doses. Pendant toute la maladie, une diète absolue est de rigueur.

### § 2. — Inflammation de la vessie (cystite).

L'inflammation de la vessie, assez fréquente chez le chien, l'est plus encore chez le mâle que chez la femelle. Ses symptômes sont à peu près les mêmes que ceux de l'inflammation des reins, mais l'animal rapproche ses membres postérieurs sous lui et abaisse la croupe; les urines ne sont pas toujours sanguinolentes et le sang s'y montre par stries ou par caillots; l'expulsion de l'urine ne se fait que par gouttes. Les causes de cette maladie sont à peu près les mêmes aussi que celles de la néphrite : refroidissement, ingestion de substances irritantes, présence de calculs dans la vessie; elle est toujours dangereuse et ne saurait être soignée trop tôt et trop rapidement, la rupture ou la gangrène de la vessie pouvant survenir du sixième au huitième jour.

Le traitement consiste d'abord dans des saignées répétées, d'abondants breuvages mucilagineux, mauves, lin, son, additionnés d'huile avec de fréquents lavements mucilagineux et diète complète; des bains de vapeur sous le ventre, l'animal étant recouvert d'une couverture. Si l'on a lieu de supposer la présence de calculs dans la vessie, on fait prendre au chien, chaque jour, 4 grammes d'essence de térébenthine dans 16 grammes de miel blanc. Si le calcul n'est ni fondu ni expulsé et que les symptômes continuent, il n'y a de remède que dans l'opération, qui consiste à broyer ou extraire le calcul (lithotomie-urétrotomie).

## § 3. — Rétention d'urine.

Il arrive assez souvent que, chez les chiens mâles, l'urine, ne pouvant s'excréter, s'accumule dans la vessie et donne lieu à une rétention complète ou partielle de ce liquide; cette maladie dépend d'une contraction spasmodique du col de la vessie, ou d'un obstacle mécanique, tel qu'un calcul dans l'urètre. Les symptômes de cette affection sont approchant les mêmes que ceux des deux précédentes. Au bout d'un ou deux jours, l'appétit disparaît, la fièvre survient, tout l'abdomen devient douloureux; l'urine n'est expulsée que difficilement ou goutte à goutte avec de grandes douleurs, parfois elle est complétement retenue; si l'on n'apporte remède à cet état, il se termine par la rupture de la vessie et la mort. La rétention d'urine peut avoir pour origine l'administration de substances irritantes ou une nourriture trop échauffante, des refroidissements, une réclusion trop prolongée dans la niche ou dans un appartement, des chasses trop longues et trop fatigantes, etc.

La première indication est de chercher à vider la vessie en introduisant le doigt huilé dans le rectum, et à exercer sur ce réservoir une légère pression dirigée d'avant en arrière, c'est-à-dire vers le canal de l'urètre; on exécute ensuite des frictions sèches sous le ventre en avant du fourreau et le long de l'urètre. Si les symptômes persévèrent, on fait avaler 200 grammes d'eau de graine de lin à laquelle on a ajouté 5 à 10 gouttes de teinture d'opium, et on administre, de demi-heure en demi-heure, des lavements de 15 à 30 grammes composés avec 8 grammes de décoction de belladone dans 150 grammes d'eau; en même temps, on frictionne la région périnéale avec un liniment d'opium ou de belladone avec de l'huile chaude (Hertwig). Lorsque aucun de ces moyens n'a réussi, et qu'on a lieu de redouter la rupture de la vessie, on pratique la ponction de cet organe par le rectum, opération qui ne saurait être confiée qu'à un vétérinaire exercé.

### § 4. — Pissement de sang (hématurie).

Le pissement de sang est le plus souvent un des symptômes des inflammations du rein ou de la vessie, de la présence de calculs dans ces organes ou dans l'urètre; mais il peut néanmoins résulter aussi d'un accouplement difficile et violemment interrompu après de violents efforts, ou de certaines maladies typhoïdes. Dans le premier cas, on le traite ainsi que nous l'avons indiqué; dans le second, on se borne à imposer le repos, à faire prendre des breuvages mucilagineux auxquels on ajoute un peu de sel de Glauber (sulfate de soude) ou de crème de tartre (bitartrate de potasse), à faire des lotions d'eau froide ou vinaigrée du périnée ou fourreau, et à donner au chien des lavements, à la chienne des injections de cette même eau froide ou vinaigrée. Si les symptômes d'inflammation devenaient plus intenses, on saignerait l'animal.

§ 5. — Inflammation du scrotum et des testicules.

Il arrive parfois que le scrotum (bourses) s'enflamme plus ou moins et que son inflammation gagne ensuite les testicules eux-mêmes, soit que l'animal ait reçu des coups dans cette région, soit qu'on y ait appliqué des substances irritantes, par méchanceté, comme l'essence de térébenthine. Le chien marche alors les pattes de derrière écartées, lèche souvent la partie malade, qui est engorgée, chaude et douloureuse au toucher ; quelquefois il y a fièvre. Quand il y a eu contusion, on emploie les lotions d'eau blanche (extrait de Saturne, sous-acétate de plomb liquide) fréquemment répétées et auxquelles on fait succéder des lotions avec de faibles infusions aromatiques. L'inflammation des testicules se traite d'abord par des compresses d'eau froide, puis par des compresses narcotiques et mucilagineuses. Quand l'inflammation est bornée au scrotum et provient d'onctions irritantes, on commence par savonner les parties sans les irriter et on fait des lotions d'extrait de Saturne étendu d'eau (Hertwig).

### § 6. — Le diabète.

On donne ce nom à une affection qui consiste dans la sécrétion très-abondante des urines, sans fièvre; l'animal urine souvent et beaucoup à la fois; son urine est tantôt claire et limpide, tantôt jaunâtre et troublée par des flocons de mucus ou d'albumine, qui, par le repos, se dépose au fond du vase dans lequel on l'a recueillie. La peau est sèche et devient adhérente aux muscles sous-cutanés, l'appétit diminue insensiblement, l'animal maigrit assez rapidement, tombe dans la consomption et le marasme, et meurt.

Cette maladie, assez rare chez le chien, est attribuée à l'usage des eaux dures chargées de sels calcaires et surtout de sulfate de chaux, aux aliments de mauvaise qualité, abondamment salés ; à des ingestions trop considérables de nitrates de soude ou de potasse, à l'abus des diurétiques, à des refroidissements, des accouplements réitérés, au séjour prolongé dans des chenils froids et humides. Il faut commencer par éloigner la cause si on la connaît, tenir l'animal dans un local sec et chaud, et administrer le bol d'Arménie (0,50 à 10 centigrammes par jour) donné seul ou associé à des astringents, que recommande instamment

M. Verheyen. On aide à la guérison par les amers, les astringents ou les excitants spéciaux des reins, absinthe, gentiane, écorce de saule ou de chêne, quinquina, résine de pin, sulfate de fer, créosote, etc. White recommande l'électuaire suivant : opium 1 à 4 centigrammes, gingembre en poudre 1 à 8 centigrammes, quinquina 1,5 centigrammes, sirop simple autant qu'il est nécessaire, en une dose.

§ 7. — Phimosis et paraphimosis.

On donne le nom de phimosis à une étroitesse naturelle ou accidentelle de l'ouverture du prépuce qui empêche la verge de sortir du fourreau et l'urine de s'écouler autrement que par gouttes ; cette maladie peut naître de contusions ou d'exanthèmes cutanés ; quand le phimosis est accidentel, il cède presque toujours à l'application de fomentations mucilagineuses tièdes alternant avec des frictions d'onguent mercuriel ; quand il est congénial, on élargit l'ouverture du prépuce en y introduisant une petite éponge sèche, qu'on mouille ensuite de manière à la dilater, ou on l'agrandit par une légère incision et on traite la plaie par le cérat de Saturne.

Le paraphimosis consiste dans l'impossibilité où se trouve le pénis de rentrer dans le fourreau, soit que celui-ci, tuméfié, enflammé, fasse bride et comprime la verge; soit que celle-ci soit devenue le siége d'une inflammation considérable qui a notablement augmenté son volume. Cet accident se produit le plus souvent à la suite d'accouplements difficiles, réitérés, de tiraillements violents exercés pendant l'acte coïtal, ou même de manœuvres secrètes de l'animal. Le traitement consiste, après avoir muselé l'animal et l'avoir étendu sur le dos, à faire sur la partie des applications réfrigérantes ou astringentes; un bain froid en été peut être fort avantageux : quand l'engorgement est inflammatoire, les lotions doivent être émollientes; lorsqu'il est très-aigu, on a recours aux saignées locales ou aux sangsues, ou aux saignées générales. Quand le paraphimosis remonte à un temps déjà éloigné et qu'il y a gangrène, on a recours de suite à l'amputation du pénis. (Chap. V, § 5.)

### § 8. — Gonorrhée.

On donne ce nom, chez le chien, à un écoulement muqueux, quelquefois purulent ou ichoreux, qui a lieu par le canal de l'urètre. Il peut provenir soit d'une irritation catarrhale et d'un relâchement de la membrane muqueuse qui recouvre le gland et une partie du prépuce; soit de verrues ou d'ulcères ayant leur siége sur cette muqueuse qu'ils irritent et à la surface de laquelle ils déterminent la sécrétion de pus, de sanie et de sang; soit enfin d'un état de suppuration de la glande prostate. Cet écoulement est contagieux et se guérit souvent, à moins qu'il n'ait pour cause des verrues et ulcères, par l'administration d'un vomitif; quand il est déjà ancien, il cède le plus souvent à des injections d'une faible dissolution de sel de Saturne (sous-acétate de plomb liquide), d'alun ou de sulfate de zinc, accompagnées, pour les animaux âgés ou affaiblis, de l'emploi interne de toniques, quinquina, sulfate et oxyde de fer, etc. Lorsque l'inflammation provient de verrues, on les cautérise avec le nitrate d'argent, et de même pour les ulcères. L'inflammation et la suppuration de la prostate cèdent souvent à l'administration, de temps en temps répétée, de purgatifs, et à des frictions sur la région périnéale avec une pommade légèrement iodée. (Hertwig, *loco citato*, p. 264-268-279.)

### § 9. — Chute et renversement de la matrice et du vagin.

La chute du vagin se reconnaît à ce que cet organe se montre au dehors de la vulve sous forme d'une tumeur rougeâtre, lisse et humide; cet accident est rare chez la chienne et peu dangereux; souvent il se guérit ou disparaît de lui-même. Pour l'y aider, on lave la partie herniée, on la couvre pour la soustraire au contact de l'air et aux souillures, et on réduit ainsi que nous le dirons pour la matrice.

La chute de l'utérus ou matrice est plus grave que celle du vagin et est rare aussi chez la chienne. On la reconnaît à ce que l'utérus forme au dehors de la vulve une tumeur volumineuse en forme de poire, d'une couleur rouge d'abord, qui devient violâtre étant irritée par le contact de l'air, des corps étrangers et le frottement. L'animal s'agite, se couche et se relève constamment, fait des efforts continuels d'expulsion; la vessie, dont le conduit se trouve entraîné avec l'utérus et replié sur lui-même, s'emplit sans pouvoir se vider et fait obstacle au replacement de la matrice; la fièvre et les coliques surviennent, l'état empire promptement; la réduction devient difficile d'abord, puis impossible, et l'animal meurt. Il faut donc, aussitôt que possible, remédier à cet accident. On commence par nettoyer l'utérus dans un liquide tiède et mucilagineux si la chute est récente, dans un liquide tonique ou aromatique si l'accident est déjà un peu ancien. On vide la vessie avec une petite sonde introduite dans le canal de l'urètre; on complète la délivrance en enlevant tous les débris de membranes fœtales; on dispose l'animal de façon que la partie postérieure du corps soit plus élevée que l'antérieure, et on fait rentrer avec précaution l'organe à sa place, en le poussant sans secousses sur lui-même et introduisant chaque partie à sa place, les cornes d'abord, puis le corps de l'organe lui-même. On a soin de suspendre les efforts pendant ceux de la mère, et, quand une partie est rentrée, de la maintenir avec un doigt appliqué sur la vulve. L'opération terminée, on saigne l'animal s'il est pléthorique et s'il y a inflammation générale; on donne des lavements mucilagineux, et on pousse dans le vagin des injections aromatiques.

Le renversement du vagin consiste dans un léger refoulement de cet organe, qui forme, entre les lèvres de la vulve, une petite tumeur mobile qu'on repousse facilement avec le doigt ou qui disparaît lorsqu'on élève le train postérieur de l'animal. Le renversement de l'utérus consiste dans un refoulement de cet organe dans le vagin et jusque entre les lèvres de la vulve. Le traitement consiste à refouler l'organe à sa place, avec toutes les précautions que nous avons indiquées, puis à introduire dans le vagin une éponge ou des étoupes qu'on arrête par deux points de suture à l'extérieur; on les enlève vingt-quatre heures après et on fait dans le vagin des injections réitérées d'une solution légère de sulfate de fer ou de solutions légères de tanin.

§ 10. — Polypes et cancers de la matrice et du vagin.

Nous avons déjà vu ce qu'étaient les polypes et quel était le principal moyen de guérison employé à leur égard (chap. V, § 6). « Beaucoup plus souvent, dit Hertwig, on rencontre dans le vagin des excroissances charnues, fungoïdes, d'étendue et de grosseurs diverses. Elles commencent quelquefois à la muqueuse des lèvres de la vulve et s'étendent tantôt d'un côté, tantôt de l'autre, assez profondément dans le vagin, quelquefois jusqu'au col de la matrice. Leur épaisseur est quelquefois de 0m,025, de telle sorte qu'elles remplissent parfois la plus grande partie du vagin et gênent plus ou moins la sécrétion urinaire et l'accouplement. Leur superficie est toujours inégale, verruqueuse, en général d'un rouge foncé ; elle est beaucoup plus sensible au toucher et saigne plus vite que le polype. Leur base est toujours large et implantée dans la muqueuse (*loco citato*, p. 279). » Le meilleur traitement consiste à les cautériser à plusieurs reprises avec des solutions concentrées de sulfate de cuivre ou de nitrate d'argent, ou en pratiquer l'ablation.

Le cancer de la matrice, qui n'atteint guère que les chiennes âgées qui font peu d'exercice et reçoivent un régime riche et abondant, n'est curable que par l'ablation, qui cependant aussi entraîne souvent la mort. Au début, on réussit quelquefois à soulager et à enrayer la marche du mal par le sulfate de fer, la liqueur arsenicale de Fowler, l'extrait de ciguë ou la racine de belladone pris à l'intérieur, et aidés d'injections dans la matrice de sulfate de fer en solution. On emploie comme désinfectant et antiputride la poussière de charbon

§ 11. — Hydropisie de l'utérus.

Mayhew, qui n'a jamais rencontré le cancer chez la chienne, a pu y observer le cancer de l'utérus, dont ne parle aucun auteur comme affection de la chienne. La chienne qui en est attaquée le plus généralement est celle qui a été gâtée par ses maîtres; elle est grasse, paresseuse et débile. Tous les divers symptômes prouvent que la digestion est embarrassée, et, le plus souvent, la chienne meurt d'une maladie d'intestins, indépendante de l'état de l'utérus. Les symptômes caractéristiques ne portent que sur la matrice, c'est la cessation de tout désir sexuel. Depuis quelques années il n'y a pas eu apparence de chaleurs, et d'ailleurs la chienne, qu'on pouvait regarder seulement comme délicate, n'offrait aucun signe d'indisposition. Cependant, si on examine le corps de l'animal après la mort, on trouve l'abdomen, l'utérus et les cornes distendus par un fluide abondant; les parois de l'organe semblent amincies et moins vasculaires. Il n'y a pas de limite précise au volume de la matrice; mais, par suite de son accroissement de volume, elle occupe une autre situation que celle qui lui est naturelle dans l'abdomen de la chienne; généralement, lorsqu'il y a quelques symptômes d'hydropisie, elle repose immédiatement sur la ligne blanche, et cette position l'expose à être atteinte par le scalpel, si on ne prend les plus grandes précautions en faisant l'autopsie.

Le traitement doit être général et consiste surtout dans l'emploi des toniques, de ceux surtout qui ont sur l'utérus une action plus particulière, les pilules suivantes, par exemple : iodure de fer, 50 centigrammes à 1,25 gramme; poudre de quinquina, 3,50 grammes à 15 grammes; extrait de gentiane, même quantité; faire vingt-quatre pilules et en donner trois par jour, ou les suivantes : iodure de potassium, 50 centigrammes à 3,50 grammes; teinture de cantharides, 5 gouttes à 1 gramme 25; sirop simple, 3,50 grammes; eau, 60 grammes; donner une cuillerée à thé trois fois par jour. On peut donner en même temps les pilules et le sirop, mais il ne faut pas s'attendre à un résultat immédiat (Mayhew, *the Dog, their management*, p. 185-187).

### § 12. — Inflammation des mamelles (mastoïte).

L'inflammation des mamelles, assez commune chez la chienne, provient souvent de ce qu'on lui enlève le plus grand nombre ou même la totalité de ses chiens peu après ou immédiatement après leur naissance. La stase du lait, l'engorgement des mamelles déterminent leur inflammation; il peut encore arriver, quoique plus rarement, que cette maladie soit due à un refroidissement ou à des contusions; il en est de même lorsqu'on sèvre trop brusquement les chiens, tandis que la mère a encore beaucoup de lait et qu'on ne le lui fait pas passer.

En peu de temps, le pis engorgé s'enflamme, non le tissu de la glande, mais bien la peau et le tissu cellulaire sous-jacent; la tuméfaction gagne même parfois l'abdomen; la tumeur n'offre pas de dureté sensible au toucher et conserve l'empreinte du doigt; il y a à peine rougeur et chaleur; la sécrétion du lait diminue, et ordinairement, après huit à dix jours, il y a résolution. Cependant, quand on a négligé les soins, il survient souvent une induration locale de la mamelle, et la sécrétion du lait se trouve sensiblement diminuée pour l'avenir.

Dans le premier cas, il suffit presque toujours de lotions ou de cataplasmes émollients, d'onctions à l'onguent-populéum, pour amener la guérison. Dans le second, en même temps qu'on emploie les mêmes moyens, on a recours à la saignée; quand l'inflammation a disparu, on fait sur la partie engorgée des onctions de pommade camphrée ou iodée, d'onguent mercuriel, de liniment volatil ou d'huile animale de Dippel. Quand il y a suppuration, on donne issue au pus par une incision, et on panse comme les plaies ordinaires.

Enfin il peut encore se présenter aux mamelles des tumeurs fibreuses et des cancers. Dans les tumeurs (fibroïdes ou squirres) l'inflammation commence sur un point ou sur plusieurs points de la mamelle; il s'y produit une granulation qui augmente peu à peu de volume et atteint parfois un volume considérable sans qu'il y ait, excepté au moment naturel du rut, chaleur ni douleur sensible. La substance glandulaire granulée est très-dure et finit quelquefois par se ramollir, s'abcéder par un ou plusieurs points, c'est alors un cancer.

Dans le traitement de ces tumeurs, il faut savoir qu'on ne peut arriver à la résolution et que, par conséquent, elles sont incurables; on peut amputer la tumeur fibreuse; le squirre ne peut l'être que pendant sa première période; quant au cancer, à toutes ses phases, il est à peu près incurable, et le seul traitement à tenter est l'ablation (chap. V, § 6).

### § 13. — Hernies, fausses hernies.

Nous avons déjà dit que le chien était sujet aux hernies ombilicale, inguinale et crurale, à celles du flanc et du ventre, et étudié les moyens de réduction, seul moyen de guérison à tenter. En outre, il survient parfois aux organes génitaux des chiens des états morbides qu'on désignait autrefois sous le nom de fausses hernies : sarcocèle, hydrocèle, hématocèle et varicocèle.

Le *sarcocèle* est un squirre ou cancer du testicule, caractérisé par une tumeur dure, pesante, ordinairement peu sensible à la pression, sans changement de couleur à la peau, et formé par le testicule plus ou moins augmenté de volume et éloigné de sa conformation normale. Il diffère de la hernie scrotale en ce que le cordon testiculaire est libre de toute tuméfaction ; il diffère de l'hydrocèle, qui l'accompagne souvent, par la dureté de la tumeur, sa forme irrégulière. Il n'y a de chances de guérison que par la castration.

L'*hydrocèle* est une accumulation de sérosité qui occupe le scrotum, de manière à former une tumeur élastique qui disparaît le plus souvent quand on couche l'animal sur le dos. Cette sérosité provient d'infiltration du tissu cellulaire ou d'épanchement ; dans ce dernier cas, il y a fluctuation du liquide ; dans le premier, le scrotum conserve l'impression du doigt ; toujours il y a absence de chaleur et de douleur notable. L'hydrocèle peut provenir d'un froissement des bourses, de coups ou contusions, d'un refroidissement subit par un bain, l'animal ayant chaud, etc. On peut tenter la ponction, qui donne issue à la sérosité, et à la place de laquelle on injecte de la teinture d'iode pour réveiller et stimuler les vaisseaux résorbants. Mais ces moyens ne réussissent que rarement, et il ne reste plus alors qu'à opérer la castration. (Chap. V, § 8.)

L'*hématocèle* est un engorgement du scrotum produit par une infiltration de sang dans le tissu cellulaire de cette partie, ou par un épanchement du même liquide dans la tunique vaginale du testicule, survenu à la suite de coups ou de violences exercés sur cette région. Cet accident, assez rare, est assez difficile à distinguer de l'hydrocèle. Le traitement consiste à soigner comme une contusion, au moyen de réfrigérants et de résolutifs. En cas d'insuccès, on pratique la ponction comme pour l'hydrocèle.

On nomme *varicocèle* une dilatation morbide des vaisseaux qui constituent le cordon testiculaire, qui présente alors un renflement assez mou au toucher. Cet accident, assez rare, nuit peu au service de l'animal. Il est d'ailleurs incurable.

# CHAPITRE XV.

## Maladies des membres.

### § 1er. — Rhumatisme aigu.

Il est difficile de donner une définition du rhumatisme dont on ignore la nature, quoique l'on sache que son siége principal est dans le système musculaire et que les douleurs qu'il provoque soient sous la dépendance du système nerveux. Le rhumatisme aigu a encore été appelé fièvre rhumatismale (voir chap. VI, § 2, 2°). Il a son siége, dit M. Verheyen, dans toutes les parties du corps pourvues d'éléments séreux, fibreux et musculaires. Il attaque le plus souvent les lombes et les membres antérieurs. On l'attribue surtout à un séjour prolongé dans un lieu humide et froid, à des refroidissements subits, etc.

La première chose à faire est de remédier à la cause, de placer les animaux dans des circonstances hygiéniques, dans un chenil bien aéré, sec et à température moyenne. En cas d'absence de fièvre et de refroidissement, on provoque la transpiration par des sudorifiques, des couvertures de laine, des bains de vapeur; s'il y a fièvre ou inflammation locale, on saigne et on enveloppe le chien de couvertures, après avoir donné un léger purgatif. Voici le traitement indiqué pour le rhumatisme des mâchoires par Mayhew : on fait des embrocations d'essence de térébenthine (un tiers dans deux fois son poids d'eau) sur le cou, les reins et le ventre, trois fois par jour; on donne, le soir, quelques pilules cathartiques (purgatives), avec un mélange d'huile de castor, pendant le jour. Les purgations fréquentes sont fort utiles, et, avant la fin de la première quinzaine, le chien cesse de gémir. Quand les pilules et le mélange sont donnés alternativement, et que la quantité d'essence de térébenthine employée en embrocations a été doublée, on donne à la même dose les autres médicaments. Bientôt on ne frictionne plus que deux fois par jour, et, quand tous signes de douleur ont disparu, une fois par jour d'abord, en diminuant l'essence de térébenthine d'un tiers ; après un mois, on cesse tout traitement pendant une semaine; la peau se recouvre d'une croûte, et nous pouvons apercevoir les suites du traitement. Si la peau, alors, apparaît mince, surtout sur le cou et près de la queue, sensible, on remet le chien au chenil, et à l'aide d'une brosse à dents on la lui frotte avec une bouteille d'eau à nettoyer et on le laisse à la diète. On peut employer pour les embrocations la mixture suivante, en accroissant sa force par la dose d'essence de térébenthine : térébenthine, laudanum, eau de savon, une partie de chaque; teinture de capsicum, quelques gouttes (*the Dog, their management*, p. 140).

### § 2. — Rhumatisme articulaire.

A la suite de plusieurs accès de rhumatisme aigu, ou de la maladie spéciale du chien, il arrive assez souvent que le rhumatisme devient articulaire, c'est-à-dire qu'il fixe son siége dans les articulations, changeant souvent de l'une à l'autre, s'établissant tantôt dans l'épaule ou le genou, tantôt dans le jarret ou les articulations du boulet. Le rhumatisme, se fixant sur les gaînes tendineuses, fait tuméfier les deux faces latérales du canon, près du boulet; la tumeur, molle au début, finit par se durcir; il en résulte boiterie et vives douleurs; parfois il se produit une exsudation qui désorganise le tissu tendineux. Quand le rhumatisme se porte sur le tissu osseux des articulations, celles-ci augmentent notablement de volume (ostéite); dans ce dernier cas, on peut employer le feu avec succès. Dans les rhumatismes articulaires en général et au début, on emploie la vératrine à la dose de 4 à 6 centigrammes dans de l'eau sucrée par dose répétée tous les quatre ou cinq jours.

### § 3. — Rhumatisme chronique.

Le rhumatisme chronique succède souvent au rhumatisme aigu; il présente les mêmes symptômes et atteint les mêmes tissus, mais les douleurs sont moins vives et disparaissent dans l'exercice pour reparaître pendant le repos. On se borne, en général, à frictionner avec de l'huile de laurier les régions atteintes, ou on emploie le liniment stimulant recommandé par Blaine et qui se compose de 100 grammes de baume d'opodeldoch et de 10 grammes d'huile de cajeput; on mêle et on emploie en embrocations.

§ 4. — Fractures.

Nous avons vu déjà (chap. V, § 12) qu'on donnait ce nom à des solutions de continuité d'un os, produites par une violence extérieure, coups ou chutes, et indiqué les moyens à employer pour les réduire. Nous nous bornerons à ajouter ici que, lorsque, après la réduction et l'application du bandage, il se produit une tuméfaction notable, avec rougeur et chaleur, il faut faire, sur le membre fracturé et par-dessus le bandage, de continuelles affusions d'eau froide ou d'eau d'extrait de Saturne, jusqu'à ce que les symptômes d'inflammation locale aient disparu; en même temps on donne des boissons légèrement nitrées, et, s'il paraissait y avoir pléthore sanguine, on donnerait une légère saignée. On ne doit enlever le bandage que lorsque le recollement des os paraît suffisamment complet, et on ne redonne l'exercice à l'animal que modérément et petit à petit. Quand la fracture a eu lieu aux mâchoires, il faut nourrir l'animal avec des substances liquides, du lait, du bouillon de viandes;

quand elle a eu lieu aux côtes, au lieu de bandage, on entoure le corps d'une large sangle sous laquelle on étend, à l'endroit lésé, un coussin d'étoupes. Enfin, lorsqu'il y a eu fracture des vertèbres caudales, on applique un bandage, à moins qu'on ne préfère couper la queue au-dessus de la fracture.

## § 5. — Luxations.

Nous avons dit que c'était le déplacement d'un os qui sort de sa cavité articulaire ; la luxation est complète quand les os ont entièrement perdu leurs rapports articulaires ; elle est incomplète lorsqu'ils les ont conservés en partie ; c'est à la rotule et à l'articulation de la hanche (coxo-fémorale) que cet accident se produit le plus fréquemment. Le déplacement de la rotule est peu dangereux et facile à guérir par l'extension du membre pendant laquelle on conduit la rotule pour lui faire reprendre sa place ; après quoi on frictionne l'articulation avec un mélange d'essence de térébenthine et d'eau-de-vie. La luxation de l'articulation coxo-fémorale est assez facile à réduire chez le chien. On couche le malade sur le côté sain, on place la force d'extension sur la cuisse et la contre-extension sur le bassin, et on tire sans secousses, en sens inverse. Lorsque le chien est de petite taille, l'opérateur appuie une main sur la surface pubienne et l'autre sur la surface ischiale, et fait la contre-extension et le taxis avec le pouce. Il est nécessaire, pour opérer la réduction, de faire exécuter au membre des mouvements d'abduction et d'adduction. Quand la tête du fémur se trouve près de la cavité cotyloïde, elle est entraînée en dedans. Après la réduction, on applique un appareil composé d'une attelle fixée le long de la patte et attachée au-dessus des reins, au moyen d'un cordon solidement assuré au membre opposé, de manière que la patte luxée se trouve soulevée. (*Dictionnaire usuel de chirurgie et de médecine vétérinaires*, t. II, p. 248.)

### § 6. — Entorses.

L'entorse est un tiraillement violent des parties molles et des ligaments qui environnent une articulation. Elle se reconnaît à la boiterie du membre, à l'inflammation et au gonflement plus ou moins sensible de l'articulation qui devient plus ou moins douloureuse. Le premier traitement doit consister dans un bain froid prolongé ou des affusions d'eau froide sur le membre malade; on applique un bandage contentif matelassé, médiocrement serré pour ne pas interrompre la circulation du sang, qu'on imbibe constamment d'eau froide additionnée d'extrait de Saturne, ou des cataplasmes astringents (vinaigre et sucre). Quand il y a inflammation notable, on emploie d'abord les cataplasmes émollients. Lorsque les symptômes inflammatoires ont disparu, on a recours aux frictions résolutives, alcool ou eau-de-vie camphrés, liniment ammoniacal, cataplasmes aromatiques, etc. Quand il arrive que la boiterie passe à l'état chronique, on met en usage l'onguent-vésicatoire, le séton, ou le feu, suivant la région.

L'entorse de l'épaule, qu'on appelle aussi écart, réclame le même traitement aidé d'un séton passé sur cette région et qu'on laisse deux ou trois semaines en place en l'animant d'onguent-vésicatoire, ou, mieux, d'essence de térébenthine, et auquel on fait succéder le feu, en cas de non-réussite. Pour l'entorse du boulet, assez rare chez le chien, on emploie les lotions et les bandages, qui, le plus souvent, suffisent, avec le repos, à une prompte guérison.

### § 7. — Aggravée.

On appelle ainsi une contusion des tubercules plantaires du pied, due à une longue et rapide marche sur un terrain dur, sec et caillouteux. La surface inférieure de chaque patte présente cinq petits corps arrondis, mollasses, à surface chagrinée, que l'on appelle tubercules plantaires et qui servent à faire l'appui du membre. Chacun de ces tubercules a pour base un tissu blanc, graisseux, élastique, très-résistant et fort peu sensible. Entre ce tissu et l'enveloppe chagrinée, se trouve un réseau formé par l'entre-croisement d'une grande quantité de vaisseaux, qui, dans certaines circonstances, sont susceptibles de s'engorger, de s'enflammer même, et de donner lieu à ces contusions multipliées et parfois compliquées d'excoriations qu'on appelle l'aggravée.

L'aggravée survient à la suite des longues marches sur des terrains durs ou caillouteux, et des courses forcées à la poursuite du gibier ; l'irritation à laquelle ces courses donnent lieu détermine un afflux plus grand du sang dans la patte, un gonflement douloureux de cette partie. Ce gonflement peut s'étendre à la partie inférieure du membre et faire souffrir l'animal qui, pour se soulager, tient la patte levée en marchant. Il crie lorsqu'on cherche à explorer le membre affecté, et, si plusieurs pattes sont atteintes de cette maladie, il reste couché dans sa niche et refuse de marcher. Quelquefois la douleur est si vive, qu'elle occasionne la perte de l'appétit et une fièvre reconnaissable à la fréquence du pouls.

Quand cet accident n'est pas bien grave, quelques jours de repos suffisent ordinairement pour faire disparaître la boiterie; mais, si la douleur est vive, il faut avoir recours au traitement suivant : au début de l'accident, alors qu'il n'y a encore qu'engorgement des vaisseaux qui forment le réseau dont nous avons parlé, il faut chercher à chasser le sang qui tend à s'accumuler dans ces vaisseaux, et pour cela envelopper la patte ou les pattes malades dans un cataplasme astringent de suie de cheminée, de terre glaise et de vinaigre, ou arrosé, au lieu de vinaigre, d'une dissolution de sulfate de fer. Ce cataplasme devra être entretenu constamment humide. Si l'accident date de plus de vingt-quatre heures, et si à l'engorgement primitif a succédé une véritable inflammation, le cataplasme astringent doit être remplacé par un cataplasme émollient composé avec la mie de pain bouillie, ou la farine de lin, ou bien la mauve cuite. Pour peu que la douleur soit considérable et qu'il y ait fièvre générale, l'animal devra être mis à la diète et même saigné au cou. Quand la patte est très-gonflée, il est bon de pratiquer sur elle quelques mouchetures avec la lancette et d'arroser fréquemment le membre avec de l'eau contenant une petite quantité d'extrait de Saturne. Il est rare que, par ces moyens, la guérison n'arrive pas en quelques jours. (*Dictionnaire de chirurgie et de médecine vétérinaires*, p. 26, t. Ier.)

### § 8. — Molettes ou boutures (hydarthrose).

On nomme ainsi l'hydropisie d'une articulation déterminée par un excès de synovie qui dilate le ligament capsulaire et se traduit, extérieurement, par une tumeur molle et le plus souvent indolente. Cette distension peut aussi se produire sur les gaînes tendineuses et les bourses muqueuses, et principalement aux jarrets et le long des tendons sur les membres antérieurs et postérieurs, le long du radius et du tibia, au paturon, à la couronne et au boulet. Les molettes se développent peu à peu, peuvent atteindre un volume assez considérable, gêner plus ou moins la marche, et, avec le temps, s'indurer ; dans ce dernier cas, elles déterminent une boiterie bien sensible. On les attribue en général à un exercice trop violent et trop prolongé auquel succède un repos trop complet et trop long.

On peut tenter, au début, de résoudre ces tumeurs à l'aide d'un bandage contentif arrosé d'astringents (eau froide vinaigrée, lotions de sulfate de fer en dissolution, d'eau blanche, etc.). Quand elles sont anciennes, on peut appliquer des vésicatoires ; enfin, on peut ensuite recourir au feu en raies et en pointes, suivi de frictions irritantes, afin de réveiller la vitalité des gaînes synoviales ou tendineuses. On a plusieurs fois tenté, mais avec des résultats incomplets et irréguliers, la ponction des gaînes, suivie d'injections de teintures d'aloès.

---

# CHAPITRE XVI.

## Maladies de la peau.

---

### § 1er. — Exanthèmes aigus.

Exanthème est le nom sous lequel on comprend toutes les espèces d'éruptions (pustules, boutons et taches) qui, dans certaines maladies, paraissent à la surface de la peau ou des membranes muqueuses. De ce nombre sont la variole (éruption varioleuse), l'exanthème typhoïde, l'échauboulure (boutons de chaleur), la dartre graisseuse (galle graisseuse), etc.

1° La *variole* (petite vérole) dont nous avons déjà parlé (chap. VI, § Ier) consiste dans un exanthème vésiculeux qui apparaît le plus souvent sur les jeunes chiens, en même temps que la maladie qui leur est spéciale. Elle est contagieuse et se reconnaît aux symptômes suivants : la peau de l'abdomen, le museau et le dedans des cuisses deviennent rouges, et il s'y élève de petites éminences arrondies et de couleur foncée, isolées d'abord, puis devenant plus nombreuses, au point de se toucher presque ; la fièvre redouble à ce moment. Le second jour, les boutons sont plus larges et tuméfiés au centre ; le troisième jour ils sont élargis encore et la peau est plus proéminente au centre ; enfin, le quatrième jour, le sommet de la tumeur s'élève encore et, vers le soir, sa couleur devient grise. Pendant les jours suivants, les pustules perdent leur aspect caractéristique et peuvent être confondues avec toute autre éruption. Au sommet de chacune, on remarque un point blanc, correspondant à une certaine quantité de pus et recouvert d'une fine pellicule ; cette pellicule se crève, le pus s'écoule et la pustule s'aplatit. Dès lors, et après une courte suppuration, la peau se dessèche, se desquamme et commence une nouvelle période de la maladie, la cicatrisation. La période d'éruption dure environ quatre jours quand les pustules sont sorties franchement et que l'animal n'a pas subi de refroidissement et ne s'est pas gratté.

Il faut maintenir l'animal dans un lieu chaud, tranquille et à moitié obscur, et le mettre à une diète complète jusqu'à ce que l'éruption soit terminée ; un refroidissement amènerait une répercussion sur la poitrine; il se produit, dans ce cas, une sécrétion purulente des bronches, à laquelle succèdent tous les symptômes de la pneumonie, la toux, le râle muqueux et sibilant, le catarrhe nasal, etc.

2° *Exanthème typhoïde.* L'exanthème typhoïde consiste en petites taches rouges et violettes, formant à peine saillie sur la peau, pâlissant sous la pression du doigt, et qui se montrent plus ou moins nombreuses sur la peau du ventre et de la face interne des cuisses, pendant le typhus. (Chap. VI, § 1 et 3.) Tantôt ces taches apparaissent subitement, tantôt peu à peu ; quelquefois elles durent pendant un jour ou deux et disparaissent soit tout à coup, soit insensiblement ; la peau se desquamme aux endroits qu'elles occupaient. Cet exanthème est un symptôme variable du typhus et non une maladie particulière ; son traitement rentre dans celui de cette affection.

3° L'*échauboulure* (ou boutons de chaleur) se présente, en été, quand les chiens se sont beaucoup échauffés en courant ou bien aussi quelquefois quand, après avoir longtemps couché au soleil, ils arrivent dans un endroit frais ou qu'on les jette immédiatement après dans une eau froide. Elle se manifeste par la tuméfaction et la chaleur de certaines places de la peau, à la tête, au cou et à diverses parties du corps. Il naît des vésicules de la grandeur d'un pois et au delà, qui sont remplies d'une lymphe épaisse, crèvent au bout de vingt-quatre à quarante-huit heures, et laissent immédiatement des escarres sèches; les poils sont tombés déjà auparavant; les escarres tombent au bout de huit à douze jours, et alors la guérison est complète. Le traitement consiste dans l'administration de sulfate de soude ou de sulfate de potasse dans un régime maigre, le repos dans un endroit frais, et dans l'application extérieure, sur les escarres, d'huile ou de graisse pure. (Hertwig, *loco citato*, p. 312.)

4° La *dartre graisseuse*, improprement appelée gale graisseuse, attaque, de préférence, les animaux nourris abondamment de viande. Elle se montre plus généralement au cou, sur le dos ou la croupe, occupant un espace de $0^m,02$ à $0^m,08$ de diamètre; il y a d'abord une fièvre légère, puis la peau devient chaude, plus épaisse au toucher et plus rude, les poils se hérissent ; il s'élève de petites vésicules, qui laissent presque aussitôt échapper un liquide séro-purulent ; bientôt les poils tombent, l'épiderme disparaît, et on aperçoit une plaie superficielle d'un rouge foncé, sécrétant une matière séro-purulente, jaune, visqueuse, grasse. En même temps l'inflammation détermine un prurit qui invite sans cesse le chien à gratter, frotter ou lécher cette plaie, ce qui contribue à irriter davantage encore les tissus. Cette dartre n'est pas contagieuse.

Dans le traitement, il faut commencer par changer le régime et mettre l'animal au maigre, c'est-à-dire aux légumes, en le privant complétement de viande, et lui faire faire un exercice modéré. Pendant ce temps, on lui donne, plusieurs jours de suite, un purgatif de calomel et de gomme-gutte. On fait prendre aux petits animaux un bain tiède ; pour les grands, on fait des lavages à l'eau savonneuse sur la peau ; aux endroits menacés, on essuie bien, puis on y fait de légères onctions d'onguent mercuriel ; les lavages doivent être faits sans irriter la peau, et revenir entre deux ou trois onctions pour nettoyer la peau et enlever l'onguent ; c'est du savon vert qu'on doit employer de préférence. On peut mélanger, pour les onctions, l'onguent mercuriel au goudron.

### § 2. — Maladies chroniques de la peau.

Les maladies chroniques de la peau sont fréquentes chez les chiens; quelques-unes d'entre elles sont contagieuses. Elles sont, en général, plus faciles à guérir sur les animaux à poils ras que sur ceux à longs poils. Les plus communes sont le prurigo (démangeaison), la dartre sèche rouge (le rouge), la dartre furfuracée, la dartre rongeante, la dartre squammeuse et enfin la gale (parasite de la peau).

1° Le *prurigo*. Ce nom latin, qui signifie démangeaison, a été donné à une maladie qui consiste dans une affection générale ou locale de la peau, une irritabilité morbide des nerfs sous-cutanés, qui porte les animaux à se frotter constamment contre les corps durs à leur portée ou à se gratter avec leurs pattes. On distingue à la surface du derme à peine quelques rares et petits boutons; l'animal conserve sa gaieté, son appétit et toute l'apparence de la santé; néanmoins l'affection peut être longue et d'autant plus qu'elle remonte à une origine plus ancienne. Il faut commencer par changer les circonstances qui ont pu lui donner naissance : diminuer le régime, s'il était trop abondant ou trop substantiel ; augmenter l'exercice, s'il était trop restreint ; aérer le logement, s'il était trop fermé, chaud et humide ; entretenir la constante propreté du corps par des bains tièdes d'eau de son ou d'eau savonneuse. Quand il y a impossibilité de donner des bains, on les remplace par d'abondantes lotions d'eau savonneuse tiède, de solution d'extrait de Saturne (acétate de plomb) ou même, suivant Hertwig, d'un extrait narcotique. Il conseille aussi d'employer l'huile douce d'olive sur la peau, en ne l'y laissant séjourner que vingt-quatre heures au plus, terme après lequel elle rancit et devient irritante ; on l'enlève par des lavages au savon vert.

2° La *dartre sèche rouge* (le rouge). Cette dartre se montre sous la forme de très-fines élevures sur la peau, qui sont très-rapprochées, ont une apparence rouge et forment des taches plus ou moins grandes, de forme irrégulière. On les voit, le plus distinctement, à la peau, plus fine, du ventre et de la face interne des cuisses; cependant aucune place du corps n'en est entièrement exempte. Ces petits boutons sont accompagnés d'un prurit très-violent, qui augmente encore la nuit et qui force les animaux à se gratter et à se frotter continuellement. Il n'y a ni fièvre, ni autres phénomènes morbides. Ce mal dure ordinairement des mois ou des années; il est contagieux pour d'autres chiens, sans cependant qu'on connaisse jusqu'ici ni le virus, ni la matière qui le fixe (Hertwig, p. 515). Les chiens épagneuls paraissent y être plus prédisposés que les autres races. Lorsque cet herpès est devenu chronique, il survient souvent des ulcérations dans les plis de la peau, sur le dos, le cou et les membres.

M. Mariot-Didieux conseille d'employer, dès le début, un topique formé de glycérine, 30 gr.; goudron purifié, 2 grammes; poudre d'amidon, quantité suffisante pour former une pâte molle. Plus tard, quand l'éruption est bien caractérisée, Isnard recommande de donner à l'intérieur une purgation de 20 à 40 grammes de sulfate de soude ou de 2 à 5 grammes d'aloès, et de frictionner la peau, aux endroits envahis, avec de l'huile de cade. Lorsqu'il y a ulcères, M. Mariot-Didieux propose de lotionner les endroits ulcérés avec 250 gr. d'eau dans laquelle on a fait dissoudre 25 gr. d'alun et 40 grammes d'acétate de plomb cristallisé. Hertwig, enfin, indique l'emploi, à l'intérieur, de 25 à 75 centigrammes de sulfure d'antimoine, deux fois par jour, dans la nourriture, et, à l'extérieur, de lotions avec une dissolution de sublimé corrosif (deutochlorure de mercure), 5 centigrammes pour 30 grammes d'eau.

3° La *dartre furfuracée* (pityriasis) consiste dans une mortification sèche, souvent répétée, de l'épiderme, qui se détache en petites écailles très-nombreuses, sèches, jaunâtres et ressemblant un peu à du son. C'est particulièrement autour des yeux, au cou et sur le dos et les reins qu'elle se fixe, quelquefois sur toute la surface du corps, mais rarement aux membres. La peau semble s'épaissir, devient plus sèche et moins souple, tout en conservant les caractères de la santé et étant le siége d'un prurit qui porte l'animal à se gratter et à se frotter. Bientôt les poils tombent et l'animal exhale une odeur désagréable. Cette dartre paraît contagieuse et est difficile à faire disparaître; si on y réussit, il n'est pas rare qu'il se produise une répercussion sur les poumons. Quoique ce pityriasis n'attaque la peau que superficiellement d'abord, elle finit souvent par s'épaissir, s'indurer, et la perspiration cutanée se trouve alors très-restreinte. Quoiqu'on ne la regarde pas, en général, comme contagieuse, il est prudent d'isoler le malade.

On combat le pityriasis ou dartre furfuracée par des lotions savonneuses, l'eau de Goulard (sous-acétate de plomb liquide et alcool avec eau), du cérat de Saturne (cérat de Gallien et sous-acétate de plomb liquide), de l'eau phagédénique (sublimé corrosif et eau de chaux) ou des bains d'eau savonneuse ou d'une lessive de potasse.

4° La *dartre rongeante* consiste dans de petites vésicules qui s'élèvent de la peau, crèvent en répandant un liquide rougeâtre, et, se réunissant, forment un ulcère commun qui, bien que n'intéressant que la couche du derme, s'étend de plus en plus par ses bords, est le siége de violentes démangeaisons et est assez rebelle à disparaître. Cet ulcère est contagieux, non-seulement pour les autres chiens, mais pour le malade lui-même, qui, en se léchant ou se mordant, contracte des ulcères à la lèvre ou à la langue. Le traitement de cette affection est celui de tous les ulcères qu'on cautérise avec la pierre infernale ou tout autre caustique, comme la créosote, ou qu'on lotionne d'essence de térébenthine. Cette dartre est éminemment contagieuse.

5° La *dartre squammeuse* (psoriasis) consiste dans des taches arrondies, dénudées, siége d'un prurit violent, qui se montrent aux paupières, sur la croupe, les reins, les lèvres de la vulve, le cou, etc. Ces taches donnent lieu à la mortification de larges écailles épidermiques qui tombent dans le poil. On présume que cette dartre est contagieuse. A la longue, la peau finit par s'épaissir et se gercer, et le poil par tomber, et le mal devient difficile à guérir. Les frottements et la malpropreté peuvent engendrer des indurations, des excoriations de la peau, qui transsude un liquide donnant naissance à des croûtes.

Le traitement, au début, consiste dans des lotions émollientes, un régime végétal, des purgatifs répétés à certains intervalles; plus tard, on emploie les frictions mercurielles et d'autres substances propres à modifier l'irritabilité de la peau. Hertwig conseille, à l'extérieur, l'eau ou l'onguent de goudron, les solutions de foie de soufre (sulfure de potasse, 4 grammes pour 180 grammes d'eau), etc. Les soins de propreté et l'isolement du malade sont des précautions qu'on ne saurait trop rappeler.

6° La *gale* est une éruption chronique avec efflorescence papuleuse, vésiculaire, pustuleuse et desquamation de l'épiderme. Elle reconnaît pour cause la présence d'insectes compris sous le nom général d'acares. (Voir chap. XVI, § 3-4.)

La gale est une maladie contagieuse par le seul insecte qui la produit et qu'on ne distingue pas toujours à l'œil nu à cause de sa ténuité. Il se tient à la surface de la peau ou au fond d'un petit sillon qu'il creuse sous l'épiderme et qu'on pourrait prendre pour une légère égratignure causée par une épine ; sa présence se trahit par une démangeaison assez forte, qui porte le chien à se mordre, à se frotter rudement et, par cela même, à donner naissance à des plaies qui, parfois, envahissent une large surface. Des boutons, de la démangeaison, des plaies suppurantes, des croûtes, des surfaces dénudées, tels sont les caractères propres de la maladie. Ses conséquences sont les suivantes : la peau s'épaissit, les fonctions expiratrices sont limitées, les animaux dépérissent, exhalent une mauvaise odeur et, si l'affection n'est pas soignée, elle les conduit à la mort, soit par l'étisie, soit par l'hydropisie. De temps en temps, pourtant, la gale semble disparaître de telle ou telle région, mais pour se porter sur une autre ; c'est simplement une émigration des acares, et c'est ainsi qu'elle se perpétue durant de longues années et, parfois, jusqu'à la mort.

On attribue son développement, outre la contagion, à une nourriture trop échauffante, au défaut des soins de propreté de la peau, au manque d'exercice, à un air impur, à la malpropreté de la niche ou du chenil, à l'humidité ; en effet, la gale semble pouvoir se développer spontanément, ce qui serait un cas de génération spontanée. Il est bien plus probable qu'on néglige de s'enquérir des faits de contagion qui ont pu se produire, par un contact médiat ou immédiat avec des animaux contagionnés. Il peut y avoir prédisposition héréditaire ou prédisposition individuelle, mais il est fort douteux que l'insecte de la gale puisse naître en l'absence de tout germe. Les vieux chiens, ceux qui sont exclusivement nourris de viande, semblent plus exposés que les autres à la contagion, et à la récidive après guérison.

Lorsqu'on s'aperçoit de la maladie dès le début, il suffit, le plus souvent, de mettre l'animal à un régime végétal, s'il est jeune et habitué à un régime de viande; de lui donner, au contraire, une alimentation fortifiante s'il est vieux et affaibli : on administre en même temps une purgation au calomel ; à l'extérieur on commence par un lavage complet à l'eau de savon tiède et on continue, chaque jour, un bain semblable. Quand la gale remonte à un certain temps, on remplace le lavage et le bain à l'eau de savon par des frictions faites deux fois par jour avec un liquide composé de 60 grammes de potasse, 60 grammes de nitrate de potasse, 300 grammes d'eau-de-vie et 300 grammes d'eau. On peut encore employer une décoction de tabac en carotte, d'ellébore blanc, l'huile empyreumatique, le goudron. En même temps on sépare le chien et on lui donne une litière propre et souvent renouvelée, qu'on enfouit après l'avoir enlevée.

Beaucoup de vétérinaires emploient des bains composés d'une partie de sulfure de potasse sur trente-deux parties d'eau; on en donne deux par jour jusqu'à ce que les démangeaisons aient disparu; après chaque bain, on essuie l'animal et on le fait sécher devant le feu. D'autres emploient l'onguent mercuriel après avoir muselé l'animal pour l'empêcher de se lécher; ils en font des onctions sur les régions atteintes; mais les bains généraux nous paraissent préférables et moins dangereux.

### § 3.— Animaux parasites du chien.

Le chien, comme tous les animaux, nourrit des parasites internes ou externes; les uns tourmentent l'animal par leurs piqûres et l'épuisent en suçant le sang ou les humeurs, les autres exercent, dans l'organisme, des ravages souvent très-graves et pouvant causer la mort. Parmi les parasites externes ou ectozoaires, on peut placer la puce, le pou, le trichodecte, le sarcopte de la gale, le sarcopte purulent, le tiquet, les mouches, etc. Parmi les parasites internes ou entozoaires, on peut ranger l'ascaride lombricoïde, le tænia ou ver solitaire, le cœnure cérébral, etc.

A. Ectozoaires. — 1° La *puce* (pulex canis) forme un genre de l'ordre des suceurs. On connaît cet insecte aplati, armé de pattes puissantes construites pour le saut, et d'un bec au moyen duquel il pique la peau et pompe le sang. La femelle est beaucoup plus grande que le mâle, et pond une douzaine de petits œufs arrondis et un peu allongés, qui tombent à terre et se trouvent ordinairement en nombre considérable dans les endroits où les chiens et les chats sont réunis, et partout où ils ont l'habitude de se coucher. En sortant de l'œuf, les petits sont privés de pieds; ils ont la forme de petits vers de couleur blanchâtre. Ces larves sont très-vives et se roulent en cercle ou en spirale. Bientôt elles deviennent rougeâtres, et, après avoir vécu dans cet état pendant une douzaine de jours, elles se renferment dans une petite coque soyeuse d'une finesse extrême, pour s'y transformer en nymphe. Enfin, après environ douze jours de réclusion, si le temps est chaud, elles sortent de leur enveloppe à l'état parfait.

Les animaux réunis en grand nombre ou tenus malproprement sont plus tourmentés par ces insectes que ceux qui sont isolés et bien soignés. Pour les animaux d'appartements, on parvient à chasser les puces en saupoudrant, chaque matin, le poil du chien de poudre de pyrèthre, dont une partie se loge autour de la peau; ou, mieux encore, en arrosant l'animal d'eau additionnée de quelques gouttes d'acide phénique, qu'on projette sur le poil, en se gardant bien d'atteindre les yeux ou la peau dénudée.

2° Le *pou* (pediculus canis familiaris) est un insecte appartenant à l'ordre des parasites, à bouche tubulaire, située à l'extrémité antérieure de la tête et renfermant un suçoir; à tarses composés d'un gros article qui se replie contre la jambe et remplit ainsi les fonctions d'une pince; chez le mâle, l'extrémité de l'abdomen est armée d'une espèce d'aiguillon. Les œufs, connus sous le nom de lentes, éclosent après cinq à six jours;

les jeunes changent plusieurs fois de peau, mais leur croissance est très-rapide. Dans l'espace d'environ dix jours ils arrivent à l'âge adulte. La femelle pond un nombre considérable d'œufs, et on a calculé que, dans l'espace de deux mois, un couple pouvait produire dix-huit mille de ces parasites.

« Le pou du chien est muni de six pattes, il est d'un brun rougeâtre, est long de $0^m,002$ à $0^m,0025$; La tête a à peine le cinquième de la longueur du corps; elle est hexagone, plus longue que le corselet, pourvue d'un suçoir rétractile; l'abdomen est plus large que le corselet, de forme ovalaire, très-poilu. Les membres sont forts; le tarse est uniforme et se termine intérieurement par une forte dent; les extrémités des pattes sont pourvues d'une griffe forte et courte qui se replie. Ces poux se trouvent sur toute la peau, mais principalement dans la région de la gorge (Hertwig). »

Il en est de même des poux que des puces; ils sont contagieux,et leur développement ne saurait être spontané; on sait seulement que les animaux dont la peau est malpropre, ceux qui sont mal nourris, faibles, étiques, y sont plus exposés que les autres. C'est chez les très-jeunes et chez les très-vieux chiens qu'on les rencontre le plus fréquemment et en plus grand nombre.

On débarrasse les animaux de ces parasites en enduisant la peau, aux endroits où ils se sont développés, d'une huile grasse; mais il est préférable d'employer des lavages répétés, faits avec une infusion d'anis ou de persil, avec une décoction de tabac ou de staphisaigre, de cévadille ou de racine d'ellébore blanc, avec des lessives de cendres, etc. On peut employer aussi les frictions d'onguent mercuriel sur les régions que le chien ne peut atteindre avec sa langue, le cou, par exemple, ou sur le reste du corps en le muselant sérieusement; on renouvelle ces frictions tous les trois ou quatre jours. On peut employer encore la poudre de pyrèthre ou les aspersions d'eau phéniquée, ainsi que nous l'avons déjà dit pour les puces.

3° Le *trichodecte* ou ricin du chien (trichodectus latus) appartient, comme le précédent, à l'ordre des parasites et fait partie du genre ricin, caractérisé par une bouche inférieure et composée, à l'extérieur, de deux lèvres et de deux crochets, par des tarses articulés et terminés par deux crochets égaux. « Le trichodecte du chien est un petit animal jaunâtre, à six pattes, de forme ovale, ressemblant assez au pou, mais il en diffère en ce que, même à l'état adulte, il est toujours beaucoup plus petit, de $0^m,001$ à $0^m,0015$ seulement; sa tête est beaucoup plus large que celle du pou, puisqu'elle est même plus large que le thorax et presque carrée; en outre, il n'a pas de suçoir, mais sa bouche est garnie de mandibules; ensuite son corps ne montre pas de coloration sanguine. Les jambes sont longues, à deux articulations, d'un brun pâle un peu plus foncé sur les bords, pourvues, à leur extrémité, d'un crochet pointu recourbé qui se replie contre le tarse, dont le bout se dirige en dedans. Les trichodectes sont moins fréquents chez les chiens que les poux, et ne paraissent pas avoir de préférence pour certaines places. Ils ont des sexes séparés, se nourrissent de poils fins, peut-être aussi d'écailles de l'épiderme, et occasionnent quelquefois des démangeaisons, et des places à demi chauves, où il reste pourtant immédiatement contre la peau de courts tronçons de poils, qui font conclure à l'existence de ces insectes (Hertwig). »

L'histoire naturelle de ces parasites est encore peu connue; on emploie contre eux les mêmes soins que contre les poux.

4° Le *sarcopte de la gale* du chien (sarcoptes canis-acarus scabiei) appartient à l'ordre des arachnides trachéennes et à la famille des acariens ou mites, dans laquelle il forme le genre sarcopte ou acarus. « C'est, dit Hertwig, un animal presque microscopique, qui se trouve sur la peau de certains chiens galeux et caractérise, dans ces cas, la gale véritable ou la gale à sarcopte. La tête peut se retirer sous le thorax ; elle est pourvue d'une trompe-suçoir composée de deux valvules ; le corps est presque rond et garni latéralement de fortes soies ; à l'état tout à fait développé, le sarcopte a huit pattes ; les derniers tarses des quatre antérieures, ainsi que de la première paire des pattes postérieures, sont formés en tuyaux, terminés par une espèce d'épanouissement contractile ; les quatre pattes postérieures sont pourvues de soies de longueur inégale. Les sarcoptes ont les sexes séparés ; ils vivent des sucs de la peau ; ils se reproduisent par l'accouplement et des œufs. Ceux-ci mûrissent en huit ou dix jours dans de petits conduits que le sarcopte mère a forés. Les sarcoptes qui viennent d'éclore sont très-petits et n'ont que six pattes, mais la dernière paire ne tarde pas à venir. Les sarcoptes, surtout les femelles fécondées, transplantent la gale sur des chiens sains. Quelquefois, et surtout dans la saison froide, ils disparaissent, bien que la gale persiste encore ; cependant leur destruction est indispensable pour la guérison complète de la maladie (*ut suprà*, p. 329). » Nous avons indiqué (chap. XVI, § 2-6) le traitement de la maladie de la gale, traitement qui a pour but principal de détruire l'acare.

5° Le *sarcopte purulent* du chien ou sarcopte de l'oreille (sarcoptes cynotis) a été découvert par M. Héring, médecin vétérinaire de Stuttgard. Cet acarus n'a que 0m,0002 de longueur; son corps est arrondi et presque dépourvu de soies. Il appartient au même genre que le précédent et présente, sauf la taille, les mêmes caractères. Dans les cas d'inflammation du conduit auditif externe, on rencontre parfois, sur les ulcères qui s'y forment, le sarcopte purulent; on l'a soupçonné quelquefois d'être la cause de cette affection.

6° Le *tiquet du chien*, ixode du chien, ixode brun (ixodes flavus-ricinus acarus), appartient, comme les deux précédents, à la famille des acariens et au genre tique ou ricin. Il est long de 0m,007 à 0m,009, est pourvu de huit pieds, d'une trompe-suçoir et de crochets doubles et aigus insérés sur une palette. Son corps est vésiculeux, de couleur rouge ou gris brun. Il vit dans les bois, sur la terre ou au tronc des arbres, et s'attache à la peau des chiens qui passent; là il se fixe avec ses pattes et sa trompe, pompe du sang et de l'humeur, jusqu'à ce que son abdomen soit distendu ; quelque temps après il se laisse retomber sur le sol, où il digère, pond et meurt. On les fait tomber en les enduisant d'huile, d'essence de térébenthine, d'onguent mercuriel, d'huile empyreumatique, etc. Le mieux est de se borner à couper leur corps en deux avec des ciseaux. Ils sont rarement nuisibles, à moins qu'ils ne soient réunis en grand nombre sur le même individu.

B. Entozoaires. — Les entozoaires appartiennent à la classe des zoophytes, division des zoophytes vermiformes, classe des entozoaires.

1° *Ascaride marginé* (ascaris marginatus) ou bordé. Le genre ascaride se distingue par un corps rond, aminci en arrière et en avant, avec trois tubercules autour de la bouche; le pénis du mâle est simple et libre. L'ascaride marginé ou bordé habite souvent l'intestin grêle du chien; il se reconnaît à une membrane demi-lancéolée à droite et à gauche de la tête, et est long de 0m,054 à 0m,19.

L'*ascaride lombricoïde* (ascaris lombricoides) est reconnaissable à sa tête sans appendices latéraux ; il est long de 0m,15 à 0m,32, et de la grosseur d'une plume à écrire. On le rencontre rarement isolé, mais réuni le plus souvent en paquets, dans tout le parcours des intestins.

2° Le *distome ailé* (distoma alata) appartient à la famille des trématodes et au genre douve ou distome, caractérisé par un corps déprimé en forme de feuille, non ridé, avec deux pores placés en dessous, l'un devant l'autre. Le distome ailé se rencontre assez souvent avec le précédent dans l'intestin grêle.

3° Le *trichocéphale déprimé* (trichocephalus depressiusculus) appartient au genre trichocéphale, caractérisé par un corps rond, aminci très-fortement en avant, gros et contourné en arrière, une bouche simple et ronde. Le trichocéphale déprimé se rencontre parfois dans le cœcum du chien.

4° Le *strongle trigonocéphale* (strongylus trigonocephalus) appartient au genre strongle, qui a pour caractères un corps cylindrique ou à tête globuleuse; une bouche ronde, entourée d'épines, de crochets ou de papilles. Le strongle trigonocéphale se rencontre dans l'estomac, quelquefois dans le duodenum, parfois en petites pelotes dans la muqueuse de l'estomac; il a le corps gros et arrondi en arrière, mais mince et filiforme en avant.

5° Le *pentastome tænioïde* (pentastoma tænioides) appartient au genre polystome, caractérisé par un corps déprimé, avec cinq ou six pores inférieurs disposés en croissants. On rencontre quelquefois le pentastome tænioïde logé seul ou en compagnie dans un sinus frontal du chien, où il irrite la muqueuse nasale et peut provoquer des accidents nerveux et même la mort.

6° Le *ver solitaire* ou *tænia* appartient à la famille des entozoaires tænioïdes, ordre des cestoïdes, genre tænia, caractérisé par un corps très-allongé, déprimé, articulé ; une tête pourvue de quatre suçoirs ou oscules. Le corps de ces parasites ressemble assez à un long ruban plissé en travers ; on en trouve dont la longueur dépasse 10 mètres. Leur tête est presque carrée ; elle offre à chacun des quatre angles une petite fossette ou suçoir et présente au milieu un tubercule qui ressemble souvent à une trompe, et est, en général, armé d'un cercle de crochets à l'aide desquels l'animal se fixe aux parois de l'intestin où il demeure. A cette petite tête succède un cou filiforme qui s'élargit peu à peu et se continue avec le corps dont le tissu est blanchâtre et presque gélatineux. On rencontre dans les intestins du chien (intestin grêle) les tænia serrata et cucumerina.

Nous avons vu plus haut que certaines affections pouvaient être déterminées par la présence de certains entozoaires réunis en certain nombre dans l'estomac ou les intestins (chap. XIII, § 3). Nous ajouterons ici que la plupart des entozoaires peuvent être expulsés par l'usage réitéré de purgatifs vermifuges, tels que l'aloès, l'huile de ricin et de croton tiglium; par des vomitifs pour ceux qui habitent l'estomac; par l'huile empyreumatique unie à l'essence de térébenthine et d'huile de lin. Pour les ascarides, on emploie des lavements à l'ail; contre le tænia, la poudre de racine de grenadier ou la poudre de racine de fougère mâle, en même temps qu'on donne des lavements de lait tiède. Dans d'autres cas on peut employer les narcotiques, l'extrait de jusquiame (20 à 50 centigrammes) uni à l'opium (15 à 30 centigrammes), une cuillerée à bouche dans une décoction de racine de gentiane. Souvent il suffit, pour expulser les ascarides, d'une cuillerée d'huile d'olive, de lin, de colza ou d'œillette, de lavements à l'assa fœtida, ou d'un breuvage absinthé. L'animal qu'on traite par les vermifuges doit être nourri à un régime mixte de viande et de légumes, en quantité modérée.

# TABLE DES MATIÈRES.



40

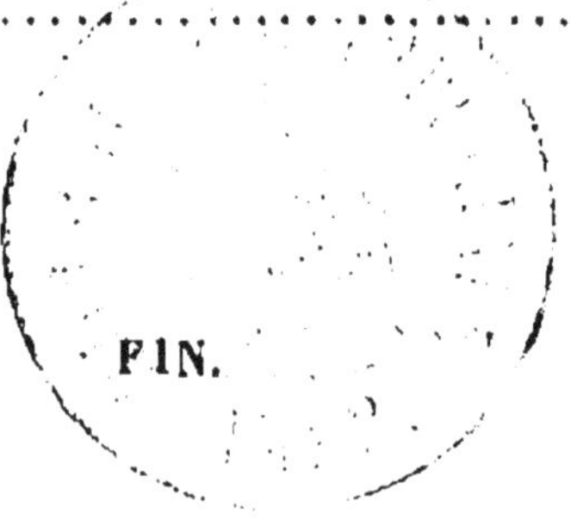

FIN.

# OUVRAGES

## SUR LA CHASSE ET LES CHIENS

QUI SE TROUVENT

CHEZ MADAME VEUVE BOUCHARD-HUZARD

IMPRIMEUR-LIBRAIRE, RUE DE L'ÉPERON, 5.

La Chasse royale, composée par le Roy *Charles IX* et dediee au Roy tres-chrestien *Lovys XIII*. Très-utile aux curieux et amateurs de chasse. Nouvelle édition. Paris, 1857, petit in-8°, 135 p. avec planche. 7 fr. 50 c.

Les Ruses du braconnage mises à découvert, ou mémoires et instructions sur la chasse et le braconnage, avec quelques figures en taille de bois, par *L. Labruyerre*, garde de S. A. S. monseigneur le comte *de Clermont*, prince du sang. Nouvelle édition avec une introduction par *A. d'Houdetot*. Paris, 1857, in-12, 230 pages. 4 fr. 50 c.

Traité et abrégé de la chasse du lieure et du cheurevil, dedié av roy Lovis XIII° du nom, roy de France et de Nauarre, par Messire *Rene de Maricourt*, chevalier de l'ordre du Roy, capitaine de cinquante hommes d'armes pour le service de sa dicte Majesté, et gentilhomme de sa chambre, etc. Publié d'après les manuscrits originaux. 1858, petit in-8°, 144 pages avec armoiries. 7 fr. 50 c.

L'École de la chasse aux chiens courants ou Venerie

normande, par *Le Verrier de la Conterie*, écuyer, seigneur d'Amigny, les Aulnets, etc. ; nouvelle édition revue, annotée, ornée de gravures intercalées dans le texte. **1845**, in-8°, LX et **496** pages ; figures et musique dans le texte. **12** fr.

LA VÉNERIE FRANÇAISE, par J. E. H. baron *Le Couteulx de Canteleu*, ancien officier de cavalerie, lieutenant de louveterie, avec les types des races de chiens courants dessinés d'après nature, par le baron *de Noirmont*, *G. Jadin* et *Penguilly*. **1858**, in-4°, VIII et **283** pages, **14** planches. **25** fr.

LA CHASSE DU LOUP, par J. E. H. baron *Le Couteulx de Canteleu*, ancien officier de cavalerie, lieutenant de louveterie, avec des planches photographiées d'après nature, par *Cremière, Hanfstaengl* et *Platel*. **1861**, in-4°, VIII et **119** pages; planches photographiées. **40** fr.

LA NOBLE ET FVRIEVSE CHASSE DU LOVP, composée par *Robert Monthois*, arthisien, en faueur de ceux qui sont portez à ce royal déduict. Deuxième édition. Paris, **1863**, in-4°, **45** pages avec planche. **7 fr. 50 c.**

LE VIEUX CHASSEUR ou traité de la chasse au fusil, orné de **55** gravures en acier, représentant la manière de tirer le gibier dans toutes les positions et augmenté de la loi de **1844**, par *Th. Deyeux*, dessins par *E. Forest*. **1844**, in-18, IV et **178** pages. **2** fr. **50** c.

TRAITÉ DE LA CHASSE SOUTERRAINE DU BLAIREAU ET DU RENARD, par *Edmond Le Masson*, avec une préface par le comte *Adolphe d'Houdetot*. **1865**, **gr.** in-**8**, **112** p. avec **5** pl. lith. **6** fr.

La Chasse au Furet, par *Edmond Le Masson*. 1866, in-12, 72 p. avec 1 pl. lith. 2 fr. 50

— Le même ouvrage, papier vélin. 5 fr.

Nouvelle Vénerie normande, ou Essai sur la chasse du Lièvre, du Chevreuil, du Sanglier, du Loup et du Renard, par *Edmond Le Masson*. 2e édition. Avranches, 1847, in-8°, VIII et 407 pages. 7 fr. 50 c.

Souvenirs d'un Chasseur touriste, suivis d'un Essai sur la chasse souterraine du Blaireau et du Renard, par *Edmond Le Masson*. Avranches et Paris, 1859, grand in-8°, IV et 305 pages grand in-8°. 6 fr.

Histoire de la Chasse en France, depuis les temps les plus reculés jusqu'à la Révolution, par le baron *Dunoyer de Noirmont*. 3 vol. grand in-8°, 1867-1868. Tome Ier, chroniques de la chasse, VIII et 494 pages. — Tome II, droit de chasse, gibier, chiens, venerie, IV et 539 pages.— Tome III, louveterie, fauconnerie, chasse à tir, chasses diverses, IV et 404 pages, papier vélin. 30 fr.

— Le même ouvrage, papier vergé fort, 45 fr.

La Chasse a la haie, par *Peigné-Delacourt*. 1858, gr. in-4°, IV et 43 p., avec une pl. coloriée. 20 fr.

La Chasse dv Lovp, poëme, par *Habert*. Réimpression d'après l'édition de 1624, avec notice. 1866, in-4°, 48 pages. 7 fr. 50

Des Effets de la Poudre dans les armes de chasse et de la portée de leurs projectiles, par le comte *du B****. 1834, in-8°, 44 p. 1 fr. 25 c.

Nouvelle manière de fabriquer la Poudre a tirer, proposée par M. *d'Artigues*. 1830, in-8°, 4 pages. 1 fr.

La Chasse du Lovp nécessaire à la *Maison rustique*,

par *Iean de Clamorgan*, seigneur de Saane. Nouvelle édition avec une introduction par *A. d'Houdetot*, une notice biographique et bibliographique par *le baron J. Pichon*, et un essai sur les diverses éditions de la *Maison rustique*, par *L. Bouchard*. 1866, in-4° avec planches. 10 fr.

NOUVELLE INVENTION DE CHASSE pour prendre et oster les Loups de la France, par *Louys Gruau*, curé de Sauge. Nouvelle édition, conforme à celle in-8° avec figures. (*Sous presse.*)

TRAITÉ SUR L'ART DE CHASSER AVEC LE CHIEN COURANT. Ouvrage qui contient la manière de former et de conserver une meute, ainsi que les principes et la théorie de l'art du veneur et où l'on traite avec détail les chasses du Lièvre, du Chevreuil, du Renard, du Loup et du Sanglier, par *Boisrot de Lacour*, lieutenant de la louveterie impériale. 2e édition avec notes et figures, in-8°. (*Sous presse.*)

CATALOGUE des livres, dessins et estampes composant la bibliothèque de *J. B. Huzard*, inspecteur général des écoles vétérinaires, membre de l'Institut de France (Académie des sciences), du conseil de salubrité de Paris, de l'Académie royale de médecine, du conseil supérieur de l'agriculture, de la Société royale et centrale d'agriculture, etc.; chevalier des ordres de Saint-Michel et de la Légion d'honneur. (Histoire naturelle, agriculture, médecine humaine et vétérinaire, chasses et pêches, biographie, bibliographie, etc.) 1842, 3 vol. in-8°. 6 fr.

TRÉSOR DE VENERIE, composé l'an M.CCC.LXXXX.IV, par *Hardouin, seigneur de Fontaines-Guérin*, et publié pour la première fois par *H. Michelant.* Metz, 1856, in-8°, XVI et 138 pages. 9 fr.

LA MEUTTE ET VENERIE POUR LE CHEVREUIL, de haut et puissant seigneur, messire *Jean de Ligneville*, grand veneur de Lorraine (de 1602 à 1632), d'après l'édition de 1655. Nancy, 1861, in-4°, IV et 166 pages. 25 fr.

LE LIÈVRE, de *Simon de Bvllandre*, prieur de Milly en Beavvoisis. Paris, *Pierre Chevillot*, 1585; réimpression par *Perrin*, à Lyon, 1866, in-4, 4 et 16 feuillets. 5 fr.

LE PARFAIT CHASSEUR, Traité général de toutes les chasses, avec un appendice des meilleurs remèdes pour la guérison des accidents et maladies des chevaux de chasse et des chiens courants, et un vocabulaire à l'usage des chasseurs, par *Aug. Desgraviers*, commandant des Véneries de Mgr le prince de Conti. 1810, in-8, VIII et 431 pages, 11 planches et 16 pages de musique. 15 fr.

PETITS POEMES LATINS. — Cynégétiques de Gratius Faliscus. La Chasse de Némésien. Alcon de Frascator. Panégyrique de Pison. Travaux d'Hercule. Etna de Cornelius Severus. Traduits en français par le traducteur de Claudien, de Vida, etc. (M. l'abbé *L. de Latour*) et par M. l'abbé *de Lutho*. Paris, 1842, in-12, IV et 359. 4 fr. 50 c.

— Le même ouvrage, format grand in-8°, papier vélin. 7 fr. 50 c.

LE CHASSEUR RUSTIQUE, contenant la théorie des armes, du tir et de la chasse au chien d'arrêt en plaine, au bois, au marais, sur les bancs, dédié à Jules Gérard le tueur de Lions, par *Adolphe d'Houdetot*, suivi d'un traité complet sur les maladies des chiens, par *J. Prudhomme*, avec un dessin d'Horace Vernet. Deuxième édition. Paris, 1855, grand in-8, XII et 467 pages, 1 planche. 7 fr. 50 c.

CHASSES EXCEPTIONNELLES. Galerie des chasseurs illustres : Nemrod, saint Hubert, Jules Gérard, Ad. Delegorgue, Bombonel, Elzéar Blaze. Mélanges, par *Adolphe d'Houdetot*. Édition complète avec 5 portraits gravés et 3 esquisses. Paris, 1855, grand in-8°, LXXIX et 311 pages et 8 pl. 7 fr. 50 c.

BRACONNAGE et CONTRE-BRACONNAGE, par *Adolphe d'Houdetot*. Description des piéges et engins. Moyen de les combattre et d'assurer la propagation de toute espèce de gibier. Dessin d'Horace Vernet. Paris, 1858, grand in-8°, VII et 358 p., 1 pl. 7 fr. 50 c.

LA PETITE VÉNERIE, ou la chasse au chien courant, par *Adolphe d'Houdetot*, avec un dessin d'Horace Vernet. Paris, 1855, grand in-8°, X et 352 pages, 1 pl. 7 fr. 50 c.

LES FEMMES CHASSERESSES, par *Adolphe d'Houdetot*. Dessin d'Horace Vernet. Paris, 1859, grand in-12, VIII et 237 pages, 1 pl. 5 fr.

CHASSES ET PÊCHES ANGLAISES. Variétés de pêches et de chasses. Paris, s. d., in-8°, 361 pages, 5 pl. 5 fr.

HISTOIRE DU CHIEN, par *Elzear Blaze*. Paris, 1843, in-8°, VII et 460 pages et 1 planche. 7 fr. 50 c.

DE LA LOI sur la police de la chasse. Analyse critique et modifications, par M. *A. Rousset*. Paris, 1859, in-8°, 80 pages. 2 fr.

Chasses de la Somme, par *E. Prarond.* Paris et Amiens, 1858, grand in-8°, IV et 130 pages. 3 fr. 50 c.

Chasse au chien d'arrêt. Gibier à plumes, par *M. Chenu.* Paris, 1851, grand in-12, VIII, et 184 pages et 89 planches gravées sur bois. 5 fr.

Voyage dans l'Afrique australe, exécuté pendant les années 1838 à 1844, par *A. Delegorgue* (le chasseur d'Éléphants), avec une introduction par *Albert Montémont.* Paris, 1847, 2 vol. gr. in-8° de XVI, 580 et 624 pages, 5 planches et 2 cartes. 18 fr.

La Chasse au chien d'arrêt et au chien courant dans le midi de la France, suivie du chasseur au groseau (poésie), par M. *A. de Merle.* 1859, in-12, 216 pages. 2 fr. 50 c.

Le Vieux Pêcheur, par *Th. Deyeux.* Paris, 1837, in-18, 185 p. avec 24 pl. grav. 4 fr. 50 c.

Traité des procédés de multiplication naturelle et artificielle des poissons ou de pisciculture pratique mise à la portée de tout le monde, par *F. Fraîche.* Paris, 1864, in-18, 164 pages avec figures dans le texte. 2 fr.

Considérations sur les poissons et particulièrement sur les anguilles, par *le baron de Rivière.* Paris, 1841, in-8, 36 pages. 1 fr. 25 c.

Notions et préceptes sur la pisciculture pratique et sur l'élève et la multiplication des sangsues, par *Quénard.* Paris, 1855, in-8°, 8 et 12 pages. 1 fr. 25 c.

Pisciculture. Instructions pratiques sur le repeuplement des cours d'eau. (Ces instructions ont été publiées par la Direction générale des forêts.) Paris, 1860, in-8°, 32 pages. 75 c.

Traité de l'économie du bétail. Physiologie, races, améliorations, alimentations, spéculations, par *A. Gobin*, 1861. 2 forts vol. in-8°, avec 16 pl. 12 fr.

Art de faire le beurre et les meilleurs fromages, par *Anderson*, *Desmarets*, *Chaptal*, *d'Angeville*, *Grognier*, *Bonafous*, *Huzard* et *Gobin*. 3e édition, in-8°, fig. 4 fr. 50 c.

Prairies artificielles : moyens de remédier à la décroissance des produits, par *Gobin*. 1862, in-8°. 1 fr.

Essai sur l'état présent de l'Agriculture et du Bétail dans les principales contrées de l'Europe, par *A. Gobin*. 1859, in-8. 1 fr.

Manuel du bouvier ou Traité de la médecine pratique des bêtes à cornes, etc., par *F. Robinet*. 4e édition revue et augmentée, 1866, 2 vol. in-12. 6 fr.

Traité des constructions rurales et de leur disposition, ou de maisons d'habitation à l'usage des cultivateurs, des logements pour les animaux domestiques, écuries, étables, bergeries, porcheries, chenils, poulaillers, etc.; des abris pour les instruments, les récoltes et les produits agricoles, hangars, remises, fenils, granges, gerbiers, laiteries, celliers, etc.; des constructions destinées à recueillir les eaux, étangs, viviers, citernes, puits, etc., et de l'ensemble des bâtiments nécessaires à une exploitation rurale suivant son importance : suivi de détails sur les matériaux et les modes d'exécution, et terminé par une bibliographie spéciale; par *L. Bouchard-Huzard*. 2e édition. 1869, 2 tomes en trois parties avec planches et fig. dans le texte. 25 fr.

Paris. — Impr. de Mme. Ve Bouchard-Huzard, rue de l'Éperon, 5. — 1869.

## A LA MÊME LIBRAIRIE :

**Traité de l'économie du bétail.** Physiologie, races, amélioration, alimentation et spéculations, par A. GOBIN. 1861. 2 forts vol. in-8°, avec 16 pl. 15 fr.

**Prairies artificielles** : moyens de remédier à la décroissance des produits, par GOBIN. 1862, in-8°. 1 fr.

**Essai sur l'état présent de l'Agriculture et du Bétail** dans les principales contrées de l'Europe, par A. GOBIN. 1859, in-8°. . . . . . . . . . . 1 fr.

**Art de faire le beurre et les meilleurs fromages,** par ANDERSON, DESMARETS, CHAPTAL, D'ANGEVILLE, GROGNIER, BONAFOUS, HUZARD et GOBIN. 3e édition, in-8°, fig. . . . . . . . . . . . . . . . 4 fr. 50 c.

---

**Histoire de la Chasse en France,** depuis les temps les plus reculés jusqu'à la Révolution, par le baron DUNOYER DE NOIRMONT. 3 volumes grand in-8°, 1867-1868. — Tome 1er, chroniques de la chasse, VIII et 494 pages.—Tome II, droit de chasse, gibier, chiens, venerie, IV et 539 pages. — Tome III, louveterie, fauconnerie, chasse à tir, chasses diverses, IV et 401 pages, papier vélin. . . . . . . . 30 fr.

**La Chasse du Loup,** par J. E. H. baron LE COUTEULX DE CANTELEU, ancien officier de cavalerie, lieutenant de louveterie, avec des planches photographiées d'après nature, par CREMIÈRE, HANFSTAENGL et PLATEL. 1861, in-4°, VIII et 119 pages; planches photographiées. . . . . . . . . . . . . . . . . . . . . 40 fr.

**La Chasse au Furet,** par E. LE MASSON. 1866, in-12, avec planche. . . . . . . . . . . . . . 2 fr. 50 c.

**Manuel du bouvier** ou Traité de la médecine pratique des bêtes à cornes, etc., par F. ROBINET. 4e édition revue et augmentée, 1866, 2 vol. in-12. . . . 6 fr.

www.ingramcontent.com/pod-product-compliance
Ingram Content Group UK Ltd.
Pitfield, Milton Keynes, MK11 3LW, UK
UKHW020311200726
13857UKWH00001B/144